智能制造领域应用型人才培养系列教材

电工技术基础与技能
（第 2 版）

主　编　宫亚梅
副主编　孙磊厚　裴志坚　任明月
参　编　唐　静　吴　琪

东南大学出版社
SOUTHEAST UNIVERSITY PRESS
·南京·

内容提要

本书分为基础知识和实践技能两大部分。基础知识部分包括电路的基本概念和定律、直流电路的分析方法、正弦交流电路、工业企业供电和安全用电、磁路及变压器、三相异步电动机、继电器接触器控制电路、Proteus 和斯沃数控仿真软件基础知识共 8 章,每章配合正文有丰富的例题、练习题和思考题,并配有课件、视频和在线课程等数字资源;实践技能部分包括直流、交流、电机控制电路等 9 个独立实训项目(仿真)和 C650 车床电路安装与调试综合实训项目(实操),以及电工常用工具的介绍和使用,每一个项目的实施包含方案设计、电路搭建、测量过程以及现象数据记录和分析等内容。

本书内容深浅适度、数字资源丰富,理论与实践结合,具有较强的实用性和便利性,可作为高校机电类、控制类等专业的培训教材,也可作为相关培训机构的培训教材,并可供其他专业师生、工程技术人员、业余爱好者参考。

图书在版编目(CIP)数据

电工技术基础与技能 / 宫亚梅主编. —— 2 版. —— 南京:东南大学出版社,2024.8
ISBN 978-7-5766-0567-9

Ⅰ.①电… Ⅱ.①宫… Ⅲ.①电工技术-高等职业教育-教材 Ⅳ.①TM

中国版本图书馆 CIP 数据核字(2022)第 242755 号

| 责任编辑 姜晓乐 | 责任校对 韩小亮 | 封面设计 王 玥 | 责任印制 周荣虎 |

电工技术基础与技能(第 2 版)
Diangong Jishu Jichu Yu Jineng (Di 2 Ban)

主　　编	宫亚梅
出版发行	东南大学出版社
社　　址	南京市四牌楼 2 号(邮编:210096)
出 版 人	白云飞
经　　销	全国各地新华书店
印　　刷	南京玉河印刷厂
开　　本	787 mm×1092 mm　1/16
印　　张	19.25
字　　数	480 千字
版　　次	2024 年 8 月第 2 版
印　　次	2024 年 8 月第 1 次印刷
书　　号	ISBN 978-7-5766-0567-9
定　　价	69.00 元

本社图书若有印装质量问题,请直接与营销部联系,电话:025-83791830。

第2版前言 PREFACE

　　"电工技术"是高等职业教育电类和非电类专业的一门专业基础课,主编近二十年一直从事机电和控制专业的电工技术和与电工技术相关的教学工作。目前,市面上的电工技术同类教材品种繁多,但多数以理论教学为主,内容含量大,理论性强,机电、自控等非电类专业只需选择其中一部分作为教学内容。为此编者根据高职高专院校学生培养目标,结合高职高专教学改革和课程改革的要求,坚持以"必需、够用"为度,以电工学经典理论为基础,精选内容,突出重点。与同类教材相比,本书在内容安排上增加了Proteus和斯沃数控仿真软件两大平台的介绍,借助虚拟平台既从某种程度上解决了实验室紧张的状况,也方便学生在理论学习的同时,可以随时进行相关定律的验证和物理量的测量;此外,学生还可以借助平台自主设计电路和系统,培养其创新意识和动手实践能力,激发其学习兴趣。本书最后还提供了一个实际生产中常用的车床控制平台完整的安装和调试综合实训,真正完成从学校理论到工厂实践的升级。

　　本书在第1版广泛使用的基础上,根据读者的反馈以及相关一线教师和专家的意见,进行了充分的修订:

　　(1) 内容上的修订

　　全书结构由知识篇和技能篇两大部分组成。知识篇包括:电路的基本概念和定律、直流电路的分析方法、正弦交流电路、工业企业供电和安全用电、磁路及变压器、三相异步电动机、继电器接触器控制电路、Proteus和斯沃数控仿真软件基础知识共8章。其中第2、3、6、7章,根据专业知识要求、学生循序渐进接受知识的过程重新进行编写。技能篇包括:直流、交流、电机控制电路等9个独立实训项目(仿真)和C650车床电路安装与调试综合实训项目(实操),以及电工常用工具的介绍和使用。其中,删除指定型号实验箱的实操部分,保留软件仿真部分,增加教材的通用性。重新设计实验五和实验六的交流电路实验过程,增加实验七三相电路基本特征测试,通过修订,对学生掌握交流电路的理论知识和实践技能的难点有很大的帮助。

　　(2) 形式上的修订

　　应用现代化教学手段,将书中【练一练】的答案、正文的PPT和视频讲解等附加资源以二维码的形式提供给广大使用者,便于他们根据自身情况有选择地进行扫码查看。

本书由宫亚梅任主编,孙磊厚、裴志坚、任明月任副主编,唐静、吴琪参与编写。其中,第一篇知识篇中的第1、3、4章由宫亚梅编写,第2章由任明月编写,第5章由孙磊厚编写,第6、7章由裴志坚编写,第8章由宫亚梅、唐静编写;第二篇技能篇所有项目由宫亚梅编写,附录一由吴琪编写。全书PPT和视频,第1、3、4、5章由宫亚梅制作,第2章由任明月制作,第6、7章由裴志坚制作。全书由宫亚梅、孙磊厚完成总体设计、审查、统稿和最后定稿。在编写的过程中我们参考了其他作者的部分内容,在此深表谢意。

本书编写过程中还得到邓志辉、朱俊等专家的指导和帮助,在此表示感谢。

由于作者水平有限,编写时间仓促,书中有错漏和不到之处,恳请读者批评指正。

编者的电子邮件:330331317@qq.com

编者
2024 年 7 月

目 录 CONTENTS

第1部分 电工基础知识

第1章 电路的基本概念和定律 3

1.1 电路模型 3
　1.1.1 认识电路 3
　1.1.2 电路模型 5
1.2 电路的基本物理量 6
　1.2.1 电流(Current) 6
　1.2.2 电压(Voltage) 8
　1.2.3 电位(Electric Potential) 10
　1.2.4 电动势(Electromotive Force) 12
　1.2.5 电功(Electric Work) 13
　1.2.6 电功率(Electric Power) 13
1.3 电路的工作状态 17
　1.3.1 通路状态(有载) 17
　1.3.2 开路状态(断路) 17
　1.3.3 短路状态(捷路) 17
1.4 欧姆定律 18
1.5 电源模型 20
　1.5.1 电压源 20
　1.5.2 电流源 22
　1.5.3 电源连接的特殊情况 23
　1.5.4 电压源与电流源的等效变换 24
1.6 电阻、电容和电感 26
　1.6.1 电阻 26
　1.6.2 电容 30
　1.6.3 电感 33
1.7 基尔霍夫定律 35
　1.7.1 基尔霍夫电流定律(Kirchhoff's Current Law, KCL) 35

  1.7.2 基尔霍夫电压定律(Kirchhoff's Voltage Law, KVL) ……………………… 37
 思考与练习 …………………………………………………………………………… 38

第2章　直流电路的分析方法 ……………………………………………………… 44

 2.1 电阻的连接方式 ……………………………………………………………… 44
  2.1.1 电阻的串联 ……………………………………………………………… 44
  2.1.2 电阻的并联 ……………………………………………………………… 46
  2.1.3 电阻的混联 ……………………………………………………………… 47
  2.1.4 电阻的星形连接和三角形连接 ………………………………………… 47
 2.2 支路电流法 …………………………………………………………………… 49
 2.3 节点电压法 …………………………………………………………………… 50
 2.4 叠加定理 ……………………………………………………………………… 52
 2.5 等效电源定理 ………………………………………………………………… 54
 2.6 受控源 ………………………………………………………………………… 57
 思考与练习 …………………………………………………………………………… 59

第3章　正弦交流电路 ……………………………………………………………… 62

 3.1 正弦交流电的概念 …………………………………………………………… 62
  3.1.1 正弦交流电的定义及描述 ……………………………………………… 62
  3.1.2 正弦量的三要素 ………………………………………………………… 63
  3.1.3 正弦量的相位差 φ ……………………………………………………… 65
 3.2 正弦量的相量表示 …………………………………………………………… 67
  3.2.1 复数的概念及运算规则 ………………………………………………… 67
  3.2.2 正弦量的相量表示方法 ………………………………………………… 68
 3.3 单一元件电压与电流关系 …………………………………………………… 69
  3.3.1 电阻元件 R 的电压与电流关系 ………………………………………… 69
  3.3.2 电感元件 L 的电压与电流关系 ………………………………………… 71
  3.3.3 电容元件 C 的电压与电流关系 ………………………………………… 74
 3.4 基尔霍夫定律相量表示和 RLC 串联交流电路 …………………………… 77
  3.4.1 KCL 和 KVL 的相量形式 ……………………………………………… 77
  3.4.2 RLC 串联交流电路 ……………………………………………………… 77
 3.5 电路功率和功率因数的提高 ………………………………………………… 80
  3.5.1 电阻元件的功率 ………………………………………………………… 80
  3.5.2 电感元件的功率 ………………………………………………………… 82
  3.5.3 电容元件的功率 ………………………………………………………… 83
  3.5.4 RLC 串联电路的功率 …………………………………………………… 84
  3.5.5 功率因数的提高 ………………………………………………………… 87
 3.6 三相交流电源 ………………………………………………………………… 89
  3.6.1 对称三相电动势 ………………………………………………………… 89
  3.6.2 三相电源的连接 ………………………………………………………… 91

3.7 三相负载电路 93
    3.7.1 负载Y形连接的三相电路 94
    3.7.2 负载△形连接的三相电路 96
    3.7.3 三相电路中的功率 99
  思考与练习 101

第4章 工业企业供电和安全用电 104

  4.1 工业企业供电 104
    4.1.1 发电厂 104
    4.1.2 电力网 106
    4.1.3 输配电所 106
    4.1.4 工厂配电系统 107
  4.2 触电及救护 108
    4.2.1 触电的类型 108
    4.2.2 常见的触电方式 110
    4.2.3 触电急救常识 111
  4.3 安全电压和安全技术 114
    4.3.1 使用安全电压 114
    4.3.2 接地和接零 114
    4.3.3 防雷保护 116
    4.3.4 使用漏电保护装置 118
  4.4 安全用电注意事项 118
  思考与练习 119

第5章 磁路及变压器 121

  5.1 磁路的基本知识 121
    5.1.1 磁路的概念 121
    5.1.2 磁路的主要物理量 122
    5.1.3 磁路的欧姆定律 123
    5.1.4 交流铁芯电磁关系 123
    5.1.5 功率损耗 124
    5.1.6 铁磁材料及特性 124
  5.2 变压器 126
    5.2.1 变压器的结构 126
    5.2.2 变压器的工作原理 127
    5.2.3 变压器的铭牌 129
    5.2.4 变压器的效率特性 130
    5.2.5 几种典型变压器 130
  思考与练习 132

第6章 三相异步电动机　　133

6.1 三相异步电动机结构、铭牌与星三角连接　　133
6.1.1 三相异步电动机的结构　　133
6.1.2 三相异步电动机的铭牌　　136
6.1.3 三相异步电动机的"Y/△"连接　　138

6.2 三相异步电动机的工作原理　　140
6.2.1 旋转磁场的建立　　140
6.2.2 同步转速及转差率　　142
6.2.3 三相异步电动机的运行分析　　142

6.3 三相异步电动机的启动　　144
6.3.1 直接启动　　144
6.3.2 降压启动　　145
6.3.3 软启动　　146

6.4 三相异步电动机的调速　　146
6.4.1 变极调速　　147
6.4.2 变频调速　　148
6.4.3 变转差率调速　　149

6.5 三相异步电动机的制动　　151
6.5.1 能耗制动　　152
6.5.2 反接制动　　152
6.5.3 回馈制动　　154

思考与练习　　155

第7章 继电器接触器控制电路　　157

7.1 常用电压电器　　157
7.1.1 开关与断路器　　157
7.1.2 主令电器　　160
7.1.3 电磁式接触器　　163
7.1.4 继电器　　165
7.1.5 熔断器　　167

7.2 典型电气控制线路　　169
7.2.1 三相异步电动机的启动控制　　169
7.2.2 三相异步电动机的多地控制　　171
7.2.3 三相异步电动机的正反转控制　　172
7.2.4 三相异步电动机的顺序控制　　173
7.2.5 三相异步电动机的行程控制　　174

7.3 常用电气控制系统图　　175
7.3.1 电气原理图　　175
7.3.2 电气元件布置图　　178

7.3.3 电气安装接线图 178
思考与练习 179

第8章 Proteus 和斯沃数控仿真软件基础知识 181

8.1 Proteus 软件基础知识 181
   8.1.1 Proteus 功能概述 181
   8.1.2 Proteus ISIS 的界面及设置 181
   8.1.3 电路原理图设计及仿真 197
   8.1.4 Proteus ISIS 的库元件 203
8.2 斯沃数控仿真软件基础知识 209
   8.2.1 斯沃数控仿真软件简介 209
   8.2.2 斯沃数控仿真软件的应用模块 211
   8.2.3 斯沃数控仿真软件仿真接线实例 216

第2部分 电工技能

第9章 电工基础实验 221

9.1 实验一 电路元件的直流特性 221
   9.1.1 实验目的 221
   9.1.2 理论知识 221
   9.1.3 Proteus 软件仿真内容和步骤 222
   9.1.4 报告要求 226
9.2 实验二 基尔霍夫定律 226
   9.2.1 实验目的 226
   9.2.2 理论知识 226
   9.2.3 Proteus 软件仿真内容和步骤 226
   9.2.4 报告要求 228
9.3 实验三 叠加定理 228
   9.3.1 实验目的 228
   9.3.2 理论知识 228
   9.3.3 Proteus 软件仿真内容和步骤 229
   9.3.4 报告要求 230
9.4 实验四 戴维南定理 230
   9.4.1 实验目的 230
   9.4.2 理论知识 230
   9.4.3 Proteus 软件仿真内容和步骤 231
   9.4.4 报告要求 234
9.5 实验五 单相交流电源及电路元件的交流特性 234
   9.5.1 实验目的 234
   9.5.2 理论知识 235

9.5.3　Proteus 软件仿真内容和步骤 ……………………………………………………… 237
　　9.5.4　报告要求 ……………………………………………………………………………… 242
9.6　实验六　日光灯功率因数的提高 …………………………………………………………… 243
　　9.6.1　实验目的 ……………………………………………………………………………… 243
　　9.6.2　理论知识 ……………………………………………………………………………… 243
　　9.6.3　Proteus 软件仿真内容和步骤 ……………………………………………………… 245
　　9.6.4　报告要求 ……………………………………………………………………………… 247
9.7　实验七　三相交流电源及三相负载工作特征 ……………………………………………… 247
　　9.7.1　实验目的 ……………………………………………………………………………… 247
　　9.7.2　理论知识 ……………………………………………………………………………… 247
　　9.7.3　Proteus 软件仿真内容和步骤 ……………………………………………………… 248
　　9.7.4　报告要求 ……………………………………………………………………………… 258
9.8　实验八　三相异步电动机的长动控制 ……………………………………………………… 258
　　9.8.1　实验目的 ……………………………………………………………………………… 258
　　9.8.2　理论知识 ……………………………………………………………………………… 259
　　9.8.3　Siwo 软件仿真 ………………………………………………………………………… 260
　　9.8.4　报告要求 ……………………………………………………………………………… 260
9.9　实验九　三相异步电动机的正反转控制 …………………………………………………… 261
　　9.9.1　实验目的 ……………………………………………………………………………… 261
　　9.9.2　理论知识 ……………………………………………………………………………… 261
　　9.9.3　Siwo 软件仿真 ………………………………………………………………………… 262
　　9.9.4　报告要求 ……………………………………………………………………………… 264

第 10 章　综合实训　机床电气控制系统安装和调试 …………………………………… 265

10.1　机床电气控制系统平台概述 ………………………………………………………………… 265
10.2　机床电气控制系统平台元件分析 …………………………………………………………… 266
10.3　机床电气控制系统平台上的控制系统分析 ………………………………………………… 274
10.4　实训任务实施 ………………………………………………………………………………… 278

附录一　常用电工工具及电工仪表的使用与维护 ………………………………………… 285

附录二　Proteus 常用仪器中英文对照表 ……………………………………………………… 295

参考文献 ……………………………………………………………………………………………… 296

电工技术基础与技能

第1部分
电工基础知识

　　本部分为基础知识,共分为 8 章。其中,"电路的基本概念和定律"介绍了电路的组成和模型,基本物理量,电路的工作状态,电源的模型,基本电路元件,欧姆定律和基尔霍夫定律;"直流电路的分析方法"介绍了电阻串、并联,支路电流法、节点电压法、叠加定理、戴维南定理、诺顿定理及受控电源电路;"正弦交流电路"介绍了正弦量、三要素法和相量分析方法,RLC 电路,交流电路的功率及功率因数,三相电源和三相负载电路的概念及分析;"工业企业供电和安全用电"介绍了工业企业供电的过程,常见触电种类、方式及急救技术,供电、用电中的安全措施,日常安全用电常识及注意事项;"磁路及变压器"介绍了磁场、磁感应强度、磁通量、磁场强度的概念,变压器的结构、工作原理及铭牌含义;"三相异步电动机"介绍了三相异步电动机的结构、铭牌含义、工作原理,以及启动、调速和制动的种类和实现方法;"继电器接触器控制电路"介绍了常用的低压电器功能、结构和电气符号,典型的电气控制线路的绘制和识读;"Proteus 和斯沃数控仿真软件基础知识"介绍了应用 Proteus 软件绘制原理图进行电路仿真和使用斯沃数控仿真软件进行电路接线和仿真调试。

Part One

第1章 电路的基本概念和定律

任务引入

众所周知,现代生活离不开电,如电灯、电话、电梯等;现代工业也离不开电,如各种车床、加工中心、各类生产线等。因此,作为21世纪的大学生,掌握电的相关知识尤为重要。本章的内容是电工技术的基础,也是后续相关专业课分析与计算电路的基础。虽然有些知识在物理学中涉及过,但在这里,将会从电路的角度,并结合工程应用的观点加以较为严格的定义和系统的阐述,进一步巩固和加深该部分内容,以便能充分地加以应用。

任务导航

- ◆ 了解电路的组成和电路模型;
- ◆ 掌握电流、电压、电位、电动势、电能和电功率等基本物理量的特征和应用;
- ◆ 熟悉电路的三种工作状态;
- ◆ 熟练应用欧姆定律分析电路;
- ◆ 掌握电源的两种模型及其转换,学会利用电源转换方法分析和简化电路;
- ◆ 掌握电阻、电容、电感三大电路基本元件的作用、参数、性能和选型;
- ◆ 熟练掌握基尔霍夫电流和电压定律的内容、表达形式和应用。

1.1 电路模型

1.1 课件

1.1.1 视频

1.1.1 认识电路

在日常生活中,很多家庭安装有门铃,如图1.1所示是其中一种,门铃的主体模块装在室内,门铃开关装在门外,当客人来访按动开关时,门铃就会发出响声。图1.2是手电筒的实物图,其内部装有电池和灯泡,外部有开关,当按动开关时,灯泡就会亮。图1.3是电风扇的实物图。它的结构是:上方有电机和扇叶,下面底座上装有调速旋钮和开关定时按钮,底座后面引出一根电源线,当接通电源线时,扇叶就会在电机的带动下旋转。

　　图 1.1　门铃实物图　　　　　图 1.2　手电筒实物图　　　　　图 1.3　电风扇实物图

　　就以上三个实物图来讲,图中各元件是怎样连接的呢？如何用国家标准统一规定的符号表示各种元器件,用统一规定的符号表示电路的连接情况呢？

　　门铃、手电筒和电风扇的共同特点是必须依靠电源工作；不能一直处于工作状态,必须安装开关；另外,这三者接入电路后都需要消耗电能。

　　因此,可得出：电路由电源、负载、保护控制装置和连接体四部分组成。

　　(1) 电源：电源是将其他形式的能量转换为电能的装置,电路中的电能来源并不相同。例如：电池将化学能转换为电能,发电机将机械能转换为电能等。电源实物如图 1.4 所示。

　　(a) 干电池　　　　　　(b) 蓄电池　　　　　　(c) 发电机

图 1.4　电源实物图

　　(2) 负载：负载是将电能转换成其他形式能量的用电设备,在电路中消耗电能,例如：电灯将电能转换为光能,风扇电机将电能转换为机械能等。负载实物如图 1.5 所示。

　　(a) 灯泡　　　　　　(b) 风扇电机

图 1.5　负载实物图

　　(3) 保护控制装置：保护电路的安全,控制电路的通断。例如：开关、熔断器、继电器等。实物如图 1.6 所示。

 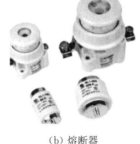 

(a) 开关　　　　　　　　(b) 熔断器　　　　　　　(c) 继电器

图 1.6　保护控制装置实物图

（4）连接体：主要是指将电源与负载连接成闭合电路，使电流可以流通的导线。例如：铜线和铝线等。实物如图 1.7 所示。

(a) 铜线　　　　　　　　　　　　(b) 铝线

图 1.7　连接体实物图

电路，即由电工设备和元器件等按其所要完成的功能用一定方式连接的闭合回路，通俗地讲，就是电流流通的路径。

尽管实际电路的形式和作用多种多样，但总的来说其功能分为两大类：第一类是实现电能的转换、输送和分配；第二类是实现信号的产生、传送和处理。前者如发电厂内可把热能、水能或核能转换为电能；通过变压器和输电导线可将电能送给照明、车床等，从而实现电能的传送和分配。后者如传感器的输入是由声音、光等转换而来的电信号，通过晶体管组成的放大电路，输出的是放大的电信号，从而实现了声控和光电检测；电视机接收到的信号，经过处理，可转换成图像和声音。

【想一想】　日常生活中还有哪些电路可实现电能的转换、输送和分配？哪些电路可实现信号的产生、传送和处理？

1.1.2　电路模型

实际电路器件在工作时的电磁性质比较复杂，绝大多数器件具备多种电磁效应，例如白炽灯，它除了具有消耗电能的性质（电阻性）外，当电流通过时也会产生磁场，即具有电感性；电感线圈是由导线绕制而成的，它既有电感量又有电阻值，如果把器件的所有电磁性质都考虑进去，则是十分复杂的，给分析带来了困难。为了使问题得以简化，便于探讨电路的普遍规律，在分析和研究具体电路时，对实际的电路器件，一般取其起主要作用的方面，如白炽灯，由于其电感很微小，可以忽略不计，所以可将白炽灯看作是一个电阻性的元件。

电路模型是由理想元件构成的电路，是对实际电路电磁性质的科学抽象和概括。理想元件是指在理论上具有某种确定的电磁性质的假想元件,在不同的工作条件下,同一实际器件可能采用不同的理想元件。理想元件取得恰当,对电路进行分析计算的结果就与实际情况接近;反之,则会造成很大误差甚至导致错误结果。例如,有的元件主要是供给能量的,它们能将非电能量转化成电能,像干电池、发电机等就可以用"电压源"这样一个理想元件来表示;有的元件主要是消耗能量的,当电流通过它们时就把电能转化成其他形式的能,像各种电炉、白炽灯等就可用"电阻元件"这样一个理想元件来表示;另外,还有的元件主要是用来储存磁场能量和电场能量的,就可用"电感元件"或"电容元件"来表示等。常用理想电路元件名称、电磁特性和其电路符号如表1.1所示。

表1.1 常用理想电路元件模型

名称	电磁特性	文字符号	图形符号
电阻元件	表示只消耗电能的元件	R	—▭—
电感元件	表示只能储存磁场能量的元件	L	—⌒⌒⌒—
电容元件	表示只能储存电场能量的元件	C	—∥—
理想电压源	表示各种将其他形式的能量转换成电能且以恒定电压信号输出的元件	U_S	—⊕—
理想电流源	表示各种将其他形式的能量转换成电能且以恒定电流信号输出的元件	I_S	—⊖—

本书后续内容中分析的都是电路模型,也称为电路图,简称电路。

门铃、手电筒和电风扇的电路图如图1.8、1.9、1.10所示。

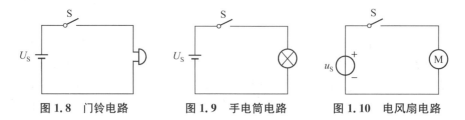

图1.8 门铃电路　　　图1.9 手电筒电路　　　图1.10 电风扇电路

【想一想】 观察生活中的常用电器,画出它们的电路图,并描述它们的工作过程。

1.2 电路的基本物理量

1.2 课件

电路中的基本物理量包括:电流、电压、电位、电动势、电功和电功率。

1.2.1 电流(Current)

1.2.1 视频

(1)定义:电荷的定向运动形成电流,单位时间内通过导体横截面的电量称为电流强度(标准中称为"电流",是物理量的名称),即

$$i = \frac{dq}{dt} \tag{1.1}$$

式中,q 表示电荷量,电荷量的单位为库[仑](C);t 表示时间,时间的单位为秒(s)。

(2) 电流的单位：安[培](A)，1 A=10^3 mA=10^6 μA，1 kA=10^3 A。

(3) 电流的分类：大小和方向不随时间变化的电流称为直流电流，如图1.11(a)所示，简称DCA(Direct Current)，用大写字母 I 表示，式(1.1)可写成：

$$I=\frac{Q}{t} \tag{1.2}$$

大小和方向随时间呈周期性变化的电流称为交变电流，如图1.11(b)所示，简称ACA (Alternating Current)，用小写字母 i 表示。

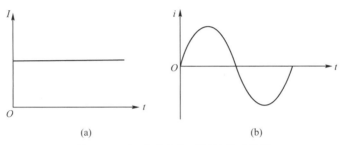

图 1.11　交、直流电与时间的关系曲线

(4) 电流的方向：规定正电荷运动的方向或负电荷运动的相反方向为电流的实际方向，用箭头表示。

电流的实际方向在电路中是客观存在的，对于一些简单的电路可以直观地确定。但在分析计算一些较复杂的电路时，往往很难判断出某一元件或某一段电路上电流的实际流向；对交流来说，其方向随时间变化，在电路图上也无法用一个箭头来表示它的实际方向。

为了解决这些问题，在分析电路前先任意假定电流的方向，这个假定的方向称为参考方向(也称正方向)，一般在电路中用实线箭头标出，如图1.12所示。在分析与计算电路时，按照所选定的参考方向分析电路，如果电流为正值，即 $I(i)>0$，则电流的实际方向与参考方向一致；如果电流为负值，即 $I(i)<0$，则电流的实际方向与参考方向相反。电流的实际方向一般用虚线箭头表示，如图1.12所示。

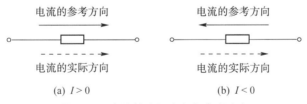

图 1.12　电流的实际方向与参考方向

【练一练1.1】　各电流的参考方向如图1.13所示。已知 $I_1=10$ A，$I_2=-2$ A，$I_3=8$ A。试确定 I_1、I_2、I_3 的实际方向。

电流的参考方向除了可用箭头表示外，还可用双下标表示。例如，I_{ab} 表示参考方向由 a 点指向 b 点的电流，I_{ba} 表示参考方向由 b 点指向 a 点的电流。I_{ab} 与 I_{ba} 相差

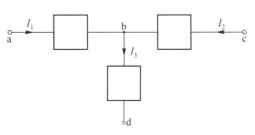

图 1.13　电流方向【练一练1.1】图

一个负号,即

$$I_{ab}=-I_{ba}$$

注意:电流的正或负是在参考方向的概念上表达出来的,如果没有选定电流参考方向而谈论电流的数值是没有意义的。

对于电流和其他物理量的参考方向的重要性,在分析简单电路时,往往体会不深刻,因为这时电流等物理量的实际方向很容易确定。但是,在分析和计算复杂电路及交流电路时,参考方向的重要性就是显而易见的了,它是分析、计算电路的基础。所以,从一开始,就应正确建立参考方向的概念,并逐步掌握和熟练运用它。

(5)电流的测量　电流的大小可以用电流表(安培表)或万用表(电流挡)等工具测量,如图 1.14 所示。电流表有指针式的模拟电流表,测量时应考虑将实际电流方向正确串入红黑表笔,切记不能接反;也有液晶显示的数字电流表,测量时则无需考虑实际电流方向与红黑表笔接法的关系,结果可以根据测量数据的正负判断出实际电流的方向。用电流表测量某一器件或支路电流时还必须将其串联在电路中,即需要将电路切断后将电流表串联接入,然后进行测量。应选择合适的交、直流挡位及量程,在无法估计电流范围时,必须从高挡位开始测量,再逐步向真值挡位调节。与电流表相比,电流钳(俗称卡表)更方便,使用时无需断开电源和线路即可直接测量运行中电气设备的工作电流。

(a)电流表

(b)万用表

(c)电流钳

图 1.14　电流的测量工具

1.2.2　电压(Voltage)

(1)定义:电压是用来表示电场力做功能力的物理量,在数值上等于电场力把单位正电荷从电场中 A 点移到 B 点所做的功,用 u_{AB} 表示,即

1.2.2 视频

$$u_{AB}=\frac{dw}{dq} \tag{1.3}$$

(2)电压的单位:伏[特](V),$1\ V=10^3\ mV=10^6\ \mu V$,$1\ kV=10^3\ V$。

(3)电压的分类:大小和方向不随时间变化的电压称为直流电压,简称 DCV,用大写字母 U 表示,式(1.3)可写成

$$U=\frac{W}{Q} \tag{1.4}$$

大小和方向随时间呈周期性变化的电压称为交变电压,简称 ACV,用小写字母 u 表示。最常见的是正弦交流电压,其大小和方向随时间按正弦规律作周期性变化。

(4) 电压的方向:规定正电荷在电场力作用下移动的方向,也就是由高电势(电位)指向低电势,即电位降落的方向为电压的实际方向。

电压同电流一样,也先要任意选定参考方向,电压的参考方向可用箭头在图上表示,由起点指向终点;也可用双下标表示,前一个下标代表起点,后一个下标代表终点;也可用极性表示,起点标正号(+),终点标负号(-),如图1.15所示。以上三种表示方法其意义是相同的,可以互相代用。另外,在双下标的表示方法上,U_{ab}与U_{ba}相差一个负号,即:

$$U_{ab} = -U_{ba}$$

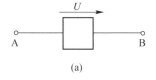
(a)

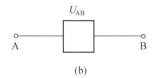
(b)

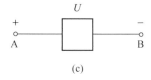
(c)

图1.15 电压参考方向的表示方法

同样规定:如果电压为正值,即$U(u)>0$,则电压的实际方向与参考方向一致;如果电压为负值,即$U(u)<0$,则电压的实际方向与参考方向相反,如图1.16所示。

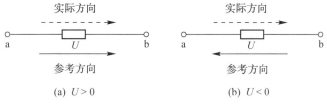

图1.16 电压的参考方向与实际方向

【练一练1.2】 各电压的参考方向如图1.17所示。已知$U_1=10$ V,$U_2=-2$ V,$U_3=7$ V,$U_4=-1$ V。试确定U_1、U_2、U_3、U_4的实际方向。

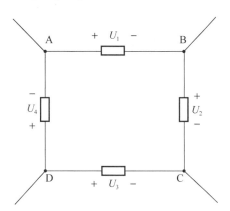

图1.17 电压方向【练一练1.2】图

注意:前面讲述电流、电压的参考方向是可以任意假设,但为了计算方便,将某一元件或某一段电路的电流、电压参考方向选取一致,即选定电流从标以电压"+"极性的一端流入,从标以电压"-"极性的另一端流出,这种电流和电压的参考方向也就是所谓的关联参考方向;相反,则是非关联参考方向。如图1.18所示。

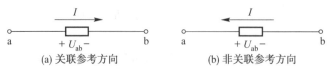

(a) 关联参考方向　　　　(b) 非关联参考方向

图 1.18　电压与电流参考方向的关系

【练一练 1.3】　试判断图 1.19 中电流和电压参考方向是关联的还是非关联的关系。

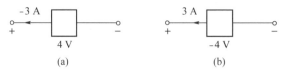

(a)　　　　　　　　　(b)

图 1.19　电流和电压参考方向【练一练 1.3】图

在以后的电路分析中,完全不必先去考虑各个电流、电压的实际方向如何,而首先应在电路图中标定它们的参考方向,然后根据参考方向列写有关电路方程,计算结果的符号与标定的参考方向就反映了它们的实际方向。参考方向一经选定,在分析电路的过程中就不再变动。

(5) 电压的测量:电路中任意两点间的电压都可以用电压表(伏特表)或万用表(电压挡)等工具测量,如图 1.20 所示。同样有指针式的模拟电压表,也有液晶显示的数字电压表。电压表必须并联在被测两点之间。应选择合适的交、直流挡位及量程,在无法估计电压范围时,必须从高挡位开始测量,再逐步向真值挡位调节。使用指针式直流电压表时要注意正负极端子的接线。

(a) 电压表　　　　(b) 万用表

图 1.20　电压的测量工具

1.2.3　电位(Electric Potential)

在电气设备的调试和检修中,经常要测量某个点的电位,看其是否在正常范围之内。例如:在车床电路中,主轴电机控制电路出现断路故障,需要查找电路在何处出现断路,这就可以通过测量各点电位的方法来判断。在复杂电路中,经常也要用电位的概念来分析电路。

(1) 定义:在如图 1.21 所示电路中,选定某点 o 作为参考点,把任一点 a 与参考点 o 之间的电压称为该点的电位,用符号 V_a 表示。按照同样的方法定义 b 点电位 V_b。即

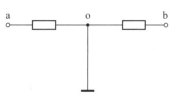

图 1.21　电路中电位的定义

$$V_a = U_{ao}, \quad V_b = U_{bo} \tag{1.5}$$

原则上,参考点可以任意选择。但在一个电路中,参考点只能选择一个,且参考点电位视为零,所以参考点也称零电位点。参考点的选用通常为:在电力工程上常选大地作参考点;电子电路中通常把电源和输入/输出信号的公共端作为参考点;电路分析中常选择电源的两极之一作为参考点。电路中选定的参考点虽然一般不与大地相连接,往往也称为"地",用符号"⊥"表示。

(2) 电位的单位:电位实际上就是电压,其单位也为伏[特](V)。

(3) 电压和电位的区别:电路中电位是相对的,它与参考点的选取有关,任何一点的电位值是与参考点相比较而得出的,比其高者为正,比其低者则为负,如图1.22(a)所示,若选d点为参考点,则$V_a = -15$ V,$V_c = +20$ V。

电路中两点间的电压就是这两点的电位差值,也叫电位差,如图1.21所示电路中有

$$V_a - V_b = U_{ao} - U_{bo} = U_{ao} + U_{ob} = U_{ab} \tag{1.6}$$

电路中电压是绝对的,任意两点间的电压是唯一、确定的数值,它与参考点的选取无关。

在电子电路中,习惯上电源符号常常省去不画,而在电源非接地端注明其电位的数值和极性,将电路简化。如图1.22(a)所示,若选d点为参考点,则$V_a = -15$ V,$V_c = +20$ V,所以电路可简化为图1.22(b)所示的画法。

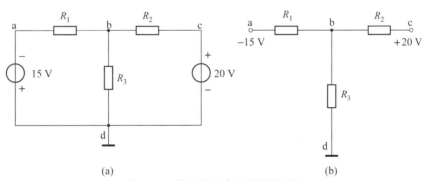

图 1.22 基于电位电路的简化画法

【例题 1.1】 在图 1.23 所示电路中,当分别选择 O 点和 A 点为参考点时,求其余各点的电位。

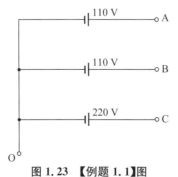

图 1.23 【例题 1.1】图

【解】 (1) 以 O 点为参考点,即 $V_O = 0$。

方法一:A 点比 O 点电位高 110 V,$V_A = 110$ V;

同理，B 点比 O 点电位高 110 V，V_B＝110 V；

C 点比 O 点电位高 220 V，V_C＝220 V。

方法二：因为 $U_{AO}=V_A-V_O$＝110 V，所以 V_A＝110 V；

同理，因为 $U_{BO}=V_B-V_O$＝110 V，所以 V_B＝110 V；

因为 $U_{CO}=V_C-V_O$＝220 V，所以 V_C＝220 V。

(2) 以 A 点为参考点，即 $V_A=0$。

方法一：O 点比 A 点电位低 110 V，V_O＝－110 V；

同理，B 点比 O 点电位高 110 V，V_B＝0 V；

C 点比 O 点电位高 220 V，V_C＝110 V。

方法二：因为 $U_{AO}=V_A-V_O$＝110 V，所以 V_O＝－110 V；

同理，因为 $U_{BO}=V_B-V_O$＝110 V，所以 V_B＝0 V；

因为 $U_{CO}=V_C-V_O$＝220 V，所以 V_C＝110 V。

1.2.4　电动势(Electromotive Force)

1.2.4 视频

要让水循环流动，就必须依靠抽水机把低处的水抽到高处，如图 1.24 所示。同样，电路中电流要持续流动，也要依靠电源让电荷从低电位(电源负极)运动到高电位(电源正极)，如图 1.25 所示，电源与抽水机的作用类似。

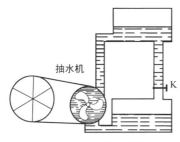

图 1.24　水流示意图

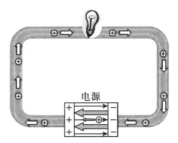

图 1.25　电流示意图

在制造电源的时候，就使电源内部有一种固有的力，如：电池内的化学力、发电机内的电磁力，统称为电源力。正是这些电源力把电源负极的正电荷经电源内部移送到正极去，如图 1.26 所示，实质也就是将电源本来含有的其他形式的能量转换为电能。为了表述不同电源转换能量的能力，人们引入了电动势这一物理量。

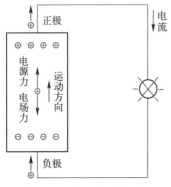

图 1.26　电源的工作原理

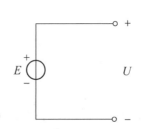

图 1.27　电动势与开路电压

(1) 定义：电源力把电源内部的单位正电荷从电源的负极移到正极所做的功，称为电动势，用 e 或 E 表示。电动势在数值上与电源开路端电压相等，即 $E=U$，如图 1.27 所示。

(2) 电动势的单位：伏［特］(V)。

(3) 电动势的方向：电源电动势的方向规定为由电源的负极（低电位）指向正极（高电位），也可用箭头或下标表示，如图 1.28 所示，与电源开路端电压的方向相反。

图 1.28 电动势的方向

注意：电动势与电压是容易混淆的两个概念，电动势仅存在于电源内部，而电压不仅存在于电源两端，而且也存在于电源外部。

1.2.5 电功(Electric Work)

电流通过电炉时，电炉发热，把电能转换为热能；电流通过电动机时，电动机转动，把电能转换为机械能；电流通过电解槽时，把电能转换为化学能。这些现象表明，电流可以做功将电能转换为其他形式的能量。

(1) 定义：电流所做的功简称为电功，用字母 W 表示。电流在某段时间内所做的功等于电路两端电压 U、电流 I 和通电时间 t 三者的乘积，即

$$W=UIt \tag{1.7}$$

对于纯电阻电路，根据欧姆定律 $I=\dfrac{U}{R}$，式(1.7)可以表示为

$$W=I^2Rt=\dfrac{U^2}{R}t \tag{1.8}$$

(2) 电功的单位：焦耳(J)

1 J 表示功率 1 W 的用电设备在 1 s 内所消耗的电能。在实际应用中常以千瓦时(kW·h，俗称度)作为电能的单位。

1 度 = 1 kW·h = 1 000 W × 3 600 s = 3.6×10⁶ J

【练一练 1.4】 教室里有 8 只 40 W 的日光灯，每只消耗的电功率为 46 W（包括镇流器耗电），每天用电 4 h，1 个月按 30 d 计算，每月要用多少度电？每度电的电费是 0.5 元，应付电费多少？

(3) 电功的测量：电度表就是测量电功的仪器，如图 1.29 所示。

图 1.29 电度表

1.2.6 电功率(Electric Power)

为了描述电流做功的快慢程度，引入电功率这个物理量。

(1) 定义：单位时间内电场力所做的功称为电功率，简称功率，用字母 P 表示，即：

$$P = \frac{W}{t} = UI \qquad (1.9)$$

(2) 电功率的单位:瓦[特](W)。

(3) 电功率正负的意义:由式(1.9)可知,功率与电压、电流有密切的关系,为分析方便,规定:当电压和电流的参考方向为关联参考方向时,$P=UI$;当电压和电流的参考方向为非关联参考方向时,$P=-UI$。

电功率是代数量,可正可负,当计算得到的 $P>0$ 时,表示元件实际吸收或消耗功率,该元件可视为负载;当计算得到的 $P<0$ 时,表示元件实际产生或发出功率,该元件可视为电源。

【练一练 1.5】 已知 $I=1$ A,$U_1=10$ V,$U_2=6$ V,$U_3=4$ V,试判断图 1.30 中各元件是电源还是负载?

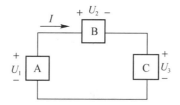

图 1.30 功率正负【练一练 1.5】图

注意:当电压与电流的实际方向一致时,元件一定是吸收功率的;当电压与电流的实际方向相反时,元件一定是发出功率的。如电阻元件电压与电流的实际方向总是一致的,其功率总为正值,在电路中吸收功率。电源则不一定,电源处于供电状态时,其功率为负值,说明电源在电路中发出功率;电源处于充电状态时,其功率为正值,说明电源在电路中吸收功率。

(4) 功率的测量:功率既可以用功率表(瓦特计)直接测量,如图 1.31 所示;也可以用电压表和电流表间接测量,如图 1.32 所示。

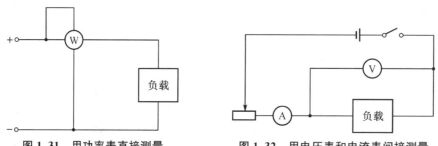

图 1.31 用功率表直接测量　　　　图 1.32 用电压表和电流表间接测量

(5) 负载的额定值:是指生产厂家为了使产品能在给定的工作条件下正常运行而规定的容许值,常用的有额定电流、额定电压和额定功率,分别用 I_N、U_N 和 P_N 表示。由于电压、电流和功率之间存在一定的关系,通常只需给出两项额定值即可。例如:灯泡上标有"220 V 100 W",就表明这个灯泡在 220 V 的电压下工作时,功率是 100 W,可算出其额定电流约为 0.45 A。

【想一想】 电阻器上标有"10 Ω　2 W"说明什么?使用时其端电压和通过的电流不得超过多少?

一般元器件和设备的额定值都会标示在明显位置,如图 1.33 和 1.34 所示,在使用中应充分考虑其额定数据来确定其工作条件。

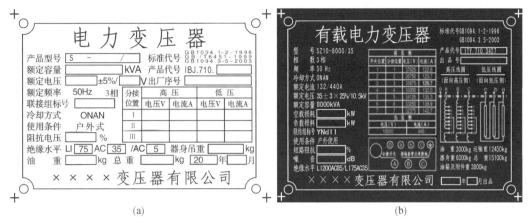

图 1.33 变压器铭牌

图 1.34 电机铭牌

如果给电气设备加上额定电压,它的功率就是额定功率,该工作状态称为额定工作状态,也称满载,这时用电器正常工作,工作效率最高。

如果用电器上所加的电压低于其额定电压,它的功率就会低于额定功率,该工作状态称为轻载,此时工作效率降低,如照明灯的亮度明显比额定状态时要暗,电动机的转速会下降,长期处于这种状态,用电器将不能正常工作,不能充分发挥电气设备的作用,久而久之也会降低用电器的寿命。

如果用电器上所加的电压超过其额定电压,它的功率就会超过额定功率,该工作状态称为过载或超载,此时设备极易发生故障或烧毁,是必须禁止的,所以一般不允许出现过载。在电路中常装设自动开关(术语为断路器)或热继电器,如图 1.35 所示,用来在过载时自动断开电源,确保设备安全。

图 1.35 常用的保护设备

注意：实际使用时，电压、电流和功率不一定等于它们的额定值。如：发电机发出的功率和电流完全取决于负载的大小；电动机的实际功率和电流取决于它轴上所带机械负载的大小。但它们在运行时不应超过额定值。

(6) 负载获得最大功率的条件：在闭合电路中，电源发出的总功率一部分传给负载做功，一部分消耗在电源内阻上，讨论负载为多大时能从电源处获得最大功率具有实际意义。如图 1.36 所示，可得负载的功率为

$$P = I^2 R = \left(\frac{E}{R+r}\right)^2 R$$

$$= \frac{E^2 R}{(R-r)^2 + 4rR} \quad (1.10)$$

$$= \frac{E^2}{\frac{(R-r)^2}{R} + 4r}$$

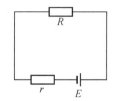

图 1.36　负载获得最大功率的条件

因为电源电动势 E、电源内阻 r 是恒量，只有当分母最小时，功率 P 有最大值。所以，当 $R=r$ 时，负载电功率获得最大值，即

$$P_m = \frac{E^2}{4R} = \frac{E^2}{4r} \quad (1.11)$$

把负载电阻等于电源内阻的状态称为负载匹配，这一特点可应用在电子技术中，注重信号的传输，如扬声器获得最大功率。而在电力系统中应避免使用，一方面是因为电源内阻消耗功率过大，易损坏电源；另一方面，电力系统要求高效率地传输电功率，因此应使负载电阻大于电源内阻。但有一点需要注意，负载获得最大功率时，电源的效率只有 50%。

【练一练 1.6】 在图 1.37 所示电路中，$R_1 = 2\ \Omega$，电源电动势 $E = 10$ V，内阻 $r = 0.5\ \Omega$，R_p 为可变电阻，可变电阻的阻值为多少时它可以获得最大的功率，最大功率为多少？

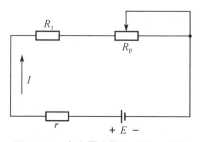

图 1.37　功率最大【练一练 1.6】图

(7) 能量守恒和功率平衡：电功率和电能是两个相关但又不同的概念。电功率衡量的是转换电能的快慢，至于转换电能的多少，还要看运行的时间长短而定。

能量转换和守恒定律是自然界的基本定律之一，电路也遵循这一定律。一个电路中，所有电源产生的电能总和必定等于所有负载消耗的电能总和。因此，一个电路中，各电源单位时间内产生的电能总和必定等于各负载单位时间内消耗的电能总和。所以，一个电路中，所有电源功率的总和等于所有负载功率的总和，这称为电路的功率平衡。

【想一想】 试分析图 1.30 的电路是否满足功率平衡？

1.3 电路的工作状态

1.3 课件

电路在不同的工作条件下处于不同的工作状态,也有不同的特点,充分了解电路不同的工作状态和特点对正确使用各种电气设备是十分有益的。根据不同的需要和不同的负载运行情况,电路可能处于通路(有载)、开路(断路)和短路(捷路)三种工作状态。

1.3.1 通路状态(有载)

电源与负载接通形成闭合回路,电路中有电流流通。如图 1.38 所示,当 S_1 闭合、S_2 断开、S_3 断开、S_4 闭合时的情况。

1.3.1 视频

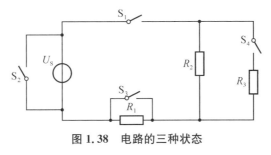

图 1.38 电路的三种状态

1.3.2 开路状态(断路)

1.3.2 视频

通常有两种情况,第一种情况是:电源与负载断开,未构成闭合回路,没有电流通过,电源不输出功率,即为空载状态。如图 1.38 所示,当 S_1 断开、S_2 断开、S_3 断开、S_4 闭合时的情况。第二种情况是:部分电路无电流通过,处于开路状态。如图 1.38 所示,当 S_1 闭合、S_2 断开、S_3 断开、S_4 断开时的情况,此时 R_3 上无电流通过,R_3 不吸收功率。

1.3.3 短路状态(捷路)

从广义上说,电路中任何一部分被导线直接连通起来,使电流直接从导线上经过,这种现象就叫短路。短路分为电源短路和元件短路两种情况。

1.3.3 视频

第一种情况:如果电源被短路,将形成极大的短路电流(用 I_{SC} 表示),可能将电源立即烧毁。如图 1.38 所示,当 S_2 闭合,S_1、S_3、S_4 断开时,这是一种严重的事故状态,在电路操作中应注意避免。为了迅速排除这种事故,通常在电源开关后面安装有熔断器(FU)或自动断路器,如图 1.6(a)和图 1.35 所示,一旦发生短路,大电流即刻将熔断器或自动断路器烧断,故障电路自动切断,使电源、导线得到保护。

第二种情况:在调试电子设备的过程中,将电路中的某一部分短路(常称为短接),这是为了使与调试过程无关的部分电路设备没有电流通过而采取的一种方法。如图 1.38 所示,当 S_1 闭合、S_2 断开、S_3 闭合、S_4 闭合时,图中电阻 R_1 被短路,R_1 没有电流通过,不参与电路工作。所以,并非所有的短路状态都是错误的。

【练一练 1.7】 某电池组的电动势 $E=24$ V,内阻 $R_0=0.1$ Ω,正常使用时的负载电阻

为 $R=1.9~\Omega$,求额定工作电流 I 及当负载电阻被短路时的电流 I_S。

1.4 欧姆定律

1.4 课件

1.4 视频

为了研究电流、电压和电阻三个物理量之间更精确的关系,德国物理学家欧姆(乔治·西蒙·欧姆,Georg Simon Ohm,1787年3月16日—1854年7月6日,如图1.39所示)做了大量的实验,在1827年通过实验科学总结出:一段电路中流过电阻的电流与电阻两端的电压成正比,与这段电路的电阻成反比,这就是欧姆定律。在应用欧姆定律时,R、I、U 三个物理量中,已知任意两个量,就可以计算出第三个量。

【想一想】 如果人体电阻的最小值为 $800~\Omega$,通过人体的电流达到 $50~mA$ 就会引起器官的麻痹,不能自主摆脱电源,试问人体的安全工作电压是多少?

图1.39 乔治·西蒙·欧姆

欧姆定律是电路的基本定律之一,反映了线性电阻元件的特性。在分析电路时,根据在电路图中所确定电压和电流的参考方向的不同,欧姆定律的表示式中应带有正号或负号。

当电压和电流的参考方向一致时,如图1.40(a)所示:

$$U=IR \tag{1.12}$$

当电压和电流的参考方向相反时,如图1.40(b)所示:

$$U=-IR \tag{1.13}$$

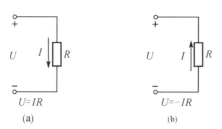

图1.40 欧姆定律

【例题1.2】 应用欧姆定律列出图1.41中所示各电路的电压、电流关系(VCR),并求出电阻 R。

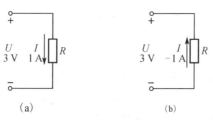

图1.41 【例题1.2】图

【解】 (a)图中:U 和 I 参考方向一致,有
$$U=IR$$
$$R=\frac{U}{I}=\frac{3\text{ V}}{1\text{ A}}=3\text{ Ω}$$

(b)图中:U 和 I 参考方向相反,有
$$U=-IR$$
$$R=-\frac{U}{I}=-\frac{3\text{ V}}{-1\text{ A}}=3\text{ Ω}$$

注意:一个式子中有两套正、负号,表达式前的正、负号是由电压和电流的参考方向决定选择式(1.12)或式(1.13)得出的;表达式中数据的正、负号是根据电压、电流本身实际方向和参考方向的关系得出的。一定要加以区别。

【练一练1.8】 应用欧姆定律列出图1.42中所示各电路的电压、电流关系(VCR),并求出电阻 R。

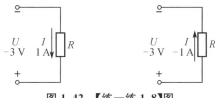

图 1.42 【练一练1.8】图

遵循欧姆定律的电阻称为线性电阻,它的电压、电流关系是一条通过坐标原点的直线,如图1.43所示,这表示该段电路的性质(即 R)与电压和电流无关。

如果电阻不是一个常数,而是随着电压或电流变化,那么,这种电阻就称为非线性电阻。如图1.44所示是一些非线性电阻的符号。非线性电阻两端的电压与通过的电流关系不遵循欧姆定律,一般不能用数学公式表示,而是用电压与电流的关系曲线 $U=f(I)$ 或 $I=f(U)$ 来表示。如图1.45和图1.46所示曲线分别为白织灯丝和半导体二极管的伏安特性曲线,非线性电阻元件在生产上应用很广。

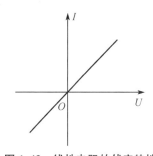

图 1.43 线性电阻的伏安特性

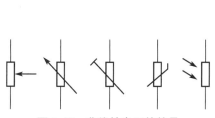

图 1.44 非线性电阻的符号

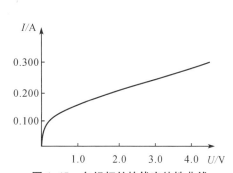

图 1.45 白织灯丝的伏安特性曲线

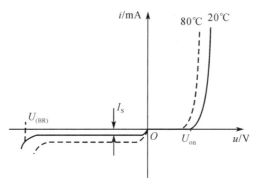

图 1.46 半导体二极管的伏安特性曲线

实际上绝对的线性电阻是没有的,但是,在一定的电流范围内,只要电阻元件的伏安特性接近于过原点的直线,就可以认为是线性的,由此造成的误差不明显。至于非线性电阻元件,将在后续的章节中加以讨论。

1.5 电源模型

1.5 课件

常见的电源除了图 1.4 所示的发电机、蓄电池和干电池外,还有直流稳压电源、直流稳流电源、光电池等。广义地讲,一切能给负载提供电能的电路元件都可以看成是负载的电源。电源有两种类型,一种是以电压形式表示的电源模型,称为电压源;另一种是以电流形式表示的电源模型,称为电流源。在实际应用中,发电机、电池等实际电源内阻通常远比负载小,较近似于电压源;在电子线路中有许多内阻远比负载电阻大的情况,例如,晶体管恒流源,以及电唱机晶体唱头等都近似于电流源。

1.5.1 电压源

1) 理想电压源(恒压源)

1.5.1 视频

理想电压源是一个二端元件,在电路图中的符号如图 1.47 所示,其电压用 u_S 或 U_S 表示。

它有两个基本特点:① 无论它的外电路如何变化,两端的输出电压都为恒定值 U_S,即直流电压源,或为一定时间的函数 $u_S(t)$,即正弦交流电压源,如图 1.48 所示。② 通过电压源的电流虽然是任意的,但仅由它本身是不能决定的,还取决于与之相连接的外部电路,有时甚至完全取决于外电路。

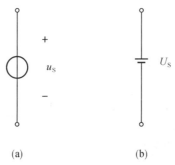

图 1.47 理想电压源的符号

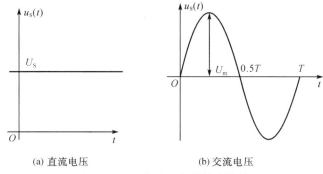

(a) 直流电压　　　　　　　(b) 交流电压

图 1.48　理想电压源的输出特性

理想电压源因其输出电压为恒定,故又称为恒压源。实际的电源,如干电池、蓄电池和直流稳压源等,在其内部功率损耗可以忽略不计时,即电池内阻可以忽略不计时,可以用理想电压源来代替。

2) 实际电压源

一个实际的电源在其内部功率损耗不能忽略不计时,可以看成一个理想电压源与一个电阻的串联组合,即实际电压源的模型,简称电压源,如图 1.49(a)所示。当电压源电压为零($u_S(t)=0$ 或 $U_S=0$)时,可以用一条短路导线来代替理想电压源。

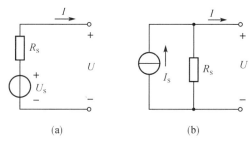

(a)　　　　　　　(b)

图 1.49　实际电源的符号

3) 电压源电路分析

在实际应用中,多个不同的电压源不可以并联,否则违背基尔霍夫电压定律(该定律的具体内容将在后续章节讲到),但可以串联,如图 1.50(a)所示,其等效电路图如图 1.50(b)所示。这里注意,图 1.50 中,$U_S=-U_{S1}+U_{S2}+U_{S3}$,$U_{S1}$($U_{S2}$ 或 U_{S3})的方向与 U_S 相同取正号,相反取负号;$R_S=R_{S1}+R_{S2}+R_{S3}$。

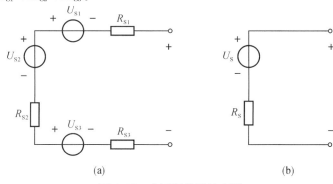

(a)　　　　　　　(b)

图 1.50　电压源模型的串联

【练一练 1.9】 电路如图 1.51 所示,求其等效电压源模型。

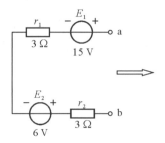

图 1.51 【练一练 1.9】图

1.5.2 电流源

1.5.2 视频

1) 理想电流源(恒流源)

理想电流源是一个二端元件,在电路图中的符号如图 1.52 所示,其电流用 i_S 或 I_S 表示。

图 1.52 理想电流源的符号

它有两个基本特点:① 无论它的外电路如何变化,它的输出电流为恒定值 I_S,即直流电流源,如图 1.53 所示,或为一定时间的函数 $i_S(t)$,即正弦交流电流源。② 电流源两端的电压虽然是任意的,但仅由它本身是不能决定的,还取决于与之相连接的外部电路,有时甚至完全取决于外电路,如图 1.54 所示。

理想电流源因其输出电流为恒定,故又称为恒流源。实际的电流源,如光电池在一定的光线照射下能产生一定的电流,称为电激流 I_S。当其内部功率损耗可以忽略不计时,可用理想电流源来代替。

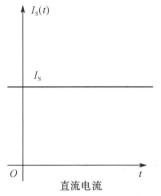

图 1.53 理想电流源的输出特性

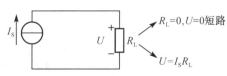

图 1.54 理想电流源的电路

2) 实际电流源

一个实际的电源在其内部功率损耗不能忽略不计时,可以看成一个理想电流源与一个电阻的并联组合,简称电流源,如图 1.49(b)所示。当电流源电流为零($i_S(t)=0$ 或 $I_S=0$)时,可以用开路来代替理想电流源。

3) 电流源电路分析

在实际应用中,多个不同的电流源不可以串联,否则违背基尔霍夫电流定律(该定律的具体内容将在后续章节讲到),但可以并联,如图 1.55(a)所示,其等效电路图如图 1.55(b)所示。这里注意,图 1.55 中,$I_S=I_{S1}-I_{S2}+I_{S3}$,I_{S1}(I_{S2} 或 I_{S3})的方向与 I_S 相同取正号,相反取负号;$R_S=R_{S1}//R_{S2}//R_{S3}$。

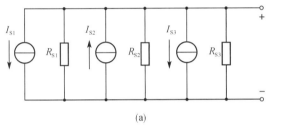
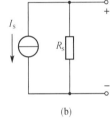

图 1.55 电流源模型的并联

【练一练 1.10】 电路如图 1.56 所示,求其等效电流源。

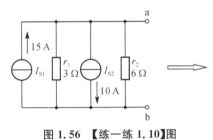

图 1.56 【练一练 1.10】图

1.5.3 电源连接的特殊情况

关于电源连接的几种特殊情况处理如图 1.57 所示。

1.5.3 视频

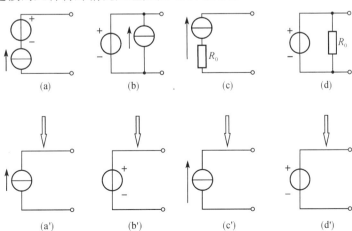

图 1.57 电源连接特殊情况

① 恒流源与恒压源串联,等效时恒压源无用;
② 恒流源与恒压源并联,等效时恒流源无用;
③ 电阻与恒流源串联,等效时电阻无用;
④ 电阻与恒压源并联,等效时电阻无用。

1.5.4 电压源与电流源的等效变换

1.5.4视频

同一实际电源既可以用电流源模型表示,也可以用电压源模型表示。对于外电路来说,无论采用电压源供电还是电流源供电,只要负载获得的电压和电流相同,就认为这两种电源对外电路的作用相同,也就是说这两种电源可以等效。

电压源与电流源的等效互换如图 1.58 所示。

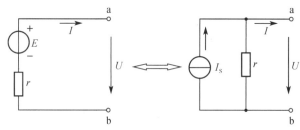

图 1.58 电压源与电流源的等效互换

(1) 具体描述

① 端口对应:电压源的高电位与电流源高电位对应,低电位与低电位对应,即 a 与 a 对应,b 与 b 对应。

② 大小对应:电压源内阻与电流源内阻相等,电压源电压、电流源电流和内阻满足欧姆定律,即:

$$r=r$$
$$E=I_S r \text{ 或 } I_S=E/r$$

③ 极性对应:电流源的 I_S 方向由电压源的"-"极指向电压源的"+"极。

(2) 两种电源等效变换时,应注意

① 这种等效变换,是对外电路的等效,在电源内部是不等效的。以空载为例,对电压源来说,其内部电流为零,内阻上的损耗亦为零;对电流源来说,其内部电流为 I_S,内阻上的消耗为 $I_S^2 R_0$。

② 变换时两种电路模型的极性必须一致,即电流源流出电流的一端与电压源的正极性端相对应。

③ 理想电压源与电流源不能进行这种等效变换。因为理想电压源的短路电流 I_S 为无穷大,理想电流源的开路电压 U_0 为无穷大,都不能得到有限的数值。

④ 这种变换关系中,r 不限于内阻,可以扩展至任一电阻。凡是电动势为 E 的理想电压源与某一电阻 R 串联的有源支路,都可以变换成电流为 I_S 的理想电流源与电阻 R 并联的有源支路,反之亦然。其等效关系是:

$$I_S=E/R$$

【练一练1.11】 将图1.59的电压源变换为电流源,电流源变换成电压源。

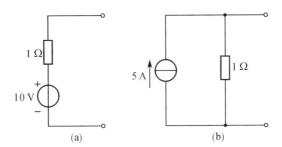

图1.59 【练一练1.11】图

注意:根据电路分析的需要,当电压源与外电路是并联关系时需要转换为等效的电流源;当电流源与外电路是串联关系时需要转换为等效的电压源。

【例题1.3】 如图1.60所示电路,用电源等效变换法求流过负载24 Ω的电流 I。

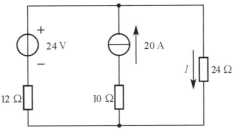

图1.60 【例题1.3】图

【解】 由于10 Ω电阻与电流源是串联形式,对于电流 I 来说,10 Ω电阻为多余元件,可去掉,即可得电路如图1.61(a)所示;

图1.61(a)所示12 Ω电阻与24 V电压源串联可等效为一个2 A的电流源与12 Ω电阻并联,即可得电路如图1.61(b)所示;

图1.61(b)所示两个电流源可等效为一个22 A的电流源,即可得电路如图1.61(c)所示;

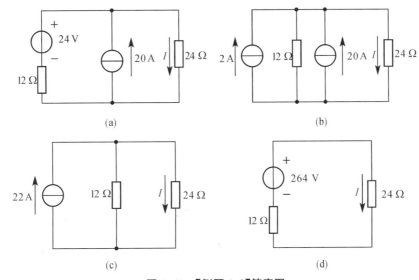

图1.61 【例题1.3】答案图

图 1.61(c)所示电流源可等效为一个 264 V 的电压源,即可得电路如图 1.61(d)所示;根据图 1.61(d)可得:

$$I=\frac{264}{12+24}\approx 7.3(A)$$

1.6 电阻、电容和电感

1.6 课件

1.6.1 视频

1.6.1 电阻

电阻器(简称电阻)是电路中最常用的元器件。电阻器是耗能元件,在电路中主要用作分流、限流、分压、降压、负载和阻抗匹配等。

电阻器的符号用大写字母 R 表示。电阻的单位是欧姆(Ω),常用的单位还有千欧姆($k\Omega$)、兆欧姆($M\Omega$)。它们之间的换算关系是

$$1\ M\Omega=10^3\ k\Omega=10^6\ \Omega$$

固定电阻器的阻值是固定不变的,阻值的大小即为它的标称阻值。固定电阻器按其材料的不同可分为碳膜电阻器、金属膜电阻器、绕线电阻器等。

可变电阻器的阻值可以在一定的范围内调整,它的标称阻值是最大阻值,其滑动端到任意一个固定端的阻值在零和最大值之间连续可调。可变电阻器又有可调电阻器和电位器两种。可调电阻器有立式和卧式之分,分别用于不同的电路安装。电位器有带开关和不带开关之分,在可调电阻器上加上一个开关,做成同轴联动形式,称为开关电位器。如收音机中的音量旋钮和电源开关就是一个同轴联动的开关电位器。

根据电阻的使用场合不同可分为:精密电阻器、大功率电阻器、适用于高频电话的高频电阻器、应用于高压电话的高压电阻器、热敏电阻器、光敏电阻器、熔断电阻器等。

常见电阻器的外形和图形符号如图 1.62 所示。

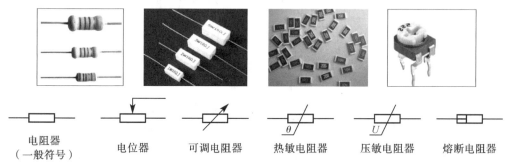

图 1.62 常见电阻器的外形和图形符号

1) 电阻器的命名方法

根据国家标准 GB/T 2470—1995 的规定,电阻器及电位器的型号由四个部分组成,各个部分的意义如图 1.63 所示。

其文字符号及意义见表 1.2 所示。在实际选用电阻器时,主要考查的是前 3 部分。例如,某电阻器外壳上的标识为"RJ-7",其中字母"R"表示电阻器,字母"J"表示金属膜材料,数

字"7"表示精密型,因此可以得到该电阻为金属膜精密型电阻器。

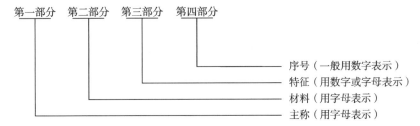

图 1.63　电阻器的型号命名方法

表 1.2　电阻(位)器型号文字符号及意义

第一部分		第二部分		第三部分		第四部分
用字母表示主称		用字母表示材料		用数字或字母表示特征		用数字和字母表示序号
符号	意义	符号	意义	数字或符号	意义	意义
R	电阻器	T	碳膜	1,2	普通	若主称、材料、特征相同,仅性能指标略有差别,则给出同一序号。若相差太大,则给出不同序号或再加字母,以示区别
W	电位器	H	合成膜	3	超高频	
		P	硼碳膜	4	高阻	
		U	硅碳膜	5	高温	
		C	沉积膜	7	精密	
		I	玻璃釉膜	8	电阻器—高压	
		J	金属膜	9	电位器—特殊函数	
		Y	氧化膜	G	高功率	
		S	有机实心	T	可调	
		N	无机实心	X	小型	
		X	线绕	L	测量用	
		R	热敏	W	微调	
		G	光敏	D	多圈	
		M	压敏			

2) 主要技术参数

电阻器的主要技术参数有标称阻值,允许误差(精度等级)、额定功率等。

(1) 标称阻值

电阻器表面所标注的阻值叫标称阻值。不同精度等级的电阻器,其阻值系列不同。国家规定的标称阻值系列见表1.3所示。

表 1.3　普通电阻器的标称阻值系列

系列	允许误差	精度等级	电阻器标称值
E6	±20%	Ⅲ	1.0　1.5　2.2　3.3　4.7　6.8
E12	±10%	Ⅱ	1.0　1.2　1.5　1.8　2.2　2.7　3.3　3.9　4.7　5.6　6.8　8.2
E24	±5%	Ⅰ	1.1　1.2　1.3　1.5　1.6　1.8　2.0　2.2　2.4　2.7　3.0　3.3　3.6　3.9　4.3　4.7　5.1　5.6　6.2　6.8　7.5　8.2　9.1

表中阻值的单位为欧(Ω),使用时将表中数值乘以10^n(n为整数),例如 E24 系列 5.1,可以为 $0.51\ \Omega$、$5.1\ \Omega$、$51\ \Omega$、$510\ \Omega$、$5.1\ k\Omega$ 等。随着电子技术的发展,器件数值的精密度越来越高,所以近年来国家又相继公布了 E48、E96、E192 系列标准,使电阻的系列阻值得以增加。

（2）允许误差

标称阻值和实际阻值的差与标称阻值之比的百分数称为阻值偏差,它表示电阻器的精度。当允许误差用等级法标识时:0级表示±2%;Ⅰ级表示±5%;Ⅱ级表示±10%;Ⅲ级表示±20%。允许误差也可用字母表示,如表1.4所示。

表1.4 电阻器阻值允许误差的字母对照表

字母	允许误差	字母	允许误差	字母	允许误差
B	±0.1%	F	±1%	K	±10%
C	±0.25%	G	±2%	M	±20%
D	±0.5%	J	±5%	N	±30%

（3）额定功率

在正常大气压(90~106.6 kPa)及环境温度为－55 ℃～＋70 ℃的条件下,电阻器长期工作所允许耗散的最大功率,称为电阻器的额定功率。电阻器额定功率系列如表1.5所示。各种功率的电阻器在电路图中的符号如图1.64所示。

表1.5 电阻器额定功率系列

种类	电阻器额定功率系列/W
线绕电阻	0.05　0.125　0.25　0.5　1　2　3　4　8　10　16　25　40　50　75　100　150　250　500
非线绕电阻	0.05　0.125　0.25　0.5　1　2　5　10　25　50　100

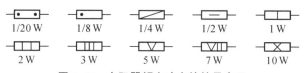

图1.64 电阻器额定功率的符号表示

3）电阻器的标识方法

电阻器的标称电阻、允许误差、额定功率等主要参数一般都直接标在电阻体表面上,具体识别方法有四种:直标法、文字符号法、数标法和色标法。

（1）直标法:用数字和单位符号在电阻器表面标出阻值,其允许误差直接用百分数表示,若电阻上未标注偏差,则偏差均为±20%。读数识别如图1.65所示。

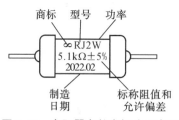

图1.65 电阻器参数直标法示意图

（2）文字符号法:将需要标识的主要参数和技术性能,用数字和字母两者有规律地组合起来,标识在电阻体表面的一种方法,如图1.66所示。字母前面的数字表示整数阻值,后面的数字表示第一位小数阻值和第二位小数阻值,字母所表示的单位如表1.6所示,例如4R7

表示 4.7 Ω。

电阻值为0.33Ω　　电阻值为1.8 kΩ　　电阻值为4.7Ω
允许误差为±1%　　允许误差为±20%　　允许误差为±10%

图1.66　电阻器参数文字符号法示意图

表1.6　电阻器文字符号表示法中字母所表示的单位

字母	所表示的单位	字母	所表示的单位	字母	所表示的单位
R	欧姆(Ω)	M	兆欧姆(10^6 Ω)	T	兆兆欧姆(10^{12} Ω)
k	千欧姆(10^3 Ω)	G	千兆欧姆(10^9 Ω)		

(3) 数标法:用 3 或 4 位阿拉伯数字标注电阻的阻值。最后一位表示电阻阻值的倍率,其余位数表示电阻阻值的有效数字,如图 1.67 所示。例如 162 表示 16×10^2 Ω。

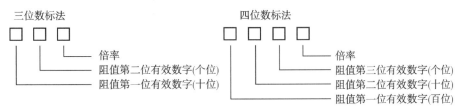

图1.67　电阻器参数的数标法示意图

(4) 色标法:用不同颜色的带或点在电阻器表面标出标称阻值和允许偏差。国外电阻大部分采用色标法。各种颜色代表的意义见表 1.7 所示。

表1.7　电阻器色标符号意义

颜色	有效数字	倍乘($\times 10^n$)	允许误差(%)	颜色	有效数字	倍乘($\times 10^n$)	允许误差(%)
银色	—	10^{-2}	±10	绿色	5	10^5	±0.5
金色	—	10^{-1}	±5	蓝色	6	10^6	±0.2
黑色	0	10^0	—	紫色	7	10^7	±0.1
棕色	1	10^1	±1	灰色	8	10^8	—
红色	2	10^2	±2	白色	9	10^9	+5～-20
橙色	3	10^3		无色	—		±20
黄色	4	10^4					

一般电阻采用 4 色环标识,精密电阻采用 5 色环标识。

当电阻为四环时,前两位为电阻阻值的有效数字,第三位为电阻阻值的倍乘(即 10^n,n 为颜色所表示的数字),第四位为电阻阻值的允许误差(必为金色或银色)。如图 1.68 所示,若四环电阻的颜色分别为橙、白、棕、金,则表示 39×10^1 Ω±5%,即 390 Ω±5%。

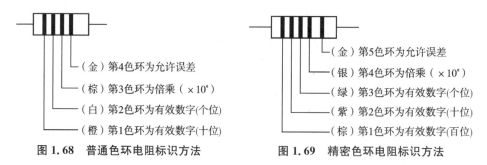

图 1.68 普通色环电阻标识方法　　　　图 1.69 精密色环电阻标识方法

当电阻为五环时,最后一环与前面四环距离较大。前三位为电阻阻值的有效数字,第四位为电阻阻值的倍乘(即 10^n,n 为颜色所表示的数字),第五位为电阻阻值的允许误差。例如,如图 1.69 所示,若五环电阻的颜色分别为棕、紫、绿、银、金,则表示 175×10^{-2} Ω±5%,即 1.75 Ω±5%。

4) 电阻器的测量

电阻器的阻值及误差无论是直标还是色标,一般在出厂时都已标好。若需要测量电阻器的阻值,常用万用表的欧姆挡。用指针式万用表欧姆挡时,首先要进行调零,选择合适的挡位,使指针尽可能指示在表盘中部,以提高精度。如果用数字式万用表测量电阻器的阻值,其测量精度要高于指针式万用表。测量电阻值时,一定是不带电进行测量。

如果不能确定被测电阻的大小,可以选择表的最大量程试测,不合适再根据测量结果变换量程。对于高阻值电阻器,不能用手捏着电阻的引线两端来测量,以防止人体电阻与被测电阻并联,使测量值不准确。对于低电阻值的电阻器,要将引线刮干净,保证表笔与电阻引线良好接触;对于高精度电阻器,可采用电桥进行测量;对于高阻值低精度的电阻器可采用兆欧表进行测量。

1.6.2 电容

电容器(简称电容)是由两个金属电极,中间夹有一层绝缘电介质构成的。电容器是储能元件,其特性可用 12 字口诀来记忆:通交流、隔直流、通高频、阻低频。电容器在电路中常用作交流信号的耦合、交流旁路、电源滤波、谐振选频等。电容器的作用还有很多,要根据其在电路中的位置具体分析。

电容器的文字符号用大写字母 C 表示。电容的单位是法[拉](F),由于法拉这个单位非常大,所以常用的单位还有毫法(mF)、微法(μF)、纳法(nF)、皮法(pF)。它们之间的换算关系是

$$1 \text{ F} = 10^3 \text{ mF} = 10^6 \text{ μF} = 10^9 \text{ nF} = 10^{12} \text{ pF}$$

电容器按结构可分为固定电容和可变电容,可变电容中又分半可变(微调)电容和全可变电容。电容器按材料介质可分为气体介质电容、纸介电容、有机薄膜电容、瓷介电容、云母电容、玻璃釉电容、电解电容等。电容器还可分为有极性和无极性电容器。

常见电容器的外形和图形符号如图 1.70 所示。

1) 电容器的命名方法

根据国家标准 GB/T 2470—1995 的规定,电容器的型号由四个部分组成,各个部分的意义如图 1.71 所示。其文字符号及意义如表 1.8 所示。

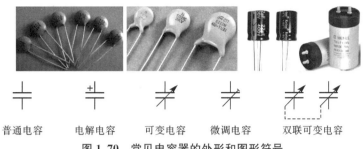

| 普通电容 | 电解电容 | 可变电容 | 微调电容 | 双联可变电容 |

图1.70 常见电容器的外形和图形符号

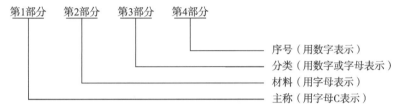

图1.71 电容器的型号命名方法

表1.8 电容器型号的文字符号及意义

第一部分		第二部分		第三部分		第四部分
用字母表示主体		用字母表示材料		用字母表示特征		用数字或字母表示序号
符号	意义	符号	意义	符号	意义	意义
C	电容器	C	瓷介	T	铁电	包括:品种、尺寸代号、温度特性、直流工作电压、标称值、允许误差、标准代号等
		I	玻璃釉	W	微调	
		O	玻璃膜	J	金属化	
		Y	云母	X	小型	
		V	云母纸	S	独石	
		Z	纸介	D	低压	
		J	金属化纸	M	密封	
		B	聚苯乙烯	Y	高压	
		F	聚四氟乙烯	C	穿心式	
		L	涤纶			
		S	聚碳酸酯			
		Q	漆膜			
		H	纸膜复合			
		D	铝电解			
		A	钽电解			
		G	金属电解			
		N	铌电解			
		T	钛电解			
		M	压敏			
		E	其他电解材料			

2) 主要技术参数

电容器的主要技术参数有标称容量和允许误差、额定工作电压(耐压)、绝缘电阻(漏电阻)。

(1) 标称容量和允许误差

电容器的容量表示电容储存电荷的能力。标在电容器外壳上的电容量数值为标称容量,与电阻器一样,电容器也有规定的标称系列,由于电容器的标称容量、允许误差等,与其绝缘介质有密切的关系,因此对不同的绝缘介质有不同的标称。具体如表1.9所示,任何电容器的标称容量都满足表中标称容量系列再乘以10^n(n为正或负整数)。

表1.9 固定电容器容量的标称值系列

电容器类别	标称值系列
高频纸介质、云母介质、玻璃釉介质、高频(无极性)有机薄膜介质	1.0 1.1 1.2 1.3 1.5 1.6 1.8 2.0 2.2 2.4 2.7 3.0 3.3 3.6 3.9 4.3 4.7 5.1 5.6 6.2 6.8 7.5 8.2 9.1
纸介质、金属化纸介质、复合介质、低频(有极性)有机薄膜介质	1.0 1.5 2.0 2.2 3.3 4.0 4.7 5.0 6.0 6.8 8.0
电解电容器	1.0 1.5 2.2 3.3 4.7 6.8

电容器的允许误差等级如表1.10所示,常用的有Ⅰ级(±5%)、Ⅱ级(±10%)和Ⅲ级(±20%),电解电容的容量误差较大。

表1.10 电容器的允许误差等级

级别	01	02	Ⅰ	Ⅱ	Ⅲ	Ⅳ	Ⅴ	Ⅵ
允许误差	±1%	±2%	±5%	±10%	±20%	−30%~20%	−20%~50%	−10%~100%

(2) 额定工作电压

额定工作电压是指电容器在电路中长期可靠工作时所允许的最高直流电压(又称耐压值)。

(3) 绝缘电阻

绝缘电阻是指电容器两电极间的电阻,也称为漏电阻。绝缘电阻的大小取决于电容器的介质性能。电容器的绝缘电阻越大,则漏电流越小,性能越好。

3) 电容器标识方法

(1) 直标法:如数字部分大于1时,单位为pF,用三位整数表示,第一、二位为电容量的有效数字,第三位为有效数字后面加零的个数,例如104表示电容量为100 000 pF,即10×10^4 pF。但应注意,当第三位为9时,并不表示有效数字后加9个0,而是表示有效数字乘以10^{-1},这是个特例。如数字部分大于0小于1时,单位为μF,例如0.056表示电容量为0.056 μF。

(2) 数码表示法:将容量的整数部分写在容量单位标注符号的前面,小数部分写在容量单位标注符号的后面。如3p3表示3.3 pF,1μ1表示1.1 μF。

(3) 色标法:用不同颜色的带或点在电容器外壳上标出标称电容值和允许误差的方法,方法同电阻器的色标法,标注单位为pF。

(4) 误差的标注方法一般有三种:

① 将容量的允许误差直接标注在电容器上。

② 用罗马数字Ⅰ、Ⅱ、Ⅲ分别表示±5%、±10%、±20%。

③ 用英文字母表示误差等级。用J、K、M、N分别表示±5%、±10%、±20%、±30%;D、F、G分别表示±0.5%、±1%、±2%;P、S、Z分别表示+100%~−20%、+50%~

−20%、+80%～−20%。

4）电容器的测量

利用万用表欧姆挡可以检查电容器是否有短路、断路或漏电等情况。

用指针式万用表测量的具体方法是：电容量大于 100 μF 的电容器用 $R\times 100$ 挡测量，电容量在 1～100 μF 之间的电容器用 $R\times 1$ k 挡测量，1 μF 以下的电容器用 $R\times 10$ k 挡测量。若指针向右偏转，再缓慢返回，返回位置接近无穷大，说明该电容器正常。指针稳定时的读数为电容器的绝缘电阻，阻值越大，漏电越小。若指针向右偏转，指示接近于零欧，且不返回，则说明该电容器已击穿。若指针不偏转，说明该电容器开路（0.01 μF 以下的小电容，指针偏转极小，不易看出，需用其他仪器测量）。

用数字式万用表测量的具体方法是：将万用表置于欧姆挡的较大挡位，其表笔接到电容器的两端（注意手不要接触电容体），这时看到显示数字，然后逐渐变到显示"1"的状态，则说明电容的漏电流基本正常。如果再将两表笔反过来接到电容器的两端，若看到显示的数字首先为负，然后变成正的，最后也显示"1"的状态，则说明电容储存电荷的功能正常。以上测量如果看不到显示数字的变化，应增大万用表的欧姆挡量程再做测量。如果所有量程都看不到显示数字变化，则说明电容器已开路、失效，或者该电容器的电容量太小。另外，可以直接使用数字万用表的电容测试挡位对其电容量进行测量。

这里还需要指出，电解电容器是有极性电容（在使用时电容器的正极应接高电位端，负极接低电位端），当万用表黑表笔（接万用表内附电池的正极）接电解电容的正极、红表笔接负极时测得的绝缘电阻比黑表笔接电解电容器的负极、红表笔接正极时的大，电解电容器使用时极性不能搞错，否则会导致电容器损坏。

1.6.3 电感

电感器是依照电磁感应原理，由绝缘导线（如漆包线、纱包线）绕制而成。电感器与电容器一样，也是储能元件。在电路中具有通直流、阻交流、通低频、阻高频的作用，它广泛地应用于调谐、振荡、耦合、滤波、均衡、延时、匹配、补偿等电路。

1.6.3 视频

电感器的文字符号用大写字母 L 表示。电感的单位是亨［利］(H)，常用的单位还有mH（毫亨）和 μH（微亨）。它们之间的换算关系是

$$1 \text{ H} = 10^3 \text{ mH} = 10^6 \text{ μH}$$

电感元件可制成电感线圈和变压器。常见电感器和变压器的外形和图形符号如图 1.72 所示。

1）电感器的命名方法

根据国家标准 GB/T 2470—1995 的规定，电感器的型号由四个部分组成：

第一部分：主称，用字母表示，其中 L 代表电感线圈，ZL 代表阻流圈。

第二部分：特征，用字母表示，其中 G 代表高频。

第三部分：形式，用字母表示，其中 X 代表小型。

第四部分：区别代号，用数字或字母表示。

各个部分的意义如图 1.73 所示，例如 LGX1 为小型高频电感线圈。

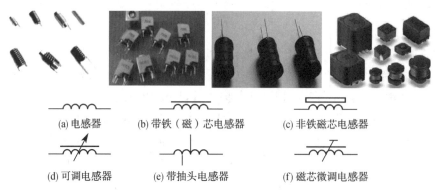

图 1.72 常见电感器的外形和图形符号

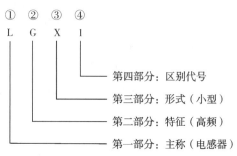

图 1.73 电感器的型号命名方法

2) 主要技术参数

电感器的主要技术参数有电感量、允许误差、品质因数和额定电流等。

(1) 电感量

电感量是电感线圈的一个重要参数,电感量的大小与电感线圈的匝数、几何尺寸,以及线圈内部有无铁芯、磁芯有关。

(2) 品质因数

品质因数是表示电感器质量的因数,常用 Q 来表示,它是指电感器在某一频率的交流电压下工作时电感器的感抗和电阻的比值。通常品质因数 Q 越大越好。

(3) 额定电流

额定电流是指电感器正常工作时允许通过的最大电流。若电感器的工作电流超过额定电流,电感器会因发热致使参数改变,严重时会烧毁。

3) 电感器的标识方法

除专门的电感线圈(色码电感)外,电感量一般不专门标注在线圈上,而以特定的名称标注。

(1) 直标法:在小型电感器的外壳上直接标出电感器的电感量、误差等参数值,如图 1.74 所示。

(2) 数码表示法:在电感器的外壳上用三位数字表示元件的参数。前两位数字是电感值的有效数字,第三位数字表示倍率,即 0 的个数,小数点用 R 表示,单位为 μH。例如,电感

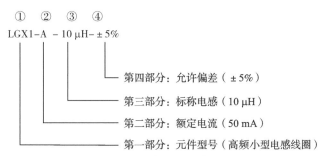

图 1.74 固定电感器规格参数标识法

上标识 330,则表示电感值为 33×10^0 μH,即 33 μH;电感上标识 4R7,则表示电感值为 4.7 μH。

(3) 色标法:在电感器的外壳上有不同的色环,用来标注其主要参数。对应的关系与色环电阻相同,色标法默认单位为 μH。例如,某电感器的色环标志分别为黄、紫、金、银,表示电感量为 $47\times10^{-1}\pm10\%$ μH。

4) 电感器的测量

若要准确地测量电感器的电感量 L 和品质因数 Q,需要用专门测量电感的电桥来进行。也可以先进行外观检查,看是否有线圈松散、引脚折断、线圈烧毁或外壳烧焦等现象,若有,则表明电感已损坏。另外,电感的直流电阻值一般很小,匝数多、线径细的线圈能达几十欧,有抽头的线圈仅有几欧,粗略地一般可用万用表 R×1 或 R×10 挡测量电感器的阻值 R。若阻值很大,或指针不动,则说明线圈(或引出线间)已经开路损坏;若阻值比规定的阻值小得多,则说明存在局部短路或者严重短路情况;若阻值为零,说明线圈完全短路。

1.7 基尔霍夫定律

1.7 课件

分析与计算电路的基本定律除了欧姆定律外,还有基尔霍夫定律(Kirchhoff's Law)。1845 年,德国物理学家基尔霍夫(古斯塔夫·罗伯特·基尔霍夫,Gustav Robert Kirchhoff,1824~1887,如图 1.75 所示)发现电路元件之间的互联必然迫使元件中的电流之间和元件的电压之间有一定的约束关系,从而总结出了基尔霍夫电流定律和电压定律。

图 1.75 基尔霍夫

1.7.1 基尔霍夫电流定律(Kirchhoff's Current Law,KCL)

1.7.1 视频

1) 电路的基本术语

在叙述 KCL 之前,先学习几个电路基本术语:

(1) 支路:由一个或几个元件依次相接构成的无分支电路称为支路。在同一支路中,流过所有元件的电流相等,即一条支路一个支路电流。

图 1.76 中 ab、acb、adb 均是支路,其中 ab 支路不含有电源,称为无源支路,acb、adb 支路含有电源,称为有源支路。

(2) 节点:电路中两条以上支路的连接点称为节点。图 1.76 中 a、b 两点均为节点。

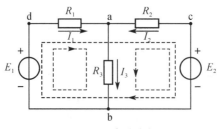

图 1.76 电路举例

2) 基尔霍夫电流定律及应用

基尔霍夫电流定律,又称基尔霍夫第一定律。它的内容是:对于电路中的任意一个节点来说,在任何瞬间流入节点的电流之和,等于流出结点的电流之和。即:

$$\sum I_入 = \sum I_出 \qquad (1.14)$$

依据 KCL,图 1.76 所示电路中节点 a 处的电流关系为:

$$I_1 + I_2 = I_3$$

这个定律也可用另一种方式叙述,若规定流入结点的电流为正,流出节点的电流为负,则对于电路中的任意一个节点,在任何瞬间流入结点的电流代数和等于零。则式(1.14)就可变为

$$\sum I = 0 \qquad (1.15)$$

则图 1.76 所示电路中节点 a 处的电流关系可以表示为:

$$I_1 + I_2 - I_3 = 0$$

列写基尔霍夫电流方程的步骤为:

(1) 选定节点。
(2) 标出各支路电流的参考方向。
(3) 针对结点应用 KCL(即式(1.14)或(1.15))列出方程。

3) 基尔霍夫电流定律的扩展应用

KCL 通常应用于电路的任一结点上,但也可扩展到包围几个结点的一个闭合面(也称广义节点),如图 1.77 虚线所示。对广义结点运用 KCL,即有:电路中流入闭合面的电流等于流出闭合面的电流,或流入闭合面的电流代数和为零。在图 1.77 所示电路中,有

$$I_1 + I_2 + I_3 = 0$$

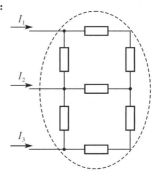

图 1.77 KCL 的扩展应用

【例题 1.4】 在图 1.78 中,已知 $I_3 = -1$ A,$I_4 = 2$ A,$R_8 = 10$ Ω。试计算电阻 R_8 两端电压 U_8。

【解】 对结点 a 列 KCL 方程

$$I_2 = I_3 + I_4 = -1 + 2 = 1(A)$$

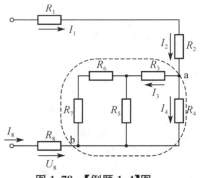

图 1.78 【例题 1.4】图

按照KCL的扩展应用，a、b间的电路可以看作一个闭合面，相当于一个广义节点，则有

$$I_2+I_8=0$$

$$I_8=-I_1=-1(\text{A})$$

故

$$U_8=I_8R_8=(-1)\times 10=-10(\text{V})$$

【想一想】 I_8、U_8 所求数值中负号的意义是什么？

1.7.2 基尔霍夫电压定律(Kirchhoff's Voltage Law, KVL)

1.7.2视频

1) 电路基本术语

在叙述KVL之前，先学习几个电路基本术语：

(1) 回路：电路中任一闭合路径称为回路。

图1.76中abda、acba、acbda均为回路。

(2) 网孔：内部不含其他支路的回路称为网孔。

图1.76中的回路abda、acba均为网孔。

2) 基尔霍夫电压定律及应用

基尔霍夫电压定律，又称基尔霍夫第二定律。它的具体内容是：对于电路中的任一回路，沿同一方向(顺时针或逆时针)循行一周，同一瞬间电压的代数和恒等于零。即

$$\sum U=0 \tag{1.16}$$

式(1.16)中电压 U 的参考方向与回路绕行方向一致取正号，相反取负号。

在图1.76所示回路中，若以顺时针方向作回路绕行方向，对回路acbda列KVL方程为

$$U_{ac}+U_{cb}+U_{bd}+U_{da}=0$$

如果直接用电动势和电阻来列方程，由图1.76可得到

$$U_{ac}=-I_2R_2, \quad U_{cb}=E_2, \quad U_{bd}=-E_1, \quad U_{da}=I_1R$$

再代入之前的KVL方程，有

$$-I_2R_2+E_2-E_1+I_1R_1=0$$

$$E_1-E_2=I_1R_1-I_2R_2$$

或写成

$$\sum E=\sum(IR) \tag{1.17}$$

式(1.17)是KVL方程在电阻电路中的表达形式。具体可描述为：在任一瞬间，电路中的任一回路中的电动势的代数和等于各个电阻元件上的压降的代数和，其中正负号的确定原则是：凡电动势的正方向与回路绕行方向一致时取正号，相反则取负号；电阻元件上的电流参考方向与回路绕行方向一致时取正号，相反则取负号。

把式(1.17)再次变换，可得

$$E_1+I_2R_2=I_1R_1+E_2$$

即这个定律还有另一种叙述方式，也就是对于电路中的任一回路，沿同一方向(顺时针或逆时针)循行一周，电位升等于电位降，即

$$\sum U_{升}=\sum U_{降} \tag{1.18}$$

在应用式(1.18)时,需要说明:电动势的正方向与回路绕行方向一致视为升,反之视为降;电阻元件上的电流参考方向与回路绕行方向一致视为降,反之视为升。

列写基尔霍夫电压方程的步骤为:

(1) 选定回路,并标出回路绕行方向,顺时针或逆时针。

(2) 标出各支路电流、电压的参考方向。

(3) 针对回路应用KVL(即式(1.16)、(1.17)或(1.18))列出方程。

3) 基尔霍夫电压定律的扩展应用

KVL通常应用于电路中任一闭合的回路,但也可以推广到任何假想闭合的一段电路(即开口电路)。如图1.79所示电路,应用KVL可得:

$$U = IR + E$$

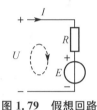

图1.79 假想回路

【例题1.5】 在图1.80所示电路中,已知$R_1=4\ \Omega$,$R_2=6\ \Omega$。试计算a、b间电压U_{ab}。

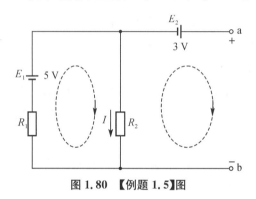

图1.80 【例题1.5】图

【解】 对左边回路列KVL方程

$$E_1 = IR_1 + IR_2$$

代入数据可得: $I = 0.5\ A$

对右边开口电路列KVL方程

$$U_{ab} = IR_2 + E_2 = 6\ V$$

注意:基尔霍夫定律是电路分析的基本定律,具有普遍的适用性,它适用于由任何元件构成的任何结构的电路。应用基尔霍夫定律列写方程时,首先要在电路图上对各结点和支路进行编号,同时标明各支路电流、电压的参考方向(通常取关联参考方向)及回路绕行方向。

思考与练习

1.1 图1.81表示的是某电路中的一条支路,支路电流$I=-5\ A$。电流负值表示什么意义?试计算电压U_{AB}和U_{DC}的数值。

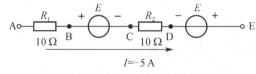

图1.81 习题1.1图

1.2 在图 1.82 所示电路中,四个方框分别代表电源或负载,电流及电压的参考方向已在图中标出,已知 $I=-2$ A,$U_1=3$ V,$U_2=8$ V,$U_3=-2$ V,$U_4=7$ V。
(1) 用(双线)箭头标出各电压、电流的实际方向。
(2) 判断哪些方框是电源?哪些方框是负载?
(3) 每个负载消耗的功率是多少?验证电源发出的功率和负载吸收的功率是否平衡。

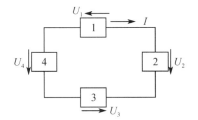

图 1.82　习题 1.2 图

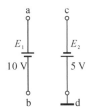

图 1.83　习题 1.3 图

1.3 在图 1.83 所示电路中,分别求出当 a 点与 d 点相连和 b 点与 c 点相连两种情况下,a、b、c 三点的电位。

1.4 有两只电阻,其额定参数分别为"40 Ω、10 W"和"200 Ω、40 W",试问它们各自允许通过的最大电流是多少?如果将两者串联起来,其两端最高允许承受多少电压?

1.5 如图 1.84 所示电路,试求:
(1) 若 $V_a=10$ V,$V_b=-10$ V,$I=1$ A,求电压 U_{ab} 和功率 P,判断该元件是电源还是负载?
(2) 若 $V_a=10$ V,$U_{ab}=40$ V,$I=1$ A,求电位 V_b 和功率 P,判断该元件是电源还是负载?

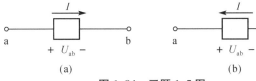

图 1.84　习题 1.5 图

1.6 一只标有"110 V、5 W"的指示灯,现在要接在 220 V 的电源上,需要串联多大阻值的电阻?该电阻应该选用多大瓦数的?

1.7 如图 1.85 所示电路,试求:
(1) 开关 S 断开时的电压 U_{ab} 和 U_{cd};
(2) 开关 S 闭合时的电压 U_{ab} 和 U_{cd}。

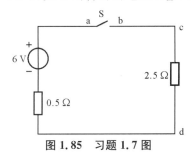

图 1.85　习题 1.7 图

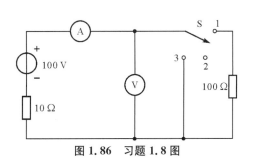

图 1.86　习题 1.8 图

1.8 如图 1.86 所示电路,问开关 S 处于 1、2 和 3 位置时电压表和电流表的读数分别是多少?

1.9 在图 1.87 所示电路中,如果电灯组中有一盏电灯发生短路,求:

(1) 电源中通过的电流 I;

(2) 电炉中通过的电流 I_L;

(3) 电源的端电压 U,并问此时电灯亮否?

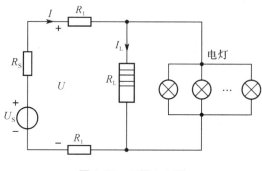

图 1.87 习题 1.9 图

1.10 求如图 1.88 所示各电路中的电压 U 或电流 I。

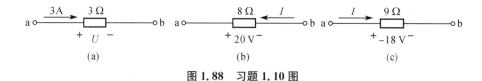

图 1.88 习题 1.10 图

1.11 如图 1.89 所示,是用变阻器 R 调节直流电动机励磁电流 I_f 的电路。设电动机励磁绕组的电阻为 35 Ω,其额定电压为 220 V,如果要求励磁电流在 0.35~0.7 A 的范围内变动,试在下列三个变阻器中选用一个合适的:

(1) 1 000 Ω、0.5 A;

(2) 700 Ω、1 A;

(3) 200 Ω、1 A。

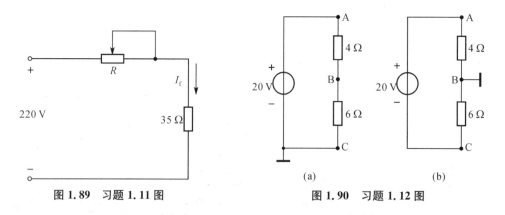

图 1.89 习题 1.11 图   图 1.90 习题 1.12 图

1.12 如图 1.90 所示两电路,试求 A、B、C 三点的电位。

1.13 如图 1.91 所示电路,试求电阻两端的电压和两电源的功率。

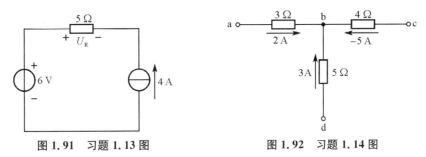

图 1.91 习题 1.13 图　　图 1.92 习题 1.14 图

1.14 如图 1.92 所示电路,试求电路中电压 U_{ab}、U_{bd} 和 U_{ad}。

1.15 如图 1.93 所示电路,试求电路中的未知量。

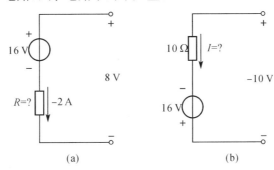

图 1.93 习题 1.15 图

1.16 如图 1.94 所示电路,试求各电路中电压 U 和电流 I。

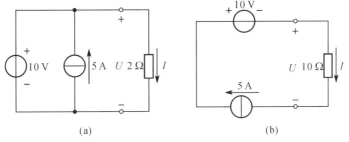

图 1.94 习题 1.16 图

1.17 用电源等效变换的方法计算图 1.95 电路中的电压 U_{AB} 的值。

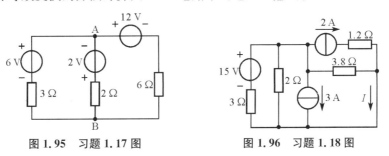

图 1.95 习题 1.17 图　　图 1.96 习题 1.18 图

1.18 用电源等效变换的方法计算图 1.96 电路中的电流 I。

1.19 如图 1.97 所示电路中,试用电源等效变换法求 R_3 中通过的电流。

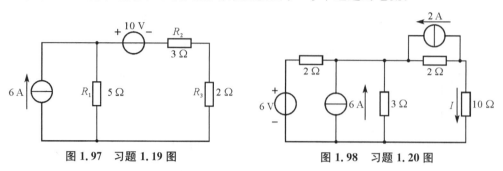

图 1.97　习题 1.19 图　　　　图 1.98　习题 1.20 图

1.20 如图 1.98 所示电路中,试用电源等效变换法求电流 I。

1.21 如图 1.99 所示电路中,电阻 R 为何值时获得功率最大,最大功率是多少?

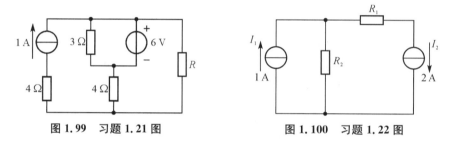

图 1.99　习题 1.21 图　　　　图 1.100　习题 1.22 图

1.22 如图 1.100 所示电路中,$R_1=20\ \Omega$,$R_2=10\ \Omega$,求各理想电流源的端电压、功率及各电阻上消耗的功率。

1.23 已知电路如图 1.101(a)所示,其中 $i_2(t)$ 和 $i_3(t)$ 的波形见图 1.101(b),试画出 $i_1(t)$ 的波形。

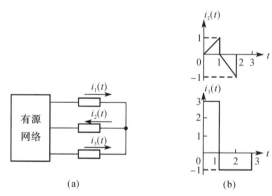

图 1.101　习题 1.23 图

1.24 已知电路结构和元件参数如图 1.102 所示,试求电流 I_3 和电压 U_{12}。

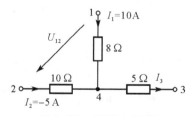

图 1.102　习题 1.24 图

1.25 如图 1.103 所示电路,试求电路中电流 I。

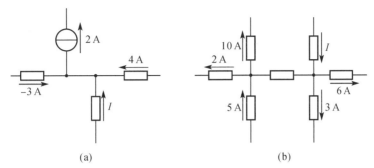

图 1.103 习题 1.25 图

1.26 如图 1.104 所示电路,试求电路中电流 I、电压 U_S 和电阻 R。

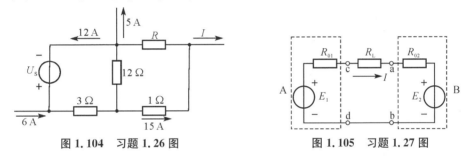

图 1.104 习题 1.26 图　　　　图 1.105 习题 1.27 图

1.27 如图 1.105 所示电路中,A、B 为两组电池,已知 A 的电动势 $E_1=30$ V,内电阻 $R_{01}=1\ \Omega$;B 的电动势 $E_2=24$ V,内电阻 $R_{02}=1.5\ \Omega$,导线电阻 $R_L=0.5\ \Omega$。求:
(1) I、U_{ab}、U_{cd};
(2) A、B 电池的功率,并说明哪一个充电,哪一个放电;
(3) E_1、E_2 的功率。

1.28 试求图 1.106 电路中 A 点的电位 U_A。

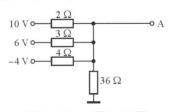

图 1.106 习题 1.28 图

第1章【练一练】答案

第 2 章 直流电路的分析方法

任务引入

分析与计算电路的基本定律是欧姆定律和基尔霍夫定律。由于实际电路一般都较为复杂,计算过程较为烦琐,因此,要根据电路的结构特点,寻找分析和计算电路的简便方法。本章以直流电阻电路为例,介绍支路电流法、节点电压法、叠加定理、等效电源定理等常用的电路分析方法。支路电流法是最基本的电路分析方法,是分析复杂电路和学习其他电路分析方法的基础。叠加定理和戴维南定理是线性电路中最重要的两个定理,熟练掌握这些定理会给复杂电路的分析计算带来方便。虽然本章讨论的是直流电路,但这些基本规律和分析方法只要稍微扩展,对交流电路的分析计算同样适用。

支路电流法、网孔电流法和节点电压法是复杂电路的一般分析方法,其特点是不改变电路的结构,主要依据基尔霍夫定律和元件的伏安特性列出电路方程,然后联立方程求解。

任务导航

◆ 了解电阻的连接方式,掌握电阻的串、并、混联,会分析简单电阻电路;掌握串并联电路的电流和电压特点;掌握电阻的串并联的计算。

◆ 掌握支路电流法、节点电压法,会分析复杂电阻电路。

◆ 掌握叠加定理及其应用。

◆ 理解等效电源定理,掌握戴维南定理及其应用。

◆ 了解受控源的概念,掌握含受控源电阻电路的分析计算。

2.1 电阻的连接方式

2.1 课件

2.1.1 视频

2.1.1 电阻的串联

电阻串联电路的特点是通过各个电阻的电流为同一个电流。在如图 2.1(a)所示电路中,n 个电阻 R_1、R_2、$\cdots$、R_n 串联,各电阻电流均为 I,由 KVL 有:

$$U = U_1 + U_2 + \cdots + U_n$$

根据欧姆定律,$U_1 = R_1 I$,$U_2 = R_2 I$,$\cdots$,$U_n = R_n I$,代入上式得:

$$U = (R_1 + R_2 + \cdots + R_n)I$$

设:

$$R = R_1 + R_2 + \cdots + R_n$$

R 称为这 n 个串联电阻的等效电阻或总电阻,即在电压 U 一定的情况下,用阻值为 R 的等效电阻代替图 2.1(a)中 R_1、R_2、$\cdots$、R_n 的串联,电路中的电流不变,如图 2.1(b)所示,所以,上式又可写为:

$$U = RI$$

电阻串联电路中,各电阻两端的电压与其电阻值成正比,即:

$$U_k = R_k I = \frac{R_k}{R} U$$

上式称为分压公式。

在如图 2.1(c)所示电路中,因为 $R = R_1 + R_2$,所以:

$$U_1 = \frac{R_1}{R_1 + R_2} U$$

$$U_2 = \frac{R_2}{R_1 + R_2} U$$

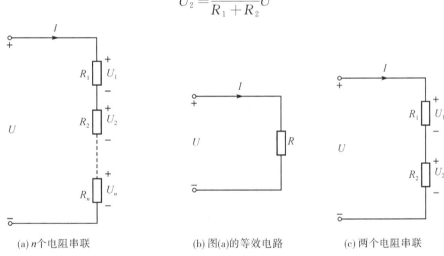

(a) n 个电阻串联   (b) 图(a)的等效电路   (c) 两个电阻串联

图 2.1 电阻串联电路

分压公式是研究串联电路中各电阻上电压分配关系的依据,许多实际电路就是利用分压原理工作的。

【例题 2.1】 有一盏额定电压为 $U_1 = 40\text{ V}$、额定电流为 $I = 5\text{ A}$ 的电灯,应该怎样把它接入电压 $U = 220\text{ V}$ 的照明电路中?

【解】 将电灯(设电阻为 R_1)与一只分压电阻 R_2 串联后,接入 $U = 220\text{ V}$ 的电源上,如图 2.2 所示。

解法一:分压电阻 R_2 上的电压 $U_2 = U - U_1 = (220 - 40)\text{ V} = 180\text{ V}$,且 $U_2 = R_2 I$,则

$$R_2 = \frac{U_2}{I} = \frac{180\text{ V}}{5\text{ A}} = 36\text{ }\Omega$$

解法二:利用两只电阻串联的分压公式

$$U_1 = \frac{R_1}{R_1 + R_2} U$$

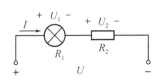

图 2.2 【例题 2.1】图

且

$$R_1 = \frac{U_1}{I} = \frac{40 \text{ V}}{5 \text{ A}} = 8 \text{ Ω}$$

可得

$$R_2 = R_1 \frac{U - U_1}{U_1} = 8 \text{ Ω} \times \frac{(220 - 40) \text{ V}}{40 \text{ V}} = 36 \text{ Ω}$$

即将电灯与一只 36 Ω 电阻分压串联后,接入 $U = 220$ V 电源上即可正常工作。

2.1.2 视频

2.1.2 电阻的并联

电阻并联电路的特点是各个电阻两端的电压为同一个电压。在如图 2.3(a)所示电路中,n 个电阻 R_1、R_2、…、R_n 并联,各电阻电压均为 U,由 KCL,有:

$$I = I_1 + I_2 + \cdots + I_n$$

根据欧姆定律,$I_1 = U/R_1$,$I_2 = U/R_2$,…,$I_n = U/R_n$,代入上式得:

$$I = \left(\frac{1}{R_1} + \frac{1}{R_2} + \cdots + \frac{1}{R_n}\right)U$$

设:

$$\frac{1}{R} = \frac{1}{R_1} + \frac{1}{R_2} + \cdots + \frac{1}{R_n}$$

R 称为这 n 个并联电阻的等效电阻或总电阻,即在电压 U 一定的情况下,用阻值为 R 的等效电阻代替图 2.3(a)中 R_1、R_2、…、R_n 的并联,该电路中的电流不变,如图 2.3(b)所示,所以,上式又可写为:

$$I = U/R$$

电阻并联电路中,各电阻流过的电流与其电阻值成反比,即:

$$I_k = \frac{U}{R_k} = \frac{R}{R_k} I$$

上式称为分流公式。

在如图 2.3(c)所示电路中,因为 $R = R_1 // R_2 = \frac{R_1 R_2}{R_1 + R_2}$,所以:

$$I_1 = \frac{R_2}{R_1 + R_2} I$$

$$I_2 = \frac{R_1}{R_1 + R_2} I$$

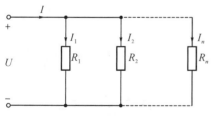

(a) n 个电阻并联

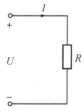

(b) 图(a)的等效电路

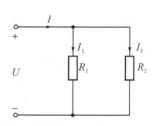

(c) 两个电阻并联

图 2.3 电阻并联电路

【例题 2.2】 计算图 2.4 电路的等效电阻,其中:$R_1=2\ \Omega$,$R_2=3\ \Omega$,$R_3=6\ \Omega$,求 R_{ab}。

【解】 $\dfrac{1}{R_{ab}}=\dfrac{1}{R_1}+\dfrac{1}{R_2}+\dfrac{1}{R_3}=\dfrac{1}{2}+\dfrac{1}{3}+\dfrac{1}{6}=1 \Rightarrow$ 等效电阻 $R_{ab}=1\ \Omega$

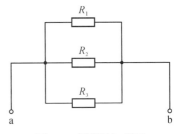

图 2.4 【例题 2.2】图

2.1.3 视频

2.1.3 电阻的混联

若在电阻的连接中既有串联,又有并联,则把这种电路连接方式称为混联。一般情况下,电阻混联电路可以通过串并联等效的概念逐步化简,最后化为一个等效电阻。

【例题 2.3】 在如图 2.5 所示电路中,$R_1=6\ \Omega$、$R_2=8\ \Omega$、$R_3=R_4=4\ \Omega$,电源电压 U_s 为 100 V,求电流 I_1、I_2、I_3。

【解】 $R_{34}=R_3+R_4=(4+4)\ \Omega=8\ \Omega$

$R_{234}=R_2//R_{34}=\dfrac{8\times 8}{8+8}\ \Omega=4\ \Omega$

$R_{1234}=R_1+R_{234}=(6+4)\ \Omega=10\ \Omega$

$I_1=\dfrac{U_s}{R_{1234}}=\dfrac{100}{10}\ A=10\ A$

$I_2=\dfrac{R_{34}}{R_2+R_{34}}I_1=\dfrac{8}{8+8}\times 10\ A=5\ A$

$I_3=\dfrac{R_2}{R_2+R_{34}}I_1=\dfrac{8}{8+8}\times 10\ A=5\ A$

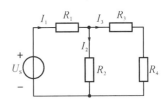

图 2.5 【例题 2.3】图

【练一练 2.1】 图 2.6 所示电路是一个电阻混联电路,各电阻参数已在图中标出,求 a、b 两端的等效电阻。

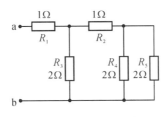

图 2.6 【练一练 2.1】图

2.1.4 电阻的星形连接和三角形连接

2.1.4 视频

电阻的星形连接:将 3 个电阻的一端连在一起,另一端分别与外电路的 3 个端口相连,就构成星形连接,又称为 Y 形连接,如图 2.7(a)所示。

电阻的三角形连接:将 3 个电阻首尾相连,形成一个三角形,三角形的 3 个顶点分别与外电路的 3 个端口相连,就构成三角形连接,又称为△形连接,如图 2.7(b)所示。

显然,电阻的星形连接和三角形连接不能直接用一个电阻来等效,但可以运用 KCL、KVL、欧姆定律及电路等效的概念对其进行互换,使变换后的电阻连接方式与电路其他部分

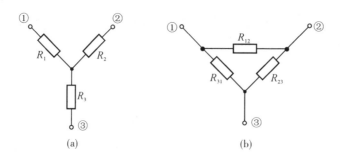

图 2.7 电阻的星形连接和三角形连接

的电阻构成串联或并联,从而使电路简化,方便对电路进行分析和计算。

Y—△互换应满足的等效条件是:对外电路而言,任意对应端的电压、电流、阻抗相等。

电阻电路的 Y—△等效变换如图 2.8 所示。对应端 a、b、c 流入(或流出)的电流 I_a、I_b、I_c 必须保持相等,对应端之间的电压 U_{ab}、U_{bc}、U_{ca} 也必须保持相等,即等效变换后电路各对应端子上的伏安关系 VAR 保持不变。

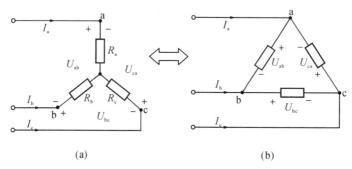

图 2.8 电阻电路的 Y—△等效变换

变换等效条件:

$$R_a + R_b = \frac{R_{ab}(R_{ac} + R_{bc})}{R_{ab} + R_{bc} + R_{ca}}$$

$$R_b + R_c = \frac{R_{bc}(R_{ac} + R_{ab})}{R_{ab} + R_{bc} + R_{ca}}$$

$$R_c + R_a = \frac{R_{ca}(R_{ab} + R_{bc})}{R_{ab} + R_{bc} + R_{ca}}$$

联立求解上式可得 Y—△互换公式如下:

$$R_{ab} = \frac{R_a R_b + R_b R_c + R_c R_a}{R_c} \qquad R_a = \frac{R_{ab} R_{ca}}{R_{ab} + R_{bc} + R_{ca}}$$

$$R_{bc} = \frac{R_a R_b + R_b R_c + R_c R_a}{R_a} \qquad R_b = \frac{R_{bc} R_{ab}}{R_{ab} + R_{bc} + R_{ca}}$$

$$R_{ca} = \frac{R_a R_b + R_b R_c + R_c R_a}{R_b} \qquad R_c = \frac{R_{ca} R_{bc}}{R_{ab} + R_{bc} + R_{ca}}$$

Y → △ 等效变换 　　　　　　　　　△ → Y 等效变换

特殊情况:若 3 个电阻相等,则:$R_Y = R_\triangle / 3$ 或 $R_\triangle = 3R_Y$。

【例题 2.4】 在图 2.9 所示的电路中,各元件参数如图所示,求 A、B 端之间的等效电阻。

【解】 图 2.9 中 5 个电阻之间非串非并。把图中 CDF 回路(构成△形)变换成 Y 形,根据电阻电路的△→Y 等效变换公式可得:

$$R_{\text{C}} = \frac{R_{\text{FC}}R_{\text{CD}}}{R_{\text{CD}}+R_{\text{DF}}+R_{\text{FC}}} = \frac{2\times 3}{3+1+2}\,\Omega = 1\,\Omega$$

$$R_{\text{D}} = \frac{R_{\text{CD}}R_{\text{DF}}}{R_{\text{CD}}+R_{\text{DF}}+R_{\text{FC}}} = \frac{3\times 1}{3+1+2}\,\Omega = \frac{1}{2}\,\Omega$$

$$R_{\text{F}} = \frac{R_{\text{FC}}R_{\text{DF}}}{R_{\text{CD}}+R_{\text{DF}}+R_{\text{FC}}} = \frac{2\times 1}{3+1+2}\,\Omega = \frac{1}{3}\,\Omega$$

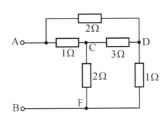

图 2.9 【例题 2.4】图 1

变换后的电路可画成图 2.10,进一步整理为图 2.11,这是一个混联电路。

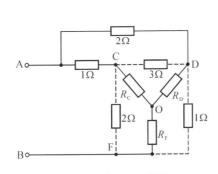

图 2.10 【例题 2.4】图 2

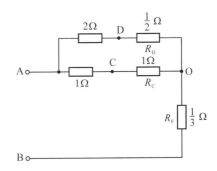

图 2.11 【例题 2.4】图 3

由图 2.11 得,A、B 端之间的等效电阻为:

$$R_{\text{AB}} = \left[\frac{\left(2+\frac{1}{2}\right)\times(1+1)}{\left(2+\frac{1}{2}\right)+(1+1)} + \frac{1}{3}\right]\,\Omega = \left(\frac{5}{9/2} + \frac{1}{3}\right)\,\Omega$$

$$= \left(\frac{10}{9} + \frac{3}{9}\right)\,\Omega = \frac{13}{9}\,\Omega \approx 1.44\,\Omega$$

2.2 支路电流法

2.2 课件

2.2 视频

支路电流法是以电路中各支路电流为未知量,应用基尔霍夫电流定律和电压定律列出节点电流方程和回路电压方程,然后联立方程组求解,计算出各支路中的电流及其他待求量。

对于具有 b 条支路、n 个节点的电路,可以列出 b 个独立方程,包括 $(n-1)$ 个独立的电流方程和 $b-(n-1)$ 个独立的电压方程。

应用支路电流法求解电路的步骤归纳如下:

(1) 判断电路中的支路数 b 和节点数 n;

(2) 假设各支路的电流方向和回路的绕行方向;

(3) 根据 KCL 列出 $n-1$ 个节点的电流方程；
(4) 根据 KVL 列出 $b-(n-1)$ 个回路的电压方程；
(5) 联立方程组，代入已知数，求出各支路的电流及其他待求量。

【例题 2.5】 如图 2.12 所示电路，已知 $E_1=42\text{ V}$，$E_2=21\text{ V}$，$R_1=12\text{ }\Omega$，$R_2=3\text{ }\Omega$，$R_3=6\text{ }\Omega$，求各支路电流。

【解】 该电路支路数 $b=3$、节点数 $n=2$，所以应列出 1 个节点电流方程和 2 个回路电压方程。设各支路电流参考方向和各网孔的绕行方向如图 2.12 所示。

根据 KCL 列出节点电流方程为：

$$I_1 = I_2 + I_3 \quad (\text{a 点或 b 点})$$

根据 KVL 列出回路电压方程为：

$$R_1 I_1 - E_1 - E_2 + R_2 I_2 = 0 \quad (\text{网孔 1})$$
$$R_3 I_3 - R_2 I_2 + E_2 = 0 \quad (\text{网孔 2})$$

联立以上 3 个方程，代入已知数据，解得：
$I_1 = 4\text{ A}$，$I_2 = 5\text{ A}$，$I_3 = -1\text{ A}$。

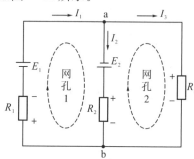

图 2.12 【例题 2.5】图

注意：电流 I_1 与 I_2 均为正数，表明它们的实际方向与图中所标定的参考方向相同，I_3 为负数，表明它的实际方向与图中所标定的参考方向相反。

【练一练 2.2】 如图 2.13 所示电路，已知：$E_1=6\text{ V}$，$E_2=1\text{ V}$，$R_1=1\text{ }\Omega$，$R_2=2\text{ }\Omega$，$R_3=3\text{ }\Omega$，求各支路电流。

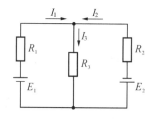

图 2.13 【练一练 2.2】图

【想一想】 支路电流法适用于所有复杂直流电路吗？

2.3 节点电压法

2.3 课件

2.3 视频

节点电压法以电路中的节点电压为未知量，应用基尔霍夫电流定律列出节点电流方程，然后根据欧姆定律，用节点电压表示支路电流，求出各节点电压，进而求出各支路电流及其他待求量。

节点电压：在电路的 n 个节点中，任选一个作为参考点，把其余 $(n-1)$ 个节点对参考点的电压叫做该节点的节点电压。

应用节点电压法求解电路的步骤归纳如下：

(1) 判断电路中的支路数 b 和节点数 n；

(2) 在电路的 n 个节点中任选一点作为参考点；
(3) 根据 KCL 列出除参考点以外的其余 $n-1$ 个节点的电流方程；
(4) 根据欧姆定律，用节点电压表示支路电流，列出 $n-1$ 个节点的电压方程；
(5) 联立方程组，求解节点电压，进而求出各支路电流及其他待求量。

【例题 2.6】 如图 2.14 所示电路，应用节点电压法求各支路电流。

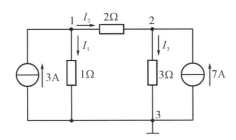

图 2.14 【例题 2.6】图

【解】 该电路支路数 $b=5$、节点数 $n=3$，选择节点 3 为参考点，U_1、U_2 分别为节点 1、2 的节点电压。

根据 KCL 列出节点电流方程为：
$$I_1 + I_2 = 3 \quad (节点 1)$$
$$-I_2 + I_3 = 7 \quad (节点 2)$$

根据欧姆定律，用节点电压表示支路电流，列出节点电压方程为：
$$\begin{cases} \dfrac{U_1}{1} + \dfrac{U_1-U_2}{2} = 3 \\ -\dfrac{U_1-U_2}{2} + \dfrac{U_2}{3} = 7 \end{cases}$$

解得：$U_1 = 6 \text{ V}$，$U_2 = 12 \text{ V}$

根据各支路电流与节点电压的关系，解得：
$$I_1 = \frac{U_1}{1} = \frac{6}{1} = 6 \text{ A}$$
$$I_2 = \frac{U_1-U_2}{2} = \frac{6-12}{2} = -3 \text{ A}$$
$$I_3 = \frac{U_2}{3} = \frac{12}{3} = 4 \text{ A}$$

【练一练 2.3】 如图 2.15 所示电路，试求 1 Ω 电阻中流过的电流 I。

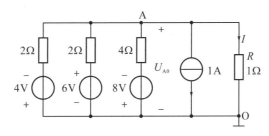

图 2.15 【练一练 2.3】图

2.4 叠加定理

在有多个独立电源共同作用的线性电路中,任一支路的电流或电压可以看成是电路中每一个独立电源单独作用于电路时,在该支路产生的电流或电压的代数和。

线性电路是由独立电源和线性元件组成的电路。

单独作用是指某一独立电源作用时,其他独立电源不作用(即置零),即电流源相当于开路,电压源相当于短路。

叠加定理示意图如图 2.16 所示。将原电路中的各个独立源分别单独列出,此时其他的电源置零(独立电压源用短路线代替,独立电流源用开路代替)分别求出各独立源单独作用时产生的电流或电压。计算时,电路中的电阻、受控源元件及其连接结构不变。

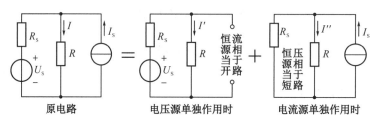

图 2.16 叠加定理

$$I' = \frac{U_S}{R_S + R} \quad I'' = \frac{R_S}{R_S + R} I_S$$

根据叠加定理可得:

$$I = I' + I''$$

通过以上分析可以看出,叠加定理实际上是将多电源作用的电路转化成单电源作用的电路,利用单电源作用的电路进行计算显然非常简单。因此,叠加定理是分析线性电路经常采用的一种方法。

应用叠加定理求解电路的步骤归纳如下:

(1) 将几个电源同时作用的电路分成每个电源单独作用的分电路;

(2) 在分电路中标注要求解的电流或电压的参考方向;

(3) 对每个分电路进行分析,解出相应的电流或电压;

(4) 将分电路的电流和电压进行叠加,求出原电路中待求的电流和电压,进而求得其他待求量。

应用叠加定理时应注意以下三点:

(1) 叠加定理只适用于线性电路,非线性电路一般不适用;不能计算功率、电能等二次函数关系的物理量;

(2) 叠加是代数相加,要注意电流和电压的参考方向;

(3) 当电路中含有多个独立源时,可将其分解为适当的几组,分别按组计算所求电流或者电压,然后再进行叠加。

【例题 2.7】 如图 2.17(a)所示电路,已知 $E_1=17$ V,$E_2=17$ V,$R_1=2$ Ω,$R_2=1$ Ω,$R_3=5$ Ω,试应用叠加定理求各支路电流 I_1、I_2、I_3。

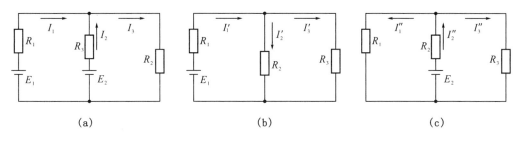

图 2.17 【例题 2.7】图

【解】 (1)当电源 E_1 单独作用时,将 E_2 视为短路,如图 2.17(b)所示,设

$$R_{23}=R_2 /\!/ R_3 \approx 0.83 \text{ Ω}$$

$$I'_1=\frac{E_1}{R_1+R_{23}}=\frac{17}{2.83}\text{ A}\approx 6\text{ A}$$

则

$$I'_2=\frac{R_3}{R_2+R_3}I'_1=5\text{ A}$$

$$I'_3=\frac{R_2}{R_2+R_3}I'_1=1\text{ A}$$

(2)当电源 E_2 单独作用时,将 E_1 视为短路,如图 2.17(c)所示,设

$$R_{13}=R_1 /\!/ R_3 \approx 1.43 \text{ Ω}$$

$$I''_2=\frac{E_2}{R_2+R_{13}}=\frac{17}{2.43}\text{ A}\approx 7\text{ A}$$

则

$$I''_1=\frac{R_3}{R_1+R_3}I''_2=5\text{ A}$$

$$I''_3=\frac{R_1}{R_1+R_3}I''_2=2\text{ A}$$

(3)当电源 E_1、E_2 共同作用时(叠加),若各电流分量与原电路电流参考方向相同时,在电流分量前面选取"+"号,反之,则选取"−"号:

$$I_1=I'_1-I''_1=1\text{ A},\ I_2=-I'_2+I''_2=2\text{ A},\ I_3=I'_3+I''_3=3\text{ A}$$

【练一练 2.4】 用叠加定理求图 2.18 所示电路中的电流 I_2,图中 $R_1=3$ Ω,$R_2=4$ Ω,$U_S=14$ V,$I_S=7$ A。

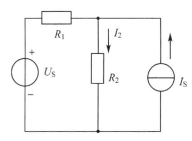

图 2.18 【练一练 2.4】图

2.5 等效电源定理

2.5课件

2.5视频

等效电源定理包括电压源等效(戴维南定理)和电流源等效(诺顿定理)两个定理。其中,电压源等效定理(戴维南定理)在电路故障诊断中应用较多。在学习这两个定理之前首先了解二端网络的相关概念。

二端网络:具有向外引出一对端子的电路或网络。主要包括无源二端网络和有源二端网络两种。其中无源二端网络是二端网络中没有独立电源;有源二端网络是二端网络中含有独立电源。

戴维南定理:如图 2.19 所示,任何一个线性有源二端网络 N_S,对外电路来说[如图 2.19(a)所示],都可以等效为一个电压源和一个电阻相串联的结构[如图 2.19(b)所示],其电压源的电压等于该有源二端网络 N_S 端口处的开路电压 u_{oc}[如图 2.19(c)所示],串联电阻 R_i 等于该有源二端网络 N_0 中所有电源不作用(即电压源短路、电流源开路)时的等效电阻 R_i[如图 2.19(d)所示]。

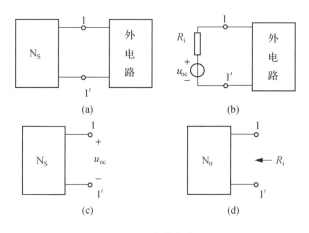

图 2.19 戴维南定理

诺顿定理:如图 2.20 所示,任何一个线性有源二端网络 N_S,对外电路来说[如图 2.20(a)所示],都可以等效为一个电流源和一个电阻相并联的结构[如图 2.20(b)所示],其电流源的电流等于该有源二端网络 N_S 端口处的短路电流 i_{sc}[如图 2.20(c)所示],并联电阻 R_i 等于该有源二端网络 N_0 中所有电源不作用(即电压源短路、电流源开路)时的等效电阻 R_i[如图 2.20(d)所示]。

应用戴维南定理求解电路的步骤归纳如下:

(1) 把电路划分为待求支路和有源二端网络两部分。

(2) 断开待求支路,形成有源二端网络,求有源二端网络的开路电压 u_{oc}。

(3) 将有源二端网络内的电源置零,保留其内阻,求网络的入端等效电阻 R_i。

(4) 画出有源二端网络的等效电压源,其电压源电压 $u_s = u_{oc}$(此时要注意电源的极性),内阻 $R_0 = R_i$。

(5) 将待求支路接到等效电压源上,利用欧姆定律求电流。

第 2 章 直流电路的分析方法

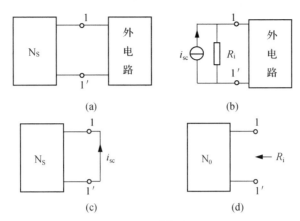

图 2.20 诺顿定理

诺顿定理求解电路的步骤与戴维南定理求解步骤相同。只是在第 2 点时变为求取有源二端网络的短路电流 i_{sc}。

应用戴维南定理求解电路时应注意以下三点：

(1) 戴维南定理只对外电路等效，对内电路不等效。也就是说，不可应用该定理求出等效电源电动势和内阻之后，又返回来求原电路（即有源二端网络内部电路）的电流和功率。

(2) 应用戴维南定理进行分析和计算时，如果待求支路后的有源二端网络仍为复杂电路，可再次运用戴维南定理，直至成为简单电路。

(3) 使用戴维南定理的条件是二端网络必须是线性的，待求支路可以是线性或非线性的。线性电路指的是含有电阻、电容、电感这些基本元件的电路；非线性电路指的是含有二极管、三极管、稳压管、逻辑电路元件等这些的电路。

当满足上述条件时，无论是直流电路还是交流电路，只要是求解复杂电路中某一支路电流、电压或功率的问题，就可以使用戴维南定理。

【例题 2.8】 如图 2.21(a)所示电路，已知 $E_1=7\,\text{V}$，$E_2=6.2\,\text{V}$，$R_1=R_2=0.2\,\Omega$，$R=3.2\,\Omega$，试应用戴维南定理求电阻 R 中的电流 I。

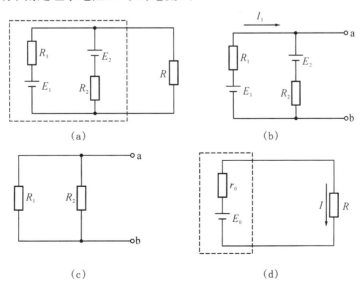

图 2.21 【例题 2.8】图

【解】(1)将 R 所在支路开路去掉,如图 2.21(b)所示,求开路电压 U_{ab}:

$$I_1 = \frac{E_1 - E_2}{R_1 + R_2} = \frac{7 - 6.2}{0.2 + 0.2} \text{A} = \frac{0.8}{0.4} \text{A} = 2 \text{A},$$

$$U_{ab} = E_2 + R_2 I_1 = 6.2 \text{V} + 0.4 \text{V} = 6.6 \text{V} = E_0$$

(2)将电压源短路去掉,如图 2.21(c)所示,求等效电阻 R_{ab}:

$$R_{ab} = R_1 \mathbin{/\mkern-6mu/} R_2 = 0.1 \text{Ω} = r_0$$

(3)画出戴维南等效电路,如图 2.21(d)所示,求电阻 R 中的电流 I:

$$I = \frac{E_0}{r_0 + R} = \frac{6.6}{0.1 + 3.2} \text{A} = \frac{6.6}{3.3} \text{A} = 2 \text{A}$$

【例题 2.9】 电路图如图 2.22(a)所示,试应用诺顿定理求电流 I。

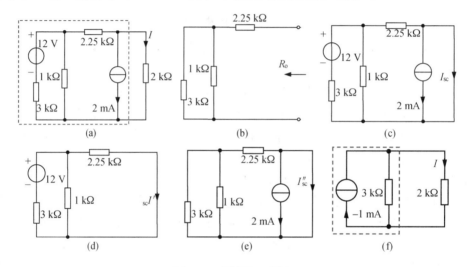

图 2.22 【例题 2.9】图

【解】(1)将待求支路从原电路中划开,如图 2.22(a)所示;
(2)将电路中的电源置零——电压源用短路线代替,电流源用开路代替,如图 2.22(b)所示;$R_0 = 2.25 \text{kΩ} + 1 \text{kΩ} \mathbin{/\mkern-6mu/} 3 \text{kΩ} = 3 \text{kΩ}$
(3)求取短路电流的电路如图 2.22(c)所示;应用叠加定理,将它等效为图 2.22(d)+图 2.22(e),即:

在图 2.22(d)中,

$$I'_{sc} = \frac{12 \text{V}}{3 \text{kΩ} + 2.25 \text{kΩ} \mathbin{/\mkern-6mu/} 1 \text{kΩ}} \times \frac{1 \text{kΩ}}{1 \text{kΩ} + 2.25 \text{kΩ}}$$
$$= 1 \text{mA}$$

在图 2.22(e)中,所求支路为短路线,$I''_{sc} = -2 \text{mA}$
所以:$I_{sc} = I'_{sc} + I''_{sc} = 1 \text{mA} - 2 \text{mA} = -1 \text{mA}$。
(4)原电路等效为图 2.22(f),

可以计算得出:$I = -1 \text{mA} \times \frac{3 \text{kΩ}}{3 \text{kΩ} + 2 \text{kΩ}}$
$= -0.6 \text{mA}$

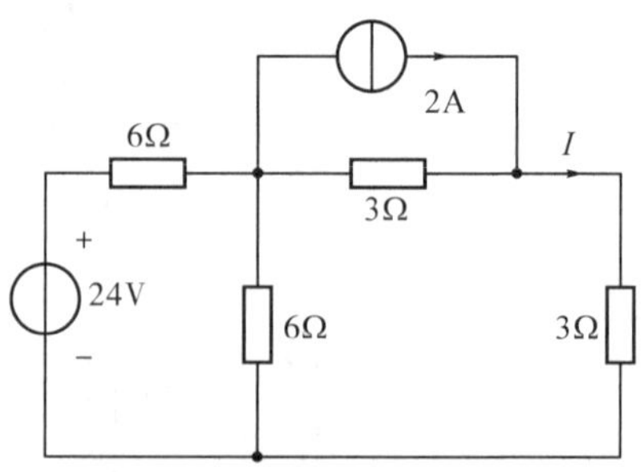

图 2.23 【练一练 2.5】图

【练一练 2.5】 用戴维南定理求图 2.23 所示电路中的电流 I。

2.6 受控源

受控源是由某些电子器件抽象而来的一种电源模型,这些电子器件都具有输出端的电压或电流受输入端的电压或电流控制的特点。像晶体管、运算放大器等电子器件都可以用受控源作为其电路模型。

按照受控源输出端表现的电压源特性或电流源特性,以及控制其参数的变量为电压或电流来分类,受控源共分 4 种,电路如图 2.24 所示。分别是电压控制电压源 VCVS;电压控制电流源 VCCS;电流控制电压源 CCVS;电流控制电流源 CCCS。

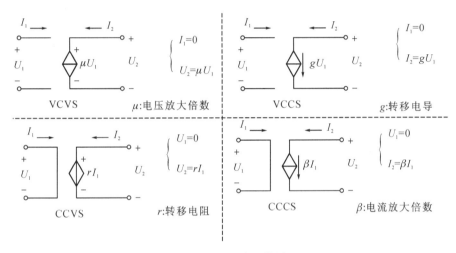

图 2.24 受控源模型

受控源与独立源的比较:

(1) 相同点:两者性质都属电源,均可向电路提供电压或电流。

(2) 不同点:独立电源的电动势或电流是由非电能量提供的,其大小、方向与电路中的电压、电流无关;受控源的电动势或输出电流,受电路中某个电压或电流的控制,它不能独立存在,其大小、方向由控制量决定。

受控源的特点:

(1) 在控制量发生变化时,电源输出(受控电压源的电压或受控电流源的电流)的大小和方向均受到影响而改变,即输出不定。

(2) 在控制量不变时,受控源如同独立源,此时分析电路时,可按独立源处理。

(3) 独立电源是电路的输入或激励,它为电路提供独立的电压和电流,从而在电路中产生稳定的电压和电流。受控源描述电路中两条支路电压和(或)电流间的一种约束关系,它的存在可以改变电路中的电压和电流,使电路特性发生变化。

分析含受控源电路时应注意以下三点:

(1) 将受控源做为独立源处理。

(2) 找出控制量与求解量之间的关系。

（3）受控源和独立源不能等效互换。

注意：当电路中出现受控源时，应注意掌握它的受控关系、端口特性及它与独立源的区别。即在列写电路方程时，受控源可以当作独立源处理，但是必须补充控制量的约束方程。

【例题 2.10】 电路图如图 2.25(a)所示，试求电流 I_1。

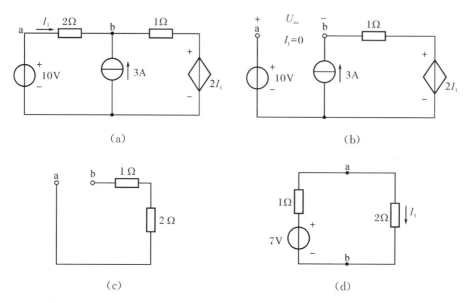

图 2.25 【例题 2.10】图

【解】 这里用戴维南定理进行求解。

（1）断开待求 2Ω 支路，如图 2.25(b) 所示，$I_1=0$，电流 I_1 控制的受控电压源电压 $2I_1=0$，即等效为短路线，则恒流源 3 A 和电阻 1Ω 构成回路，流过电阻的电流为向右的 3 A，则求开路电压为：

$$U_{OC}=10-2I_1-3\times 1\ \text{V}=7\ \text{V}$$

（2）如图 2.25(c)所示，求等效电阻：

$$R_i=1\ \Omega+2\ \Omega=3\ \Omega$$

（3）画出等效电路图如图 2.25(d)所示，由图可解得：

$$I_1=7\ \text{V}/(3+2)\ \Omega=1.4\ \text{A}$$

【练一练 2.6】 电路图如图 2.26 所示，试求开路电压与短路电流的比值（独立电源保留）。

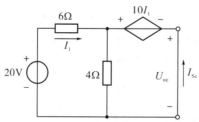

图 2.26 【练一练 2.6】图

思考与练习

2.1 电路如图 2.27 所示,已知 $E_1=8$ V,$E_2=6$ V,$R_1=6$ Ω,$R_2=12$ Ω,$R_3=8$ Ω,求各支路电流(电源内阻不计)。

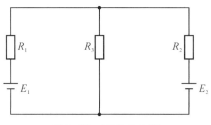

图 2.27 习题 2.1 图

2.2 电路如图 2.28 所示,已知 $R_1=10$ Ω,$R_2=5$ Ω,$R_3=15$ Ω,$E_1=E_2=30$ V,$E_3=35$ V,通过 R_1 的电流 $I_1=3$ A,求 E_1 的大小(内阻不计)。

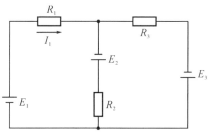

图 2.28 习题 2.2 图

2.3 电路如图 2.29 所示,列出电路的节点电压方程。

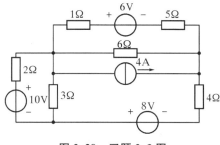

图 2.29 习题 2.3 图

2.4 电路如图 2.30 所示,用节点电压法求各支路电流。

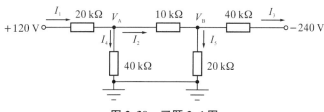

图 2.30 习题 2.4 图

2.5 电路如图 2.31 所示,求图中 5 Ω 电阻的电压 U 及功率 P。

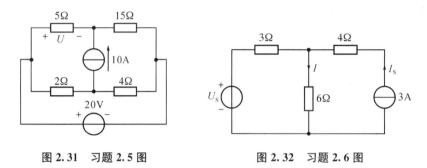

图 2.31 习题 2.5 图　　　　图 2.32 习题 2.6 图

2.6 电路如图 2.32 所示,已知 $U_S=18$ V,用叠加定理求电路中的电流 I。

2.7 电路如图 2.33 所示,用叠加定理求电路中的电流 I。

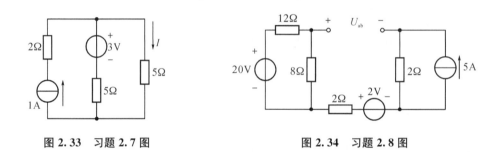

图 2.33 习题 2.7 图　　　　图 2.34 习题 2.8 图

2.8 电路如图 2.34 所示,求解戴维南等效电路。

2.9 电路如图 2.35 所示,求解电路中 R 上的吸收功率。

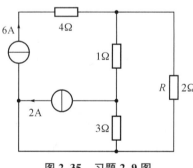

图 2.35 习题 2.9 图

2.10 电路如图 2.36 所示,已知 $U_{S1}=140$ V,$U_{S2}=90$ V,$R_1=20$ Ω,$R_2=5$ Ω,$R_3=6$ Ω,用戴维南定理计算电流 I_3 的值。

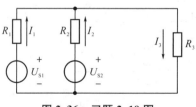

图 2.36 习题 2.10 图

2.11 电路如图 2.37 所示,用戴维南定理求解图示电路中的电流 I。

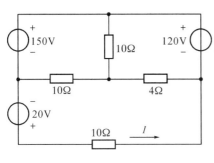

图 2.37 习题 2.11 图

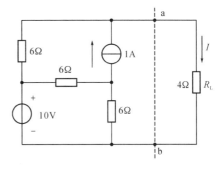

图 2.38 习题 2.12 图

2.12 电路如图 2.38 所示,用戴维南定理求解图示电路中的电流 I。

2.13 电路如图 2.39 所示,已知电压 $U = 4.5$ V,试用已经学过的电路求解法求电阻 R。

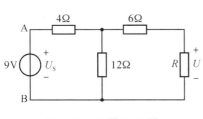

图 2.39 习题 2.13 图

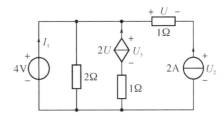

图 2.40 习题 2.14 图

2.14 电路如图 2.40 所示,求电路中的独立电压源电流 I_1、独立电流源电压 U_2 和受控电流源电压 U_3。

2.15 电路如图 2.41 所示,求电路中的电压 U 和电流 I。

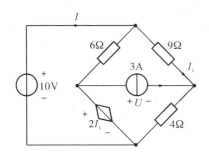

图 2.41 习题 2.15 图

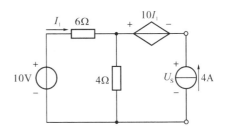

图 2.42 习题 2.16 图

2.16 电路如图 2.42 所示,试用已经学过的电路求解法求电压 U_S。

第 2 章【练一练】答案

第 3 章 正弦交流电路

任务引入

众所周知,交流电是目前供电和用电的主要形式,在工农业生产和日常生活中广泛使用交流设备,如变压器、电机、各种生活电器等,因此,对正弦交流电路进行分析和计算具有重要意义。本章主要讨论设备运行所用的单相正弦交流电的特征、表示方法,典型参数元件的电压、电流、功率、功率因数等内容,以及三相交流电源的特征,三相交流负载的连接方法,典型参数元件的电压、电流、功率等指标,对它们进行较为严格的定义和系统的阐述,以便在实际生产中能准确地加以应用。

任务导航

◆ 熟悉正弦量三要素、表示方法、阻抗、谐振的概念;
◆ 掌握用三要素法和相量法分析单相正弦交流电路电压和电流的方法;
◆ 熟悉和掌握正弦交流电路的功率及功率因数的概念和计算;
◆ 掌握三相交流电源的概念、三相负载 Y 形和 △ 形连接相关特征分析方法。

3.1 正弦交流电的概念

3.1 课件

3.1.1 视频

3.1.1 正弦交流电的定义及描述

在工程应用中遇到的电压和电流,大小和方向都是随时间按照固定规律而周期性变化的,严格意义来讲,对这样的电压和电流进行数学描述,可采用正弦函数,也可以采用余弦函数,本书采用正弦函数来描述。

随时间按正弦规律变化的电压或电流,称为正弦交流电,通常所说的交流电也就是指正弦交流电。

以正弦交流电流为例,横轴用 ωt 表示(也可用时间 t 表示),纵轴用小写字母 i(电压用小写字母 u)表示瞬时值的大小,假设 $\Psi \geqslant 0$(初始电流值 $\geqslant 0$),电流大小随时间变化的波形如图 3.1 所示。

电流大小随时间变化的表达式称为瞬时表达式,与图 3.1 对应的电流表达式为:

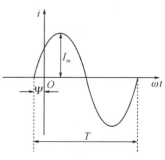

图 3.1 正弦电流波形图

$$i = I_\text{m} \sin(\omega t + \Psi_\text{i}) \tag{3.1}$$

其中，3 个常数 I_m、ω、Ψ_i 称为正弦量的三要素，当这 3 个量确定以后，电流波形就被唯一确定了。

3.1.2 正弦量的三要素

(1) 幅值 I_m 与有效值 I

正弦交流量是一个等幅正负交替变化的周期函数，幅值是正弦量在整个变化过程中达到的最大取值，也称为最大值，用大写字母加下标 m 表示，如图 3.1 和式(3.1)中电流的幅值用 I_m 表示，同理电压的幅值用 U_m 表示。幅值在一定程度上反映正弦量的变化大小，如正弦交流电流在整个电路工作过程中取值为 $-I_\text{m} \sim I_\text{m}$。

由图 3.1 可知交流电的瞬时值大小随时间变化，如果应用中取瞬时值分析并不方便；随意取值，只能代表某一瞬间，不能反映交流电在电路中的实际工作过程；如果采用最大值，又夸大了交流电的作用效果，这就需要一个数值指标能等效反映交流电在整个周期中平均实际的作用能力。因此在技术应用中，引入有效值来表示正弦交流电作用的大小，交流电的有效值是根据它的热效应确定的。

有效值的定义：当某一交流电流 i 和一直流电流 I 分别通过同一电阻 R 时，如果在一个周期 T 内产生的热量相等，那么这个直流电流的数值叫做交流电流的有效值，有效值用大写字母 I（电压用大写字母 U）表示，与直流量的形式相同。

交流电流 i 一个周期 T 内在电阻 R 上产生的热量为：

$$W = \int_0^T i^2 R \, \text{d}t$$

直流电流 I 在相同时间 T 内，在电阻 R 上产生的热量为：

$$W = I^2 R T$$

根据有效值的定义，两个热量相等，有 $I^2 R T = \int_0^T i^2 R \, \text{d}t$

整理之后得到：

$$I = \sqrt{\frac{1}{T} \int_0^T i^2 \, \text{d}t} \tag{3.2}$$

式(3.2)为有效值定义的数学表达式，从表达式可以看出交流电流有效值是交流电流瞬时值的平方在一个周期内的积分平均值的平方根，因此有效值又称均方根值。

将正弦交流电流瞬时表达式 $i = I_\text{m} \sin(\omega t + \Psi_\text{i})$ 代入式(3.2)得：

$$\begin{aligned} I &= \sqrt{\frac{1}{T} \int_0^T I_\text{m}^2 \sin^2(\omega t + \Psi_\text{i}) \, \text{d}t} \\ &= \sqrt{\frac{1}{T} \int_0^T I_\text{m}^2 \left[\frac{1}{2} - \frac{1}{2}\cos 2(\omega t + \Psi_\text{i})\right] \text{d}t} \\ &= \frac{1}{\sqrt{2}} I_\text{m} \\ &= 0.707 I_\text{m} \end{aligned} \tag{3.3}$$

可知,正弦交流电流的幅值与有效值之间有固定的$\sqrt{2}$倍的关系。

用有效值表示正弦交流电流的数学表达式时,式(3.1)变为:

$$i = \sqrt{2} I \sin(\omega t + \Psi_i) \tag{3.4}$$

同样的定义也适用于交流电压和交流电动势,于是有:

$$U = \frac{1}{\sqrt{2}} U_m = 0.707 U_m \tag{3.5}$$

$$E = \frac{1}{\sqrt{2}} E_m = 0.707 E_m \tag{3.6}$$

注意:我们通常所说的交流电的数值都是指有效值,如常用的交流电压 220 V、380 V 都是指有效值。交流电压表、电流表的表盘读数及交流电气设备铭牌上所标的电压、电流也都是有效值。

【练一练3.1】 请参照式(3.4)用包含有效值形式的方法写出交流电压和交流电动势的瞬时表达式。

(2) 角频率 ω、频率 f 与周期 T

正弦交流量是一个跟随角度变化的周期函数,因此,交流量变化的快慢与单位时间变化的角度有关系。ω 称为正弦量的角频率,指正弦量每秒钟变化的角度大小(用弧度制表示),一般出现在瞬时表达式中,直接表示交流量变化的快慢,在国际单位制(SI)中,角频率的单位是弧度/秒(rad/s)。

表达正弦交流量快慢常用的还有频率 f 与周期 T。

频率 f 指正弦量在每秒钟完成周期性变化(2π)的次数,在国际单位制(SI)中,频率的单位为赫兹(Hz),简称赫。考虑到正弦量一个周期变化的角度是 2π,因此,角频率 ω 与频率 f 之间的关系是 $\omega = 2\pi f$。

周期 T 指正弦量完成一次周期性变化(2π)需要的时间,在国际单位制(SI)中,周期的单位为秒(s)。根据定义,周期 T 与频率 f 互为倒数,它们的关系表示为 $f = \frac{1}{T}$。结合角频率 ω 与频率 f 之间的关系,可得到角频率 ω 和周期 T 的关系是 $\omega = \frac{2\pi}{T}$。

世界各国电压频率有 50 Hz 和 60 Hz 两种,我国工业用电频率为 50 Hz,称为工频。德国、法国、英国等国家使用 50 Hz,美国、韩国等国家使用 60 Hz,日本则根据不同地区分别使用 50 Hz 或 60 Hz。

世界各国电压及频率一览表

【想一想】 我国工业用电电压的角频率和周期分别是多少?

(3) 初相 Ψ

由式(3.1)中 $\omega t + \Psi_i$ 可以看出,交流量在不同的时刻具有不同的 $\omega t + \Psi_i$ 值,$\omega t + \Psi_i$ 称为正弦量的相位角,简称为相位,单位是弧度(rad)或度(°),这个相位角决定了正弦量瞬时对应的正弦量大小。

其中,Ψ_i 是 $t = 0$ 时的相位角,也就是初始时刻的相位角,称为初相位角,简称初相

（位），这个初相位决定了初始时刻正弦量的大小，如图3.2所示。

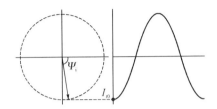

图 3.2 初相位 Ψ_i 与初始值 I_{t0} 关系示意图

初相位取值范围为 $|\Psi_i| \leqslant \pi$，可正可负，与计时起点有关，计时起点不同，初相位就不同，正弦量的初始值也就不同。计时起点是可以根据需要任意选择的，在实际应用中，可将正弦量由负向正变化通过零值的瞬间作为起点，那么这个正弦量的初相就是零，称这个正弦量为参考正弦量。在一个电路中，只能选择一个计时起点，也就是只能选择一个参考正弦量。

注意：初相位的单位用弧度或度表示都可以，在工程上习惯以"度"为单位计量初相 Ψ_i，以"弧度/秒"为单位计量角频率，因此在分析计算中应将 ωt 与 Ψ_i 变换成相同的弧度制单位。

【想一想】 如图3.3所示，判别 i_1 和 i_2 的初相分别取正值还是负值？

正弦量的3个要素不仅是交流量的重要特征，可以唯一确定对应的交流量，而且还是各个不同交流量进行区分和比较的依据。

【练一练 3.2】 一个正弦电压的初相角为 $45°$，最大值为 537 V，角频率 $\omega = 314$ rad/s，试求它的有效值、瞬时表达式，并求 $t = 0.03$ s 时的瞬时值。

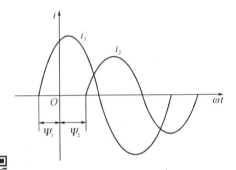

图 3.3 初相位正负示意图

3.1.3视频

3.1.3 正弦量的相位差 φ

在分析和计算正弦交流电路时，电路中常常会出现多个不同的交流电压、电流或电动势，它们的幅值（或有效值）大小关系一眼就可以看出，同一电路，不同交流量频率一般相同，针对它们不同的初相，电路中常引用相位差的概念描述两个同频率正弦量之间的相位关系。顾名思义，相位差指两个同频率正弦量的相位之差，用 φ 表示，其物理意义在于确定电路信号的传输和处理效果。

两个同频率正弦量可以是电压、电流或电动势中任意两个，也可以是两个交流电流或交流电压。

例如：假设电压、电流瞬时表达式分别为 $u = U_m \sin(\omega t + \Psi_u)$，$i = I_m \sin(\omega t + \Psi_i)$ 时，则电压与电流的相位差为

$$\varphi_{ui} = (\omega t + \Psi_u) - (\omega t + \Psi_i) = \Psi_u - \Psi_i \tag{3.7}$$

由式(3.7)可见,同频率正弦量的相位差始终不变,它等于两个正弦量初相位之差,相位差也是在主值范围内取值,有 $|\varphi_{ui}| \leqslant \pi$。

一般相位差分为如下几种情况:

若 $\varphi_{ui} > 0$,如图3.4所示,电压 u 比电流 i 先达到正的最大值(零值或负的最大值等同值点),则称电压 u 比电流 i 超前 φ_{ui} 角,也可以说,电流 i 比电压 u 滞后 φ_{ui} 角。

若 $\varphi_{ui} < 0$,如图3.5所示,电压 u 比电流 i 后达到正的最大值(或其他同值点),则称电压 u 比电流 i 滞后 $|\varphi_{ui}|$(正值)角,同理,也可以说,电流 i 比电压 u 超前 $|\varphi_{ui}|$ 角。

若 $\varphi_{ui} = 0$,如图3.6所示,电压 u 和电流 i 同时达到正的最大值(或其他同值点),则称电压 u 与电流 i 同相,如电阻元器件在交流电路中的电压和电流符合同相关系。

若 $\varphi_{ui} = \pm\pi$,如图3.7所示,电压 u 达到正的最大值时,电流 i 达到负的最大值,反之亦然,则称电压 u 与电流 i 反相,如电子电路中的运算放大器就有反相输出功能。

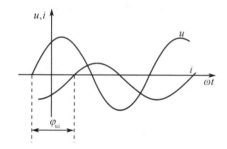

图3.4 电压超前电流

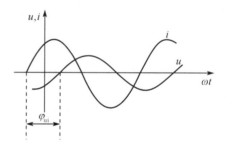

图3.5 电压滞后电流

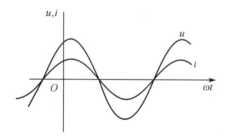

图3.6 电压与电流同相

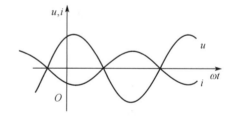

图3.7 电压与电流反相

若 $\varphi_{ui} = \pm\dfrac{\pi}{2}$,如图3.8所示,电压 u 达到正(或负)的最大值时,电流 i 达到零值;电压 u 达到零值时,电流 i 达到正(或负)的最大值;则称电压 u 与电流 i 正交,如电感和电容元器件在交流电路中的电压和电流符合正交关系。

当两个同频率正弦量的计时起点改变时,它们的初相角也随之改变,但两者之间的相位差却保持不变。需要指出的是,只有两个同频率正弦量之间的相位差才有意义,对于两个频率不相同的正弦量,其相位差随时间而变化,不再是常量,讨论已经没有意义。

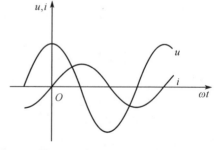

图3.8 电压与电流正交

【练一练 3.3】 有两个正弦交流电流分别为 $i_1(t)=100\sqrt{2}\sin(\omega t+35°)$ A,$i_2(t)=50\sqrt{2}\sin(\omega t-35°)$ A,求出它们的初相和相位差,并说明两个电流的相位关系。

3.2 正弦量的相量表示

在 3.1.1 节里,介绍了正弦量的两种表示方法,一种是波形,比较直观,一种是瞬时表达式,特征齐全,但这两种方法都不适合电路分析计算。工程应用中通常采用复数表示正弦量,再把复数的运算规则引用到正弦量的计算中,大大简化了正弦交流电路的分析过程,这种方法叫做相量分析法。

3.2.1 复数的概念及运算规则

数学上,把形如 $a+\mathrm{i}b$ 的数称为复数,其中,a、b 为复数的实部和虚部,i 是虚数单位,有 $\mathrm{i}^2=-1$,复数用 z 表示,则有 $z=a+\mathrm{i}b$。由于电工学中 i 用来表示交流电流瞬时值,因此改用 j 表示虚数单位,同理,有 $\mathrm{j}^2=-1$,于是复数形式变为 $z=a+\mathrm{j}b$。

在复数平面上表示复数如图 3.9 所示,复数 z 在实轴 $+1$ 的坐标是实部 a,在虚轴 $+\mathrm{j}$ 的坐标是虚部 b,复数 z 是由原点出发的有向线段。

图 3.9 中 $|z|$ 表示复数的大小,称为复数的模,也就是复平面上的点到原点的距离,与实部 a 和虚部 b 的关系满足勾股定理,有

$$|z|=\sqrt{a^2+b^2} \tag{3.8}$$

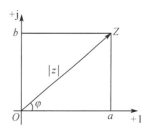

图 3.9 复数平面复数表示

有向线段与实轴正方向间的夹角,称为复数的辐角,用 φ 表示,规定辐角在主值范围内取值,$|\varphi|\leqslant\pi$。

由图 3.9 可知,复数的实部 a、虚部 b、辐角 φ 和模 $|z|$ 还满足如下关系

$$\begin{cases}\varphi=\arctan\left(\dfrac{b}{a}\right)\\ a=|z|\cos\varphi\\ b=|z|\sin\varphi\end{cases} \tag{3.9}$$

由式(3.9)可将复数的代数式 $z=a+\mathrm{j}b$ 转化为三角形式:

$$z=a+\mathrm{j}b=|z|\cos\varphi+\mathrm{j}|z|\sin\varphi=|z|(\cos\varphi+\mathrm{j}\sin\varphi) \tag{3.10}$$

根据数学中欧拉公式 $\mathrm{e}^{\mathrm{j}\varphi}=\cos\varphi+\mathrm{j}\sin\varphi$,可将复数的三角形式转化为指数形式:

$$z=|z|\mathrm{e}^{\mathrm{j}\varphi} \tag{3.11}$$

复数的极坐标表示法是一种常用的几何表示方法,在表示夹角和距离时直观简洁,具体形式为:

$$z=|z|\angle\varphi \tag{3.12}$$

根据式(3.8)和(3.9)，复数的4种表达形式之间可以进行互相转换，掌握一些常用特殊三角形三边关系和角函数值会更方便地转换。

【想一想】 分析常用特殊直角三角形 30°/60°、37°/53°、45°/45°的三边比例关系以及各个锐角的正弦、余弦、正切值。

注意：在由代数式向指数或者极坐标形式转换时，可以参照图3.9先标出实部 a 和虚部 b 的信息，因为在一个完整的周期 2π 内会有两个角度的正切值是相同的，画草图更方便确定辐角 φ 在哪个象限。

【练一练3.4】 将复数 $z_1=1-j$ 转换成极坐标形式表达；将复数 $z_2=20\angle 53°$ 转换成代数形式表达。

在复数的四种表达形式中，代数形式适合做复数加减运算，运算规则是实部和实部相加减，虚部和虚部相加减。设有两个复数 $z_1=a_1+jb_1$ 和 $z_2=a_2+jb_2$，则 $z=z_1\pm z_2=(a_1\pm a_2)+j(b_1\pm b_2)$。

在进行复数加减运算时，如果复数不是代数形式，要先将其他形式转换为代数形式，然后再进行加减运算。

【练一练3.5】 已知复数 $z_1=1-j$ 和复数 $z_2=20\angle 53°$，求出两复数之和 $z_3=z_1+z_2$，两复数之差 $z_4=z_1-z_2$。

指数形式和极坐标形式适合做复数乘除运算，极坐标形式由于其直观简洁，更为常用，运算规则是模和模相乘除，辐角和辐角相加减。设有两个复数 $z_1=|z_1|\angle\varphi_1$ 和 $z_2=|z_2|\angle\varphi_2$，则 $z=z_1\times z_2=|z_1|\times|z_2|\angle(\varphi_1+\varphi_2)$，$z=\dfrac{z_1}{z_2}=\dfrac{|z_1|}{|z_2|}\angle(\varphi_1-\varphi_2)$。

在进行复数乘除运算时，如果复数不是极坐标形式，要先将其他形式转换为极坐标形式，然后再进行乘除运算。

【练一练3.6】 已知复数 $z_1=1-j$ 和复数 $z_2=20\angle 53°$，求出两复数之积 $z_3=z_1\times z_2$，两复数之商 $z_4=\dfrac{z_2}{z_1}$。

除了掌握复数四种形式之间常规的转换方法，一些特殊的复数形式需要牢记清楚，在分析电路时才能熟练运用。

【想一想】 复数 $1,-1,j$ 和 $-j$，它们对应的极坐标形式分别是什么？（后续知识需要）

3.2.2 正弦量的相量表示方法

在电工学中，常见的电路元件没有改变交流量频率的作用，因此在电路分析过程中，只需要关注正弦量三要素中的大小（幅值或有效值）和初相即可。复数的模和辐角正好与正弦量这两个要素有着相似的对应关系，因此可以采用复数的方法表示正弦量，从而用复数的方法分析电路，来简化电路的运算过程。

用复数形式表示正弦量称为正弦量的相量表示，这个能表示正弦量的复数称为相量，为了与一般的复数相区别，在大写字母上面增加"·"作为相量符号。具体形式是模为正弦量的幅值（或有效值），辐角为正弦量的初相位。

假设电压瞬时表达式为：
$$u = U_m \sin(\omega t + \Psi)$$

它的幅值相量是：
$$\dot{U}_m = U_m \angle \Psi \qquad (3.13)$$

有效值相量是：
$$\dot{U} = U \angle \Psi \qquad (3.14)$$

其中，$\dot{U}_m$ 和 $\dot{U}$ 分别是电压幅值相量和有效值相量的符号，这个符号是固定不变的；$U_m \angle \Psi$ 和 $U \angle \Psi$ 是相量的具体形式，U_m、U 和 Ψ 分别是电压幅值、有效值和初相。

因为，幅值 U_m 是有效值 U 的 $\sqrt{2}$ 倍，可以得出电压幅值相量和有效值相量关系如下
$$\dot{U}_m = \sqrt{2}\dot{U} \qquad (3.15)$$

考虑到工程应用中一般用的都是正弦量的有效值，因此，用有效值相量表示正弦量更为常见，后续章节在没有特别要求的情况下一般用有效值相量分析电路。

【想一想】 假设电流瞬时表达式为 $i = I_m \sin(\omega t + \Psi_i)$，那么它的幅值相量、有效值相量符号和具体形式应该怎么表示？

注意：相量是正弦量的一种表示方法，在相量具体形式中只呈现出了正弦量的两个要素，因此，相量不等于正弦量！即 $i \neq \dot{I}$，$\dot{I} \neq I_m \sin(\omega t + \Psi_i)$。

【练一练 3.7】 已知电流瞬时表达式为 $i = \sin(314t - \pi/4)$ A，电压瞬时表达式为 $u = 141.4\sin(100\pi t - 30°)$ V，试分别写出电流和电压的幅值相量及有效值相量。（提示：只需要求幅值相量，然后结合式(3.15)可写出有效值相量）

由正弦量瞬时表达式中的三要素，根据相量形式中的对应关系，我们可以知道正弦量的幅值和有效值相量表达；反之，如果已知正弦量幅值或有效值相量表达，结合三要素的对应关系，应该可以求出正弦量瞬时表达式。

【想一想】 已知电路中电压 $\dot{U}_1 = 220\angle 20°$，电流 $\dot{I}_1 = 10\angle 30°$，假设角频率为 ω，则电压和电流的瞬时表达式具体是什么？

3.3 单一元件电压与电流关系

3.3 课件

根据第一章电路模型的知识，实际电路中任一器件都可以用电阻、电感、电容三个元件中的一个（两个或三个）来表示其主要的物理特性，因此，在交流电路中学习单一参数电路的基本特征、分析方法尤为重要，可为多种特性组合而成的实际电路综合分析打下基础。

3.3.1 电阻元件 R 的电压与电流关系

如图 3.10(a)所示用瞬时值 i_R、u_R 表示交流量，图 3.10(b)所示用相量 $\dot{I}_R$、$\dot{U}_R$ 表示交流量，这两种方法都是常见的电阻元件交流电路图表示法。

3.3.1 视频

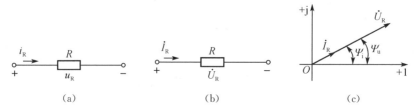

图 3.10 电阻元件电路图及伏安关系的相量图

当电阻元件 R 流过正弦电流为：

$$i_R = I_m \sin(\omega t + \Psi_i) \tag{3.16}$$

根据欧姆定律可得到电压瞬时值表达式为：

$$\begin{aligned} u_R &= Ri_R \\ &= RI_m \sin(\omega t + \Psi_i) \\ &= U_m \sin(\omega t + \Psi_u) \end{aligned} \tag{3.17}$$

分析式(3.16)和式(3.17)电流、电压瞬时值表达式的三要素,可知:
(1) u_R 和 i_R 的频率是相同的,简称同频;
(2) u_R 和 i_R 的初相是相同的,有 $\Psi_u = \Psi_i$,简称同相,它们的波形关系如图 3.6 所示;
(3) u_R 和 i_R 的幅值满足欧姆定律约束关系,有:

$$U_m = I_m R \tag{3.18}$$

将式(3.18)左右同除以 $\sqrt{2}$,得到有效值约束关系,如下:

$$U = IR \tag{3.19}$$

【练一练 3.8】 将 $R=5\,\Omega$ 的电阻接在 $u=50\sqrt{2}\sin(314t+60°)$ V 的交流电源上,通过电阻的电流 I 是多少安培?电流的瞬时值表达式具体是什么?

上述(1)~(3)描述电流、电压之间的关系,一般是在电路元件单一,不复杂,不需要详细理论分析时,直接快速得出电路参数的特征,了解电路性能。如遇到电阻出现在复杂电路中,则必须运用相量的方法来进行分析。

将式(3.16) i_R 用电流有效值相量表示,有:

$$\dot{I}_R = I \angle \Psi_i \tag{3.20}$$

式(3.17) u_R 用电压有效值相量表示,有:

$$\dot{U}_R = U \angle \Psi_u \tag{3.21}$$

将式(3.19)代入式(3.21),有:

$$\dot{U}_R = RI \angle \Psi_i = R\dot{I}_R \tag{3.22}$$

式(3.22)就是电阻元件上电压与电流的有效值相量关系式,用相量图表示如图 3.10(c)

所示。

将式(3.22)左右同乘以 $\sqrt{2}$，得到电压与电流的幅值相量关系式：

$$\dot{U}_m = R\dot{I}_m \tag{3.23}$$

注意：对于相量分析方法的运用，如果电路中已知正弦量不是给定相量形式，需要把已知正弦量先写成相量形式，然后再运用式(3.22)或(3.23)分析即可。

【例题 3.1】 将 $R=5\ \Omega$ 的电阻接在 $u=50\sqrt{2}\sin(314t+60°)$ V 的交流电源上，用相量分析的方法求通过电阻的电流瞬时值表达式 i 和有效值 I。

【解】 已知电压瞬时值表达式为：

$$u = 50\sqrt{2}\sin(314t+60°)\ \text{V}$$

则电压有效值相量为：

$$\dot{U}_R = 50\angle 60°\ \text{V}$$

根据式(3.22)，电流有效值相量为：

$$\dot{I}_R = \frac{\dot{U}_R}{R} = \frac{50\angle 60°}{5} = 10\angle 60°\ \text{A}$$

则电流瞬时值表达式为：

$$i = 10\sqrt{2}\sin(314t+60°)\ \text{A}$$

电流有效值为：

$$I = 10\ \text{A}$$

3.3.2 电感元件 L 的电压与电流关系

3.3.2 视频

如图 3.11(a)所示用瞬时值 i_L、u_L 表示交流量，图 3.11(b)所示用相量 $\dot{I}_L$、$\dot{U}_L$ 表示交流量，这两种方法都是常见的电感元件交流电路图表示法。

设通过电感的电流为：

$$i_L = I_m \sin(\omega t + \Psi_i) \tag{3.24}$$

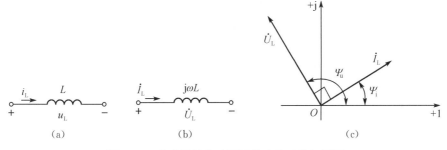

图 3.11 电感元件电路图及伏安关系的相量图

电感是用导体中感生的电压（或电动势）与产生此电压的电流变化率之比来量度的导体，把比例因数（比例值）称为电感，以符号 L 表示，国际单位为亨利（H）。

因此，电感的伏安关系可表示为：

$$\begin{aligned} u_L &= L\frac{di_L}{dt} \\ &= LI_m\omega\cos(\omega t + \Psi_i) \\ &= \omega LI_m\sin(\omega t + \Psi_i + 90°) \\ &= U_m\sin(\omega t + \Psi_u) \end{aligned} \quad (3.25)$$

分析式（3.24）和式（3.25）电流、电压瞬时值表达式的三要素，可知：

（1）u_L 和 i_L 的频率是相同的，简称同频；

（2）u_L 和 i_L 的初相有 $\Psi_u = \Psi_i + 90°$，简称正交，也可以说 u_L 比 i_L 超前 $90°$（或 i_L 比 u_L 滞后 $90°$），它们的波形关系如图 3.8 所示；

（3）u_L 和 i_L 的幅值满足关系：

$$U_m = \omega L I_m \quad (3.26)$$

定义 $X_L = \omega L$，称之为电感元件的感抗，在国际单位制（SI）中，其单位为欧姆（Ω）。式（3.26）可以写成：

$$U_m = I_m X_L \quad (3.27)$$

由式（3.27）可以看出，在电压一定的条件下，感抗越大，电路中的电流越小；反之，感抗越小，电路中的电流越大。感抗是用来表示电感元件对电流阻碍作用大小的一个物理量，在电路工作中具有重要的意义，因此，在电路分析时，一般先求出感抗。

由感抗的定义可知，当电感 L 一定时，X_L 正比于角频率 ω（或频率 f），感抗随频率变化的情况如图 3.12 所示。

当 $f \to 0$ 时，$X_L = \omega L \to 0$，$U_L \to 0$，即电感元件对于直流电流（$f = 0$）相当于短路。

当 $f \to \infty$ 时，$X_L = \omega L \to \infty$，$I_L \to 0$，即电感元件对高频率的电流有极强的阻碍作用，在极限情况下，它相当于开路。

由上面两种情况分析，一般认为，电感元件具有通直流阻交流的作用。

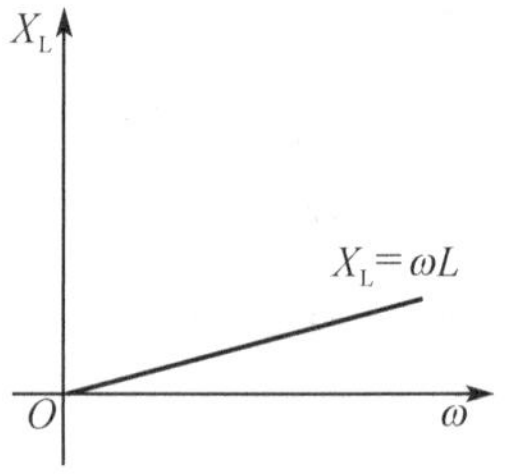

图 3.12 感抗与频率的关系

将式（3.27）左右同除以 $\sqrt{2}$，得到有效值约束关系，如下：

$$U_L = I X_L \quad (3.28)$$

必须注意，感抗是电压、电流有效值（或幅值）之间的约束关系，而不是它们的瞬时值之间的约束关系。

【练一练 3.9】 将 $L = 5$ H 的电感接在 $u = 50\sqrt{2}\sin(10t + 60°)$ V 的交流电源上，通过电感的电流 I 是多少安培？电流的瞬时值表达式具体是什么？

上述(1)~(3)描述电流、电压之间的关系,同电阻分析时作用一样,适合直接快速得出电路参数的特征,了解电路性能。如遇到电感出现在复杂电路中,则必须运用相量的方法来进行分析。

将式(3.24)i_L用电流有效值相量表示,有

$$\dot{I}_L = I \angle \Psi_i \tag{3.29}$$

式(3.25)u_L用电压有效值相量表示,有

$$\dot{U}_L = U \angle \Psi_u \tag{3.30}$$

将式(3.28)代入式(3.30),有

$$\dot{U}_L = X_L I \angle \Psi_u = X_L I \angle (\Psi_i + 90°) = jX_L I \angle \Psi_i = jX_L \dot{I}_L \tag{3.31}$$

式(3.31)就是电感元件上电压与电流的有效值相量关系式,用相量图表示如图3.11(c)所示。

将式(3.31)左右同乘以$\sqrt{2}$,得到电压与电流的幅值相量关系式

$$\dot{U}_m = jX_L \dot{I}_m \tag{3.32}$$

【例题3.2】 将$L=5$ H的电感接在$u=50\sqrt{2}\sin(10t+60°)$ V的交流电源上,用相量分析的方法求通过电感的电流瞬时值表达式i和有效值I。

【解】 先求感抗:

$$X_L = \omega L = 10 \times 5 = 50 \ \Omega$$

已知电压瞬时值表达式为:

$$u = 50\sqrt{2}\sin(10t+60°) \ \text{V}$$

则电压有效值相量为:

$$\dot{U}_L = 50 \angle 60° \ \text{V}$$

根据式(3.31),电流有效值相量为:

$$\dot{I}_L = \frac{\dot{U}_L}{jX_L} = \frac{50 \angle 60°}{50 \angle 90°} = 1 \angle -30° \ \text{A}$$

则电流瞬时值表达式为:

$$i = \sqrt{2}\sin(10t-30°) \ \text{A}$$

电流有效值为:

$$I = 1 \ \text{A}$$

3.3.3 电容元件 C 的电压与电流关系

如图 3.13(a)所示用瞬时值 i_C、u_C 表示交流量,图 3.13(b)所示用相量 $\dot{I}_C$、$\dot{U}_C$ 表示交流量,这两种方法都是常见的电容元件交流电路图表示法。

3.3.3 视频

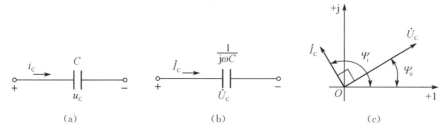

图 3.13 电容元件电路图及伏安关系的相量图

设加在电容两端的电压瞬时值表达式为:

$$u_C = U_m \sin(\omega t + \Psi_u) \tag{3.33}$$

电容(或称电容量)是表现电容器容纳电荷本领的物理量,是指在给定电位差(电压)下自由电荷的储藏量,以符号 C 表示,国际单位是法拉(F)。

因此,电容的伏安关系可表示为:

$$\begin{aligned} i_C &= C\frac{du_C}{dt} \\ &= CU_m\omega\cos(\omega t + \Psi_u) \\ &= \omega CU_m\sin(\omega t + \Psi_u + 90°) \\ &= I_m\sin(\omega t + \Psi_i) \end{aligned} \tag{3.34}$$

分析式(3.33)和式(3.34)电压、电流瞬时值表达式的三要素,可知:

(1) u_C 和 i_C 的频率是相同的,简称同频;

(2) u_C 和 i_C 的初相有 $\Psi_i = \Psi_u + 90°$,简称正交,也可以说 i_C 比 u_C 超前 90°(或 u_C 比 i_C 滞后 90°),它们的波形关系如图 3.8 所示(交换 u 和 i 即可);

(3) u_C 和 i_C 的幅值满足关系:

$$I_m = \omega C U_m \tag{3.35}$$

或

$$U_m = \frac{1}{\omega C} I_m \tag{3.36}$$

定义 $X_C = \dfrac{1}{\omega C}$,称之为电容元件的容抗,在国际单位制(SI)中,其单位为欧姆(Ω)。式(3.36)可以写成:

$$U_m = I_m X_C \tag{3.37}$$

由式(3.37)可以看出,在电压一定的条件下,容抗越大,电路中的电流越小;反之,容抗越小,电路中的电流越大。容抗是用来表示电容元件对电流阻碍作用大小的一个物理量,在电路工作中具有重要的意义,因此,在电路分析时,一般先求出容抗。

由容抗的定义可知,当电容 C 一定时,X_C 反比于角频率 ω(或频率 f),容抗随频率变化的情况如图 3.14 所示。

$f \to 0$ 时,$X_C = \dfrac{1}{\omega C} \to \infty$,$I_C \to 0$,即电容对于直流电流($f=0$)相当于开路。

$f \to \infty$ 时,$X_C = \dfrac{1}{\omega C} \to 0$,$U_C \to 0$,由此可见,电容元件对高频率电流有极强的导流作用,在极限情况下,它相当于短路。

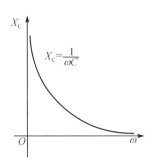

图 3.14 容抗与频率的关系

由上面两种情况分析,一般认为,电容元件具有隔直流通交流的作用。

将式(3.37)左右同除以 $\sqrt{2}$,得到有效值约束关系,如下:

$$U_C = I X_C \tag{3.38}$$

必须注意,容抗是电压、电流有效值(或幅值)之间的约束关系,而不是它们的瞬时值之间的约束关系。

【练一练 3.10】 将 $C=5\text{ mF}$ 的电容接在 $u=50\sqrt{2}\sin(10t+60°)$ V 的交流电源上,通过电容的电流 I 是多少安培?电流的瞬时值表达式具体是什么?

上述(1)~(3)描述电流、电压之间的关系,同电阻分析时作用一样,适合直接快速得出电路参数的特征,了解电路性能。如遇到电容出现在复杂电路中,则必须运用相量的方法来进行分析。

将式(3.34)中的 i_C 用电流有效值相量表示,有:

$$\dot{I}_C = I \angle \Psi_i \tag{3.39}$$

式(3.33)中的 u_C 用电压有效值相量表示,有:

$$\dot{U}_C = U \angle \Psi_u \tag{3.40}$$

将式(3.38)代入式(3.40),有:

$$\dot{U}_C = X_C I \angle \Psi_u = X_C I \angle (\Psi_i - 90°) = -\mathrm{j} X_C I \angle \Psi_i = -\mathrm{j} X_C \dot{I}_C \tag{3.41}$$

式(3.41)就是电容元件上电压与电流的有效值相量关系式,用相量图表示如图 3.13(c)所示。

将式(3.41)左右同乘以 $\sqrt{2}$,得到电压与电流的幅值相量关系式:

$$\dot{U}_m = -\mathrm{j} X_C \dot{I}_m \tag{3.42}$$

【例题 3.3】 将 $C=5\text{ mF}$ 的电容接在 $u=50\sqrt{2}\sin(10t+60°)$ V 的交流电源上,用相量

分析的方法求通过电容的电流瞬时值表达式 i 和有效值 I。

【解】 先求容抗：

$$X_C = \frac{1}{\omega C} = \frac{1}{10 \times 5 \times 10^{-3}} = 20 \text{ Ω}$$

已知电压瞬时值表达式为：

$$u = 50\sqrt{2} \sin(10t + 60°) \text{ V}$$

则电压有效值的相量为：

$$\dot{U}_C = 50\angle 60° \text{ V}$$

根据式(3.41)，电流有效值的相量为：

$$\dot{I}_C = \frac{\dot{U}_C}{-jX_C} = \frac{50\angle 60°}{20\angle -90°} = 2.5\angle 150° \text{ A}$$

则电流瞬时值表达式为：

$$i = 2.5\sqrt{2} \sin(10t + 150°) \text{ A}$$

电流有效值为：

$$I = 2.5 \text{ A}$$

本节所讲的电路元件均是指理想元件，为了方便电路分析，我们把 3 个元件交流电路特性放在一起做归纳，假设 $i = \sqrt{2} I \sin\omega t = I_m \sin\omega t$，基本关系如表 3.1 所示：

表 3.1 单一元件交流电路特性基本关系

电路参数		R	L	C
阻碍作用大小		R	$X_L = \omega L$	$X_C = \dfrac{1}{\omega C}$
电压电流关系	瞬时值	$u_R = Ri$	$u_L = L\dfrac{di}{dt}$	$u_C = \dfrac{1}{C}\int i\, dt$
	有效值	$U_R = IR$	$U_L = IX_L$	$U_C = IX_C$
	幅值	$U_m = I_m R$	$U_m = I_m X_L$	$U_m = I_m X_C$
	相位差	u_R 和 i 同相	u_L 超前 i 90°	u_C 滞后 i 90°
	有效值相量式	$\dot{U}_R = R\dot{I}_R$	$\dot{U}_L = jX_L \dot{I}_L$	$\dot{U}_C = -jX_C \dot{I}_C$
	幅值相量式	$\dot{U}_m = R\dot{I}_m$	$\dot{U}_m = jX_L \dot{I}_m$	$\dot{U}_m = -jX_C \dot{I}_m$
	相量图			

3.4 基尔霍夫定律相量表示和 *RLC* 串联交流电路

3.4 课件

3.4.1 KCL 和 KVL 的相量形式

3.4.1 视频

在第 1 章 1.7 小节中所学的基尔霍夫电流、电压定律是一个普遍适用的定律,不仅对于直流电路是适用的,对于正弦交流电路也是适用的。

在直流电路中,KCL 可表示为式(1.15)的形式;在交流电路中,用电流瞬时值表达式表示 KCL,则为:

$$\sum i = 0 \tag{3.43}$$

同理,在直流电路中,KVL 可表示为式(1.16)的形式;在交流电路中,用电压瞬时值表达式表示 KVL,则为:

$$\sum u = 0 \tag{3.44}$$

正弦交流电路中各支路电流、各元件电压都是同频率的正弦量,因此可以用相量表示法将 KCL 和 KVL 转化为相量形式。

用电流有效值相量表示 KCL,则为

$$\sum \dot{I} = 0 \tag{3.45}$$

用电压有效值相量表示 KVL,则为

$$\sum \dot{U} = 0 \tag{3.46}$$

需要注意,在正弦交流电路中,电流、电压的有效值(或幅值)一般情况下不满足类似于式(3.43)~式(3.46)和为 0 的关系。

3.4.2 *RLC* 串联交流电路

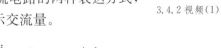
3.4.2 视频(1)

如图 3.15 和图 3.16 所示分别是 *R*、*L*、*C* 串联交流电路的两种表达方式,前者用交流瞬时值表示交流量,后者用有效值相量表示交流量。

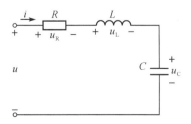

图 3.15 *RLC* 串联电路瞬时值表示

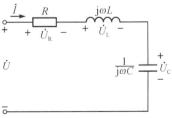

图 3.16 *RLC* 串联电路相量表示

由图 3.15 电路根据 KVL 可得电压瞬时值关系为：

$$u = u_R + u_L + u_C \tag{3.47}$$

由图 3.16 电路根据 KVL 可得电压有效值相量关系为：

$$\dot{U} = \dot{U}_R + \dot{U}_L + \dot{U}_C \tag{3.48}$$

将表 3.1 中 R、L、C 电压、电流有效值相量关系式代入式(3.48)，整理可得：

$$\dot{U} = \dot{I}[R + j(X_L - X_C)] = \dot{I}(R + jX) \tag{3.49}$$

其中，$X_L = \omega L$ 为感抗、$X_C = \dfrac{1}{\omega C}$ 为容抗、$X = X_L - X_C$ 称为串联电路的电抗。

令

$$Z = R + j(X_L - X_C) \tag{3.50}$$

大写字母 Z 定义为电路的阻抗，表示 R、L、C 3 个元件在电路中共同所起到的阻碍作用，单位为欧姆(Ω)。

注意：阻抗不是正弦量的相量，所以字母 Z 上不加小圆点。

为了后续分析电路的方便，我们一般会将式(3.50)阻抗的代数式表达转换成极坐标式表达，有：

$$Z = |Z| \angle \varphi \tag{3.51}$$

其中，$|Z|$ 表示阻抗模，有：

$$|Z| = \sqrt{R^2 + (X_L - X_C)^2} \tag{3.52}$$

φ 表示阻抗角，有：

$$\varphi = \arctan \dfrac{X_L - X_C}{R} \tag{3.53}$$

注意：在由阻抗代数式向极坐标形式转换时，依然可以参照图 3.9 先标出实部电阻 R 和虚部电抗 X 信息画草图，方便确定阻抗角 φ 在哪个象限。

有了阻抗 Z 的定义，式(3.49)可以写成：

$$\dot{U} = \dot{I}Z \tag{3.54}$$

这就是 RLC 串联电路中，总电压和总电流的相量关系表达式，它与欧姆定律形式很相似，也称为广义欧姆定律。

将式(3.54)中电压、电流、阻抗都用极坐标形式表达，有：

$$U \angle \Psi_U = I \angle \Psi_i \times |Z| \angle \varphi \tag{3.55}$$

不难看出，总电压、总电流有效值与阻抗模的关系，有：

$$U = I|Z| \tag{3.56}$$

总电压、总电流的相位差等于阻抗角，有：

$$\Psi_u - \Psi_i = \varphi \tag{3.57}$$

由式(3.57)可知，RLC 串联电路总电压、总电流的相位差与阻抗角相等，分析阻抗角 φ

的值,就可以得出如下电路的特性:

$\varphi>0$,电压超前电流,结合式(3.53)中 $X_L>X_C$,电感作用强于电容作用,电路呈感性;

$\varphi<0$,电压滞后电流,$X_L<X_C$,电容作用强于电感作用,电路呈容性;

$\varphi=0$,电压与电流同相,$X_L=X_C$,电路中电容的电场能与电感的磁场能相互转换,此增彼减,完全补偿,电路呈阻性,此种电路属于特殊情况,称为谐振电路。

为了便于分析应用,把上述 RLC 串联交流电路知识点总结如表 3.2 所示。

表 3.2 RLC 串联交流电路知识点总结表

电路图			
瞬时值关系式	$u=u_R+u_L+u_C$		
相量关系	$\dot{U}=\dot{U}_R+\dot{U}_L+\dot{U}_C$ $\dot{U}=Z\dot{I}$	阻抗	$Z=R+j(X_L-X_C)=R+jX=\|Z\|\angle\varphi$
有效值关系	$U=\sqrt{U_R^2+(U_L-U_C)^2}$ $U=I\|Z\|$	阻抗模	$\|Z\|=\sqrt{R^2+(X_L-X_C)^2}$
		阻抗角	$\varphi=\arctan\dfrac{X_L-X_C}{R}$
约束关系简图	阻抗三角形		电压三角形

表 3.2 中根据阻抗表达式 $Z=R+j(X_L-X_C)=R+jX$,可知阻抗三角形对边 X 是 X_L-X_C,电压三角形对边 U_X 为 U_L-U_C。

3.4.2 视频(2)

【例题 3.4】 电路如图 3.17(a)所示,已知 $R=15\ \Omega$,$L=0.3$ mH,$C=0.2\ \mu$F,$u_s=5\sqrt{2}\sin(\omega t+60°)$ V,$f=3\times10^4$ Hz,求 i,u_R,u_L,u_C。

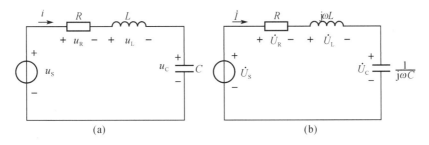

图 3.17 【例题 3.4】图

【解】 RLC 串联电路的分析,一般通过相量法求解,这里为了说明方便,画出了原电路的相量表示图,如图 3.17(b)所示,此图一般情况下是不需要另外画的。

根据已知条件得到：

电压有效值相量：$\dot{U}=5\angle 60°$ V

感抗：$X_L=\omega L=2\pi fL=2\pi\times 3\times 10^4\times 0.3\times 10^{-3}\approx 56.5\ \Omega$

容抗：$X_C=\dfrac{1}{\omega C}=\dfrac{1}{2\pi fC}=\dfrac{1}{2\pi\times 3\times 10^4\times 0.2\times 10^{-6}}\approx 26.5\ \Omega$

阻抗：$Z=R+j(X_L-X_C)=15+j(56.5-26.5)=33.54\angle 63.4°\ \Omega$

电流有效值相量：$\dot{I}=\dfrac{\dot{U}}{Z}=\dfrac{5\angle 60°}{33.54\angle 63.4°}=0.149\angle -3.4°$ A

电阻电压有效值相量：$\dot{U}_R=R\dot{I}=15\times 0.149\angle -3.4°=2.235\angle -3.4°$ V

电感电压有效值相量：$\dot{U}_L=jX_L\dot{I}=56.5\angle 90°\times 0.149\angle -3.4°=8.42\angle 86.4°$ V

电容电压有效值相量：$\dot{U}_C=-jX_C\dot{I}=26.5\angle -90°\times 0.149\angle -3.4°=3.95\angle -93.4°$ V

电流瞬时表达式：$i=0.149\sqrt{2}\sin(\omega t-3.4°)$ A

电阻电压瞬时表达式：$u_R=2.235\sqrt{2}\sin(\omega t-3.4°)$ V

电感电压瞬时表达式：$u_L=8.42\sqrt{2}\sin(\omega t+86.6°)$ V

电容电压瞬时表达式：$u_C=3.95\sqrt{2}\sin(\omega t-93.4°)$ V

RLC 串联电路中阻抗 $Z=R+j(X_L-X_C)$ 是电路模型中比较齐全的组成讨论，其他只有单一元件或任意两个元件的组合都是它的特殊情况。比如：R 电路，就是其中 $X_L=X_C=0$,有 $Z=R$；RL 电路，就是其中 $X_C=0$,有 $Z=R+jX_L$。因此，本节所有的分析方法对于所有电路都是适用的。

3.5 电路功率和功率因数的提高

3.5.1 电阻元件的功率

（1）瞬时功率 p

交流电路中，在任一瞬间，元件两端电压瞬时值与流过电流瞬时值的乘积称为瞬时功率，用小写字母 p 表示。

根据式(3.16)和式(3.17)假设的电流、电压表达式，电阻元件瞬时功率为：

$$p_R=u_R i=U_{Rm}I_m\sin^2(\omega t+\Psi_i) \quad (3.58)$$
$$=U_R I[1-\cos 2(\omega t+\Psi_i)]$$

因为，每一瞬时的电压和电流都是变化的，所以，电路中的瞬时功率也是变化的。瞬时电压、电流、功率波形如图 3.18 所示。

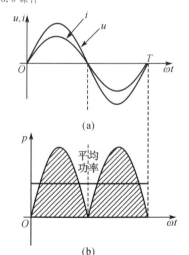

图 3.18 纯电阻交流电路的电压、电流和功率波形图

由瞬时功率表达式(3.58)或图 3.18(b)可知,电阻瞬时功率总是大于等于零,即 $p \geqslant 0$,表明电阻元件在除过零点的任一瞬间均从电源吸取能量,并将电能转化为热能,可见电阻元件是耗能元件。

由于瞬时功率随时间而变化,实际上意义并不大,在工程中,一般会按照一定时间内瞬时功率平均值计算电路的功率来评价电路。

(2) 平均功率(有功功率)P

通常所说电路的功率是指瞬时功率在一个周期内的平均值,称为平均功率,用大写字母 P 表示,国际单位是瓦(W),即:

$$P = \frac{1}{T}\int_0^T U_R I[1 - \cos 2(\omega t + \Psi_i)] dt$$
$$= U_R I = I^2 R = \frac{U_R^2}{R}$$
(3.59)

由此可见,平均功率不随时间变化,式(3.59)电阻平均功率的计算公式与直流电路中计算功率的公式完全相似,区别就是这里的电压和电流都是指的交流量有效值。

因为交流通过电阻性元件时,总是从电源吸收电能并把它转换为热能(或光能、机械能等),也就是这一部分电能用来做功消耗了,因此,平均功率又称有功功率。对于交流设备,平时我们所说的和铭牌上标识的功率,如灯泡功率 60 W,电机功率 1 000 W 等,都是指平均功率(或有功功率),也就是设备实际消耗的功率。

【例题 3.5】 一个额定电压是 220 V、额定功率为 1 000 W 的电炉接在 $u = 220\sqrt{2} \sin(100\pi t - 60°)$ V 的电源上,试求通过电炉的电流瞬时表达式。

【解】 方法一

电炉的电阻为:

$$R = \frac{U_N^2}{P_N} = \frac{220^2}{1\,000} \Omega = 48.4\,\Omega$$

通过电炉的电流有效值为:

$$I = \frac{U}{R} = \frac{220}{48.4}\,\text{A} = 4.5\,\text{A}$$

方法二

根据式(3.59)第一个公式可以直接得出通过电炉的电流有效值,有:

$$I = \frac{P_N}{U} = \frac{1\,000}{220}\,\text{A} = 4.5\,\text{A}$$

电阻上电压和电流同相,即 $\Psi_i = -60°$

电流的瞬时表达式为:

$$i = 4.5\sqrt{2} \sin(100\pi t - 60°)\,\text{A}$$

3.5.2 电感元件的功率

(1) 瞬时功率 p

为了简化分析,将式(3.24)和式(3.25)电感元件电流、电压表达式中电流的初相假设成 $\Psi_i=0$,则电感瞬时功率为:

$$p_L = u_L i = U_{Lm} I_m \sin(\omega t + 90°)\sin \omega t \\ = U_L I \sin 2\omega t \tag{3.60}$$

瞬时电压、电流、功率波形如图 3.19 所示,由表达式(3.60)或图 3.19(b)可见电感的瞬时功率 p 是一个以 2ω 为角频率随时间变化的交变量。

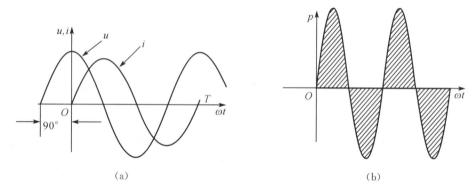

图 3.19 纯电感交流电路电压、电流和功率波形图

电感元件是储能元件,由图 3.19(b)可以看出,在第一和第三个 1/4 周期内,p 为正值,表明电感从电源吸收电能,并把它转换为磁能储存起来,相当于负载;在第二和第四个 1/4 周期内,p 为负值,表明电感将储存的磁能转换为电能向外电路释放,起着类似于电源的作用。

(2) 平均功率(有功功率)P

根据平均功率的定义,有:

$$P = \frac{1}{T}\int_0^T p\,dt = \frac{1}{T}\int_0^T U_L I \sin 2\omega t\,dt = 0 \tag{3.61}$$

可见电感元件的平均功率在一个周期内等于零,也就是说电感本身没有能量消耗。

(3) 无功功率 Q

从上述分析可知,在交流电路中,电感元件没有能量消耗,只有与电源(或外电路)之间的能量交换,这种能量的互换通常用无功功率来衡量。

规定无功功率是电感与电源(或外电路)之间能量交换的最大值,用大写字母 Q 表示,国际单位制(SI)中,单位为乏(var),常用单位有千乏(kvar)。

由式(3.60)可知,能量互换最大值为:

$$Q_L = U_L I = I^2 X_L = \frac{U_L^2}{X_L} \tag{3.62}$$

许多用电设备,如变压器、电动机等,它们都是依靠建立交变磁场进行能量的转换和传递而维持工作性能的,因此,凡是有电磁线圈的电气设备,要建立磁场,就需要无功功率,无功功率是电气设备正常工作所必需的指标。

无功功率所谓的"无功"并不是"无用"的电功率,只不过这部分功率对外不做功,不转化为机械能、热能,仅仅用来交换能量维持设备基本工作性能。因此,在供电系统中除了需要有功功率外,还需要无功功率,两者缺一不可。比如 40 W 的日光灯,除需 40 W 有功功率用来发光外,还需 80 var 左右的无功功率供镇流器的线圈建立交变磁场用。

【例题 3.6】 把一个 1 H 电感线圈(电阻很小忽略不计)接在 $u=220\sqrt{2}\sin(100\pi t-60°)$ V 的电源上,求线圈的有功功率和无功功率。

【解】 先求感抗:
$$X_L = \omega L = 100\pi \times 1 = 100\pi\ \Omega$$

线圈的有功功率:
$$P = 0$$

线圈的无功功率,用式(3.62)第 3 个公式有:
$$Q = \frac{U_L^2}{X_L} = \frac{220^2}{100\pi} \approx 154\ \text{var}$$

3.5.3 电容元件的功率

(1) 瞬时功率 p

为了简化分析,将式(3.33)和式(3.34)电容元件的电压、电流表达式中电压的初相假设成 $\Psi_u = 0$,则电容的瞬时功率为:

$$p_C = u_C i = U_{Cm} I_m \sin\omega t \sin(\omega t + 90°) \qquad (3.63)$$
$$= U_C I \sin 2\omega t$$

瞬时电压、电流、功率波形如图 3.20 所示,由表达式(3.63)或图 3.20(b)可见电容的瞬时功率 p 也是一个以 2ω 为角频率随时间变化的交变量。

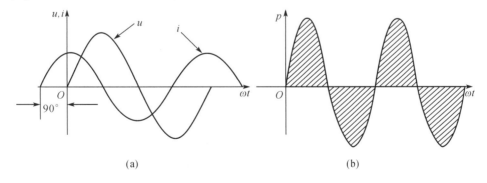

图 3.20 纯电容交流电路电压、电流和功率波形图

电容元件是储能元件,由图 3.20(b)可以看出,在第一和第三个 1/4 周期内,p 为正值,表明电容从电源吸收电能并把它储存起来,相当于负载,也叫做电容充电;在第二和第四个

1/4 周期内，p 为负值，表明电容将储存的电能向外电路释放，起着类似于电源的作用，也叫做电容放电。

（2）平均功率（有功功率）P

根据平均功率的定义，有：

$$P = \frac{1}{T}\int_0^T p\,dt = \frac{1}{T}\int_0^T U_C I \sin 2\omega t\,dt = 0 \tag{3.64}$$

可见电容元件的平均功率在一个周期内也等于零，也就是说电容本身没有能量消耗。

（3）无功功率 Q

从上述分析可知，在交流电路中，电容元件没有能量消耗，只有与电源（或外电路）之间的能量交换，这种能量的互换也用无功功率来衡量。电容的无功功率是指电容与电源（或外电路）之间能量交换的最大值。

由式（3.63）可知，能量互换的最大值为：

$$Q_C = U_C I = I^2 X_C = \frac{U_C^2}{X_C} \tag{3.65}$$

为了与电感的无功功率相比较，取与电感相同的假设，将流过电容的电流作为参考正弦量（初相设为0），有 $i = I_m \sin \omega t$，则电容端电压为 $u = U_m \sin(\omega t - 90°)$，这样，得出电容瞬时功率为 $p_C = u_C i = U_{Cm} I_m \sin(\omega t - 90°)\sin \omega t = -U_C I \sin 2\omega t$，由此可得电容元件的无功功率为：

$$Q_C = -U_C I = -I^2 X_C = -\frac{U_C^2}{X_C} \tag{3.66}$$

注意：电容性无功功率取负值，电感性无功功率取正值，仅仅用来区别电路属性。

【练一练 3.11】 把一个 57.8 μF 电容器接在 $u = 220\sqrt{2}\sin(100\pi t - 60°)$ V 的电源上，求电容器的有功功率和无功功率。

3.5.4 RLC 串联电路的功率

（1）瞬时功率

如图 3.21(a) 所示为 RLC 串联电路框图，假设电压、电流为：

$$u = \sqrt{2} U \sin(\omega t + \Psi), \quad i = \sqrt{2} \sin \omega t$$

3.5.4 视频

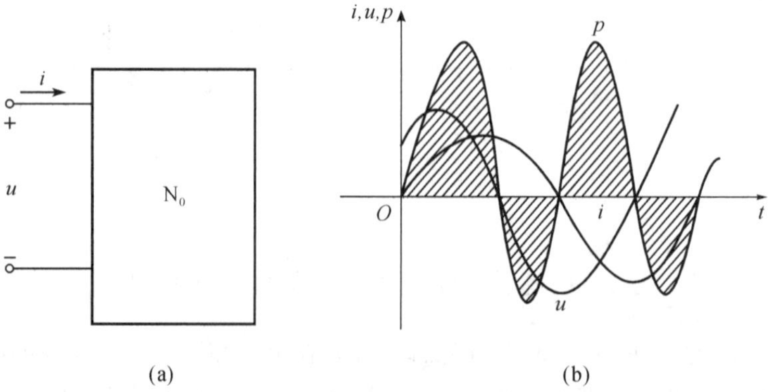

图 3.21 RLC 电路框图和电压、电流、瞬时功率波形图

电路的瞬时功率 p 等于电压 u 与电流 i 的乘积,有:

$$p = ui = \sqrt{2}U\sin(\omega t + \Psi)\sqrt{2}I\sin\omega t \qquad (3.67)$$
$$= UI\cos\Psi - UI\cos(2\omega t + \Psi)$$

由式(3.67)可见,第一项 $UI\cos\Psi$ 为固定值,与时间无关,第二项 $UI\cos(2\omega t + \Psi)$ 是随时间按 2ω 变化的正弦量,其波形如图 3.21(b)所示。总的来说,瞬时功率是随时间不断变化的,实际意义并不大。

(2) 平均功率(有功功率)P

根据平均功率的定义,有:

$$P = \frac{1}{T}\int_0^T p\,\mathrm{d}t = \frac{1}{T}\int_0^T [UI\cos\Psi - UI\cos(2\omega t + \Psi)]\mathrm{d}t \qquad (3.68)$$
$$= UI\cos\Psi = UI\cos\varphi$$

由式(3.68)可以看出 RLC 串联电路实际消耗的功率不仅与电压、电流的有效值大小有关,而且与电压、电流的相位差有关,电压与电流的相位差 Ψ 与阻抗角 φ 相等,也可以说与阻抗角有关。

从另一角度看,因 RLC 串联电路中实际只有电阻元件消耗功率,所以平均功率可以只用电阻的平均功率表示,则有:

$$P = P_\mathrm{R} = U_\mathrm{R}I = I^2R = \frac{U_\mathrm{R}^2}{R} \qquad (3.69)$$

(3) 无功功率 Q

根据无功功率的定义,因 RLC 串联电路中实际只有电感、电容元件和电源(或外电路)之间进行能量交换,所以无功功率可以只用电感和电容的无功功率表示,则有:

$$Q = Q_\mathrm{L} + Q_\mathrm{C} = U_\mathrm{L}I - U_\mathrm{C}I = I^2X_\mathrm{L} - I^2X_\mathrm{C} = \frac{U_\mathrm{L}^2}{X_\mathrm{L}} - \frac{U_\mathrm{C}^2}{X_\mathrm{C}} \qquad (3.70)$$

结合表 3.2 中的电压三角形,有:

$$Q = U_\mathrm{L}I - U_\mathrm{C}I = U_\mathrm{X}I \qquad (3.71)$$
$$= UI\sin\varphi$$

由式(3.71)可以看出 RLC 串联电路无功功率不仅与电压、电流的有效值大小有关,而且与阻抗角 φ(电压、电流的相位差 Ψ)有关。

(4) 视在功率 S

工程应用中,一般会给出设备的额定电压和额定电流,定义电压有效值与电流有效值的乘积为电路的视在功率,用 S 表示,即:

$$S = UI \qquad (3.72)$$

视在功率用来表示电力设备容量的大小,也就是为了确保电路能正常工作,外电路需传入的能量或容量。为了反映与有功功率、无功功率的区别,在国际单位制(SI)中,视在功率的单位用伏·安(V·A)表示,常用单位有千伏·安(kV·A)。

(5) 功率三角形和功率因数

结合式(3.68)、式(3.71)和式(3.72),有功功率 P、无功功率 Q、视在功率 S 之间存在着下列关系：

$$S^2 = P^2 + Q^2 \qquad (3.73)$$

可见 P、Q、S 可以构成一个直角三角形,称之为功率三角形,其中 φ 为阻抗角,如图 3.22 所示。功率三角形与表 3.2 中的阻抗三角形和电压三角形同为相似三角形。

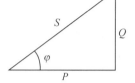

图 3.22 功率三角形

由图 3.22 可以看出,$P = S\cos\varphi$,消耗的有功功率仅仅是视在功率的一部分,也就是设备真正对电源功率的利用与 $\cos\varphi$ 有关,$\cos\varphi$ 被称之为功率因数,通常用 λ 表示,指设备对电源功率的利用程度。

以日常生产中使用的电动机举例,铭牌参数如图 3.23 所示,这台电动机额定功率 40 W,额定电压 220 V,额定电流 0.38 A。

这里 40 W 是额定有功功率 P,额定视在功率 $S =$ 额定电压 × 额定电流 $= 220$ V × 0.38 A $= 83.6$ VA。83.6 显然是大于 40 的,原因在于,电动机内不仅仅存在电阻这样的耗能元件,还存在电感、电容这样的储能元件,所以,外电路在提供它正常工作所需的有功功率 40 W 之外,同时还应有一部分能量被贮存在电感、电容等元件中(无功功率),只有这样电动机才能正常工作。

图 3.23 电动机铭牌

图 3.23 标识的电机的有功功率与视在功率的比值是 $40/83.6 \approx 0.478$,也就是功率因数 λ 为 0.478,说明该电机对电源功率的利用率为 47.8%。

注意:有功功率 P、无功功率 Q、视在功率 S 之间满足式(3.73)所示的勾股定理关系,切记 $P + Q \neq S$!

为了便于分析应用,把上述 RLC 电路功率知识点总结如表 3.3 所示。

表 3.3 RLC 电路功率知识点总结表

瞬时功率	$p = ui$
平均功率 (有功功率)	$P = UI\cos\varphi = P_R = U_R I = I^2 R = \dfrac{U_R^2}{R}$ 单位:W, kW
无功功率	$Q = UI\sin\varphi = Q_L + Q_C = U_L I - U_C I = I^2 X_L - I^2 X_C = \dfrac{U_L^2}{X_L} - \dfrac{U_C^2}{X_C}$ 单位:var, kvar
视在功率	$S = UI = \sqrt{P^2 + Q^2}$ 单位:V·A, kV·A

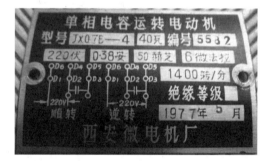

功率三角形

【例题 3.7】 R、L 串联电路中,已知 $f=50$ Hz,$R=300$ Ω,电感 $L=1.65$ H,端电压的有效值 $U=220$ V。试求电路的功率因数、有功功率、无功功率。

【解】 电路的阻抗:

$$\begin{aligned}Z &= R + jX_L = R + j\omega L = R + j2\pi f L \\&= 300 + j2\pi \times 50 \times 1.65 \\&= 300 + j518.1 \\&= 598.7\angle 60° \text{ Ω}\end{aligned}$$

由阻抗角 $\varphi = 60°$,得功率因数为 $\lambda = \cos\varphi = \cos 60° = 0.5$

电路中电流的有效值为:

$$I = \frac{U}{|Z|} = \frac{220}{598.7} = 0.367 \text{ A}$$

有功功率为: $P = UI\cos\varphi = 220 \times 0.367 \times 0.5 \approx 40.4$ W

无功功率为: $Q = UI\sin\varphi = 220 \times 0.367 \times 0.866 \approx 69.9$ var

3.5.5 功率因数的提高

(1) 提高功率因数的意义

功率因数 $\cos\varphi$ 是衡量电气设备效率高低的一个系数,它的大小与电路负载性质有关。如白炽灯泡、电阻炉等电阻性负载,电压、电流同相,阻抗角 $\varphi \approx 90°$,功率因数接近1,在工作过程中主要吸收有功功率用来做功,电源容量的利用率高;如电动机、变压器、日光灯等电感性负载,电压超前电流,阻抗角 $\varphi < 90°$,功率因数都小于1,在运行过程中用于交变磁场转换的无功功率大,电源容量的利用率低,若要充分利用电源容量,应提高电路的功率因数。

功率因数还影响输电线路的电能损耗和电压损耗,根据 $I = \dfrac{P}{U\cos\varphi}$,在电源电压一定、设备有功功率一定的情况下,功率因数 $\cos\varphi$ 越小,电流 I 越大,输电线路上功率损耗 $\Delta P = I^2 r$ 也会大大升高;同时,输电线路上的压降 $\Delta U = Ir$ 也会增加,实际加到负载上的电压会降低,影响负载的正常工作。

可见,提高功率因数是十分必要的,既能够使发电设备容量得到充分利用,提高供电质量,又可以减少输电线路上的能量损耗,节约电能。

(2) 提高功率因数的方法

功率因数不高,根本原因就是在电力系统中绝大部分设备都是电感性负载,比如生产中常用的异步电动机,在额定负载工作时的功率因数约为 0.7~0.9,如果轻载工作时功率因数会更低。

常用的提高功率因数的方法就是在电感性负载两端并联电容。如图 3.24 所示,一感性负载 Z,接在电压为 $\dot{U}$ 的电源上,其有功功率为 P,功率因数为 $\cos\varphi_1$,在负载 Z 的两端并联电容 C 可将电路的功率因数提高到 $\cos\varphi_2$。

如图 3.25 所示,设电路的有功功率为 P,并联电容 C 之前阻抗角为 φ_1,电路的无功功率

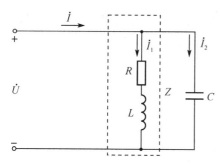

图 3.24 感性负载并联电容

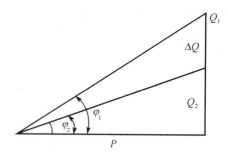

图 3.25 并联电容前后电路无功功率关系

为 $Q_1 = P\tan\varphi_1$；并联电容 C 之后阻抗角为 φ_2，电路的无功功率 $Q_2 = P\tan\varphi_2$，则电路的无功功率减少量为：

$$\Delta Q = P(\tan\varphi_1 - \tan\varphi_2) \tag{3.74}$$

并联电容 C 后，保证负载工作性能不变，负载所必须的能量交换由在负载和电源之间进行，变成在负载和电容之间进行，也就是电路无功功率的减少量 ΔQ 是由并联的电容提供的无功功率 Q_C 来进行补偿的，有 $\Delta Q = Q_C$。

并联电容提供的无功功率 $Q_C = I_2^2 X_C = \dfrac{U^2}{X_C} = U^2\omega C$，进而可算出需要并联的电容容值为：

$$C = \dfrac{P}{\omega U^2}(\tan\varphi_1 - \tan\varphi_2) \tag{3.75}$$

并联电容后，负载本身的功率因数 $\cos\varphi_1$、工作电压和电流都不改变，只是整个电路的功率因数得到提高，电源输出的无功功率减少，提高了电源容量的利用率。

【**例题 3.8**】 有一台 220 V，50 Hz，100 kW 的电动机，功率因数为 0.8。(1)在使用时，电源提供的电流是多少？无功功率是多少？(2)如欲使功率因数达到 0.85，需要并联的电容器电容值是多少？此时电源提供的电流是多少？无功功率是多少？

【**解**】 (1)由于有功功率为：

$$P = UI\cos\varphi$$

所以电源提供的电流为：

$$I = \dfrac{P}{U\cos\varphi_1} = \dfrac{100\times 10^3}{220\times 0.8} = 568.18\ \text{A}$$

电路的无功功率为：

$$Q = UI\sin\varphi_1 = 220\times 568.18\times \sqrt{1-0.8^2} = 75.0\ \text{kvar}$$

(2)要使功率因数提高到 0.85，所需电容容量为：

$$C = \dfrac{P}{\omega U^2}(\tan\varphi_1 - \tan\varphi_2) = \dfrac{P}{2\pi f U^2}(\tan\varphi_1 - \tan\varphi_2)$$

$$= \dfrac{100\times 10^3}{2\pi\times 50\times 220^2}(0.75 - 0.62) = 855.4\ \mu\text{F}$$

此时,电源提供的电流为:

$$I = \frac{P}{U\cos\varphi_2} = \frac{100 \times 10^3}{220 \times 0.85} = 534.76 \text{ A}$$

电路的无功功率有:

$$Q = UI\sin\varphi_2 = 220 \times 534.76 \times \sqrt{1-0.85^2} = 61.97 \text{ kvar}$$

可见,用电容进行无功功率补偿时,可以使电路的电流减小,减少输电线路上的能量损耗,节约电能;同时,减少电路的无功功率,提高发电设备容量的利用,从而提高供电质量。

3.6 三相交流电源

3.6 课件

各种发电厂的发电机发出的电都是三相正弦交流电,与单相交流电相比,具有如下优点:三相交流发电机比同功率的单相交流发电机体积小、重量轻、成本低;在远距离输电时,输送相同的功率、电压,采用三相输电比单相输电可以节省25%左右的材料;驱动的负载三相异步电动机具有结构简单、价格低廉、性能良好、工作可靠等优点。因此,生产中更为广泛使用的是三相交流电。而且,通常使用的单相交流电也是从三相交流系统中获得的,无需独立产生。

3.6.1 对称三相电动势

三相交流发电机原理示意图如图3.26(a)所示,它是由定子和转子组成。
定子中放置3个绕组,匝数和结构完全相同,每个绕组的始端(也叫相头)分别标以英文字母U_1、V_1、W_1,末端(也叫相尾)分别标以英文字母U_2、V_2、W_2,则3个绕组分别为U_1U_2、V_1V_2、W_1W_2,如图3.26(b)所示。每个绕组称为一相,由图3.26(a)可见,三相绕组在空间位置上彼此相隔120°,对称地嵌放在静止不动的定子中。

3.6.1 视频

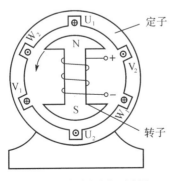
(a) 三相交流发电机示意图

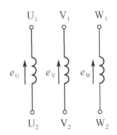
(b) 三相绕组及其电动势

图 3.26 三相交流发电机

绕有励磁绕组的磁极称为转子,做成特殊的极靴形状,当转子旋转时,定子和转子的气隙磁场可按正弦规律变化。

当原动机拖动发电机转子转动时,三相绕组与气隙中正弦规律变化的磁场相互作用,依次切割磁力线感应出幅值相等、角频率相同、相位互差120°的3个单相交流电动势,这样一组电动势也称对称三相电动势,产生的交流电源称之为三相交流电源。

若以 U 相电动势作为参考正弦量(即初相设为零),e_V 比 e_U 滞后120°、e_W 比 e_V 滞后120°,则对称三相电动势的瞬时值表达式为:

$$\begin{cases} e_U = E_m \sin \omega t \\ e_V = E_m \sin(\omega t - 120°) \\ e_W = E_m \sin(\omega t - 240°) = E_m \sin(\omega t + 120°) \end{cases} \quad (3.76)$$

对称三相电动势的有效值相量表达式为:

$$\begin{cases} \dot{E}_U = E \angle 0° = E \\ \dot{E}_V = E \angle -120° = E\left(-\dfrac{1}{2} - j\dfrac{\sqrt{3}}{2}\right) \\ \dot{E}_W = E \angle 120° = E\left(-\dfrac{1}{2} + j\dfrac{\sqrt{3}}{2}\right) \end{cases} \quad (3.77)$$

对称三相电动势如用波形和相量图表示,则如图 3.27(a)、(b)所示。

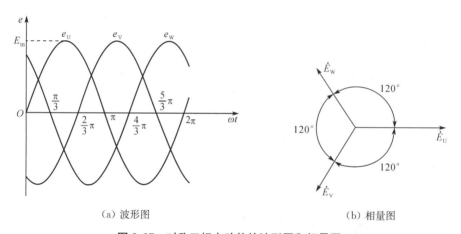

(a) 波形图　　　　　　　　　　(b) 相量图

图 3.27　对称三相电动势的波形图和相量图

由式(3.76)、式(3.77)或图 3.27 可知,对称三相电动势的瞬时值之和以及相量之和都等于零,即:

$$e_U + e_V + e_W = 0 \quad (3.78)$$

$$\dot{E}_U + \dot{E}_V + \dot{E}_W = 0 \quad (3.79)$$

在实际工作中经常提到三相交流电的相序,所谓相序就是各相电动势到达相同值(如正峰值、零值、负峰值等)的先后次序。在图 3.27(a)中,三相电动势到达正峰值的顺序为 e_U、e_V、e_W,其相序为 U—V—W—U,这样的相序称为正序(或称顺序),反之 U—W—V—U 称为负序(或称逆序)。

相序在某些场合很重要,如可决定电动机的运转方向。三相电源按照正序接入三相异步电机时,电动机正转;按照负序接入三相异步电机时,电动机则反转。

注意:为使电力系统安全可靠地运行,在变配电的母线上一般都以黄、绿、红三种颜色,明确对应表示 U 相、V 相和 W 相。

3.6.2 三相电源的连接

(1) 三相电源星形(Y)连接

如图 3.28(a)所示,将发电机三绕组的末端 U_2、V_2、W_2 接在一起成为一个公共点,这种连接方式称为星形(Y)连接,三相绕组共同的连接点称为中性点或零点,用字母 N 表示。

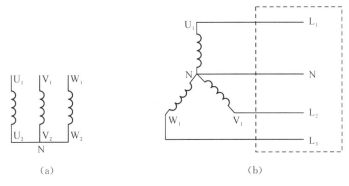

图 3.28 三相电源 Y 形连接

目前供电系统中提供的三相电源就是采用的这种连接方式,如图 3.28(b)所示,从中性点 N 引出的导线称为中线,俗称零线,用字母 N 表示;从三相绕组始端 U_1、V_1、W_1 引出的三根导线称为相线,俗称火线,分别用字母 L_1、L_2、L_3 表示。

因为由三根相线和一根中线共四根导线提供 U、V、W 三相电,所以称为三相四线制供电系统,在后面的课程或工程应用中,只需要绘制图 3.28(b)中虚线框内四线即可表示所用的三相交流电源。

当然,有时候三相交流电源的中线不一定要引出,就只有三根相线,称为三相三线制,有关这一点在低压动力系统对称三相负载电路和高压输电的内容中再作相应介绍。

星形连接方式的供电系统中有两种电压可提供给负载使用,如图 3.29 所示。其中,每一相绕组始末端的电压称为相电压,也就是相线与中线 L_1N、L_2N、L_3N 之间的电压,分别用

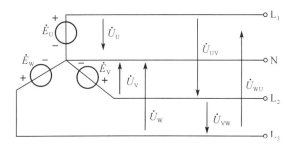

图 3.29 三相四线制供电系统的相电压和线电压

u_U, u_V, u_W 表示瞬时值,相量形式为 $\dot{U}_U, \dot{U}_V, \dot{U}_W$,有效值用 U_U, U_V, U_W 表示,当 3 个相电压对称时有效值相等,用 U_P 表示相电压有效值。

如忽略发电机绕组的内阻压降时,每一个相电压都和对应的电源电动势是相等的,有:

$$\dot{U}_U = \dot{E}_U; \dot{U}_V = \dot{E}_V; \dot{U}_W = \dot{E}_W \quad (3.80)$$

因为三相电动势是对称的(式 3-77),所以 3 个相电压也是对称的,有:

$$\begin{cases} \dot{U}_U = U_P \angle 0° \\ \dot{U}_V = U_P \angle -120° \\ \dot{U}_W = U_P \angle 120° \end{cases} \quad (3.81)$$

任意两根相线 L_1L_2、L_2L_3、L_3L_1 之间的电压称为线电压,分别用 u_{UV}, u_{VW}, u_{WU} 表示瞬时值,相量形式为 $\dot{U}_{UV}, \dot{U}_{VW}, \dot{U}_{WU}$,有效值用 U_{UV}, U_{VW}, U_{WU} 表示,当 3 个线电压对称时有效值相等,用 U_L 表示线电压有效值。

根据基尔霍夫电压定律,分析图 3.29 中任意两根相线之间构成的假象闭合回路,$L_1\dot{U}_U\dot{U}_VL_2$、$L_2\dot{U}_V\dot{U}_WL_3$、$L_3\dot{U}_W\dot{U}_UL_1$,可知三相电源 Y 形连接时线电压和相电压的相量关系有:

$$\begin{cases} \dot{U}_{UV} = \dot{U}_U - \dot{U}_V \\ \dot{U}_{VW} = \dot{U}_V - \dot{U}_W \\ \dot{U}_{WU} = \dot{U}_W - \dot{U}_U \end{cases} \quad (3.82)$$

根据式(3.82)可作出线电压和相电压的相量图,如图 3.30 所示。

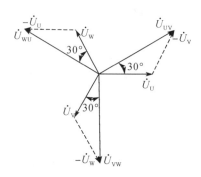

由图 3.30 可见 3 个线电压 $\dot{U}_{UV}, \dot{U}_{VW}, \dot{U}_{WU}$ 有效值相等,相位互差 120°,而频率也是相等的(后面遇到类似分析不再讨论频率),因此它们是对称的;同时,线电压有效值是对应相电压有效值的 $\sqrt{3}$ 倍,即:

$$U_L = \sqrt{3} U_P \quad (3.83)$$

图 3.30 线电压和相电压相量关系图

在相位上,线电压超前对应相电压 30°,线电压和相电压的关系可用相量表示为:

$$\begin{cases} \dot{U}_{UV} = \sqrt{3}\dot{U}_U \angle 30° \\ \dot{U}_{VW} = \sqrt{3}\dot{U}_V \angle 30° \\ \dot{U}_{WU} = \sqrt{3}\dot{U}_W \angle 30° \end{cases} \quad (3.84)$$

【练一练 3.12】已知电源相电压如式(3.81)所示,根据线电压和相电压的关系,写出对应 3 个线电压相量表达式。

在我国低压供电系统中,同时提供一组对称的线电压和一组对称的相电压,常写作"电源电压 380 V/220 V"。相电压 220 V 作为市民用电,供照明、家用电器和额定电压为 220 V 的小容量负载使用;线电压 380 V($380=220\sqrt{3}$)作为动力用电,供三相电动机和额定电压为 380 V 的大容量负载使用。

注意:如不特别说明,一般所说的三相电压,均指三相线电压,如供配电中的 10 kV 就是指线路中的线电压。

(2) 三相电源三角形(△)连接

把发电机三绕组首尾 U_2V_1、V_2W_1、W_2U_1 相接,构成闭合回路,然后从 3 个连接点引出 3 根供电线,就构成三相电源的三角形(△)连接,如图 3.31 所示。很明显,当三相绕组三角形连接时,线电压就是相应的相电压,只能提供一种电压。

3.6.2视频(2)

另一方面,若三相电源为三相对称电动势,则 3 个线电压之和为零,所以当采用这种连接方法时,在绕组内部不会产生环形电流。反之,如果绕组始末端接反,3 个线电压之和不为零,电源内阻抗又很小,则会导致电源内部电流过大,烧坏电源(或变压器)绕组,产生不良后果。

注意:实际供电系统中发电机三相绕组都接成星形而不接成三角形;三相变压器的三相绕组,则两种接法都有。

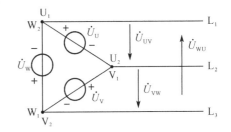

图 3.31 三相电源△形联接

【练一练 3.13】 当发电机的三相绕组接成星形时,已知线电压 $u_{UV}=380\sqrt{2}\sin(\omega t-30°)$ V,试写出其他两个线电压和 3 个相电压的瞬时表达式。

3.7 三相负载电路

3.7课件

交流电路中单相负载运行只需要取三相电源中的一相供电,如电灯和许多家用电器等;三相负载运行则需要三相电源同时供电,如三相异步电机、三相整流装置等,如图 3.32 所示。单相负载的分析是前面单相交流电路分析方法的具体应用,不再赘述,本小节内容主要介绍三相负载分析的相关知识。

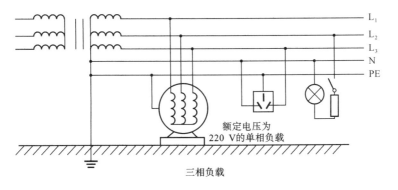

图 3.32 三相电路负载的连接

三相负载是由3个部分组成的,每一个部分称为一相负载,如果每相负载阻抗相等,即 $Z_U = Z_V = Z_W = Z = |Z|\angle\varphi_Z$,则称为对称三相负载,如三相异步电动机。三相负载在电路中可接成 Y 形连接,也可接成△形连接。将对称三相电源与对称三相负载进行连接就形成了对称三相电路。

3.7.1　负载 Y 形连接的三相电路

把三相负载的末端连接在一起,连接点用字母 N′表示,接到三相电源的中线 N 上,三相负载的首端分别接到三相电源的三根相线 L_1、L_2、L_3 上,这种连接方式称为三相负载的星形(Y 形)连接,如图 3.33 所示,是三相四线制电路的典型应用。

三相电路中,通过每一相绕组的电流是相电流,图 3.33 中虚线框内的 3 个电流 $\dot{I}_U$、$\dot{I}_V$、$\dot{I}_W$ 是相电流;流过相线中的电流是线电流,虚线框外的 3 个电流 $\dot{I}_U$、$\dot{I}_V$、$\dot{I}_W$ 是线电流。Y 形连接时,不论负载是否对称,线电流总是等于对应的相电流。

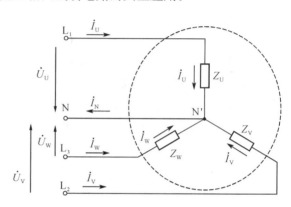

图 3.33　三相负载的星形连接

三相电路中,负载两端的电压称为负载的相电压。Y 形连接时,若忽略输电线上的电压降,不论负载是否对称,负载的相电压总是等于对应电源的相电压,因此,负载相电压是对称的。

当三相负载不对称时,各相可当作单相交流电路分析,各相的相电流为:

$$\begin{cases} \dot{I}_U = \dfrac{\dot{U}_U}{Z_U} \\ \dot{I}_V = \dfrac{\dot{U}_V}{Z_V} \\ \dot{I}_W = \dfrac{\dot{U}_W}{Z_W} \end{cases} \quad (3.85)$$

如果三相负载是对称的,那么流过每相负载的相电流也是对称的,即有效值相等,相位互差 120°,这种情况,只需计算式(3.85)中任意一相相电流即可,其他两相相电流可根据对称性直接写出。

【**例题 3.9**】　一组对称三相星形负载,每相阻抗 $Z = 6 + j8 = 10\angle 53°\ \Omega$,接于线电压为 380 V 的对称三相电源上,试求各相电流。

【**解**】　由于是星形负载,负载相电压等于电源相电压。

已知 $U_L = 380\ V$,有 $U_P = \dfrac{U_L}{\sqrt{3}} = \dfrac{380\ V}{\sqrt{3}} = 220\ V$

设 U 相为参考正弦量,则:

$$\dot{U}_{\mathrm{U}} = 220\angle 0° \text{ V}$$

U 相相电流为：
$$\dot{I}_{\mathrm{U}} = \frac{\dot{U}_{\mathrm{U}}}{Z} = \frac{220\angle 0°}{10\angle 53°} = 22\angle -53° \text{ A}$$

根据对称性，可得其他两相的相电流为：
$$\dot{I}_{\mathrm{V}} = 22\angle -53°\angle -120° = 22\angle -173° \text{ A}$$
$$\dot{I}_{\mathrm{W}} = 22\angle -53°\angle 120° = 22\angle 67° \text{ A}$$

在三相负载对称的电路中，相电流是对称的，线电流也是对称的，分别用 I_{P} 和 I_{L} 表示相电流和线电流的有效值，有：

$$I_{\mathrm{L}} = I_{\mathrm{P}} = \frac{U_{\mathrm{P}}}{|Z|} \tag{3.86}$$

3.7.1 视频(2)

图 3.33 中流过中线的电流 $\dot{I}_{\mathrm{N}}$ 为中线电流，根据 KCL 得出中线电流为：

$$\dot{I}_{\mathrm{N}} = \dot{I}_{\mathrm{U}} + \dot{I}_{\mathrm{V}} + \dot{I}_{\mathrm{W}} \tag{3.87}$$

三相负载对称的电路中，3 个相电流是对称的，它们之和必为零，因此，中线电流也等于零，即：

$$\dot{I}_{\mathrm{N}} = 0 \tag{3.88}$$

在这种情况下，由于中线没有电流，可以省去，对电路没有影响，称为星形连接的三相三线制电路，如图 3.34 所示。

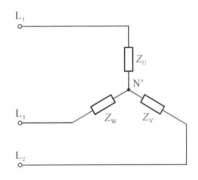

图 3.34 对称负载三相三线制连接

在实际应用中，三相异步电机是典型的对称负载，因此，接线时只需要将电机 3 个对外端子与 3 根相线相连即可。其中，相电流是对应电机内部绕组的电流，线电流是电机与电源之间所接导线的电流，两者相等。

三相电路在接近对称负载下运行，对供电系统的经济性和安全运行是有益的。城市居民电网中，照明等单相负载一般接近均匀地分配在三相电路中，如图 3.35 虚线右侧部分所示。但是实际中，各相所接负载的个数及额定功率不完全相同，而且也不能保证它们同时工作，或者工作时某相所接负载突然出现短路或者断路故障，这些都会形成 Y 形连接三相不对称负载电路，如图 3.35 虚线左半部所示。

如果中线省去或断开，各负载的相电压就不再等于电源相电压，计算和测量都证明，阻抗较小的负载相电压降低，导致用电设备不能正常工作；阻抗较大的负载相电压升高，则可能会烧坏用电设备。

此时，中线的存在可以保证每相负载相电压恒为电源相电压（图 3.33），三相电路成为 3 个独立回路，彼此不会相互影响。所以，在三相负载不对称的低压供电系统中，中线非常重要不能省去。为了保证负载不对称电路的可靠运行，不允许在中线上安装熔断器或开关，必要时还需用机械强度高的导线做中线，以免意外断开引起事故。

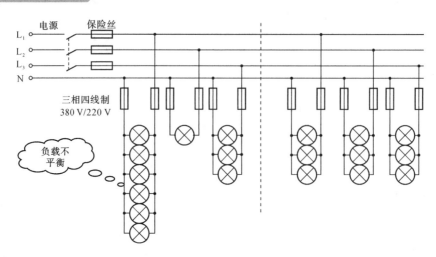

图 3.35　电网中单相负载的分配

负载不对称电路,各相电流的大小不一定相等,相位差不一定为 120°,中线电流也不为零。因此,为了减小中线电流,力求三相负载平衡,应尽量将照明等单相负载平均分配在三相上,而不要集中接在某一相或两相上。

3.7.2　负载△形连接的三相电路

三相负载首尾顺次相接,形成闭合回路,并将 3 个连接点分别接到三相电源的三根相线 L_1、L_2、L_3 上,这种连接方式称为三相负载的三角形(△形)连接,如图 3.36 所示。

△形连接的三相负载在接线时只需要将 3 个对外端子与三根相线相连即可,即一定是三相三线制电路。

由图 3.36 可见每一相绕组中的电流 $\dot{I}_{UV}$、$\dot{I}_{VW}$、$\dot{I}_{WU}$ 为相电流,连接点与相线中的电流 $\dot{I}_U$、$\dot{I}_V$、$\dot{I}_W$ 为线电流。显然,△形连接时,不论负载是否对称,线电流与相电流是肯定不相等的。

三相负载△形连接时,若忽略输电线上的电压降,不论负载是否对称,负载的相电压总等于对应电源的线电压,因此,负载相电压仍然是对称的。

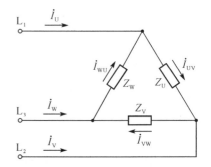

图 3.36　三相负载的三角形连接

当三相负载不对称时,各相可当作单相交流电路分析,各相的相电流有:

$$\begin{cases} \dot{I}_{UV}=\dfrac{\dot{U}_{UV}}{Z_U} \\ \dot{I}_{VW}=\dfrac{\dot{U}_{VW}}{Z_V} \\ \dot{I}_{WU}=\dfrac{\dot{U}_{WU}}{Z_W} \end{cases} \tag{3.89}$$

如果三相负载是对称的,那么流过每相负载的相电流也是对称的,即有效值相等,有:

$$I_P = \frac{U_L}{|Z|} \quad (3.90)$$

同时,相位互差120°,这种情况,只需计算式(3.89)中任意一相相电流即可,其他两相相电流可根据对称性直接写出。

无论负载是否对称,用KCL分析图3.36中负载的3个连接点,可得线电流和相电流的相量关系为:

$$\begin{cases} \dot{I}_U = \dot{I}_{UV} - \dot{I}_{WU} \\ \dot{I}_V = \dot{I}_{VW} - \dot{I}_{UV} \\ \dot{I}_W = \dot{I}_{WU} - \dot{I}_{VW} \end{cases} \quad (3.91)$$

如果负载是对称的(相电流是对称的),根据式(3.91)可作出线电流和相电流的相量图,如图3.37所示。

由图3.37可见,3个线电流 $\dot{I}_{UV}, \dot{I}_{VW}, \dot{I}_{WU}$ 有效值相等,相位互差120°,因此它们也是对称的,且线电流有效值是对应相电流有效值的 $\sqrt{3}$ 倍,即:

$$I_L = \sqrt{3} I_P \quad (3.92)$$

在相位上,线电流滞后对应相电流30°,线电流和相电流的关系可用相量表示为:

$$\begin{cases} \dot{I}_U = \sqrt{3} \dot{I}_{UV} \angle -30° \\ \dot{I}_V = \sqrt{3} \dot{I}_{VW} \angle -30° \\ \dot{I}_W = \sqrt{3} \dot{I}_{WU} \angle -30° \end{cases} \quad (3.93)$$

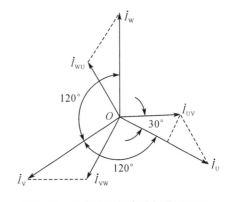

图3.37 线电流和相电流相量关系图

【例题3.10】 一组对称三相三角形负载,每相阻抗 $Z = 6 + j8 = 10\angle 53° \Omega$,接于线电压为380 V的对称三相电源上,试求各相电流以及线电流。

【解】 因为是三角形负载,所以负载相电压等于电源线电压。

设UV的线电压为参考正弦量,则:

$$\dot{U}_{UV} = 380\angle 0° \text{ V}$$

UV相电流为
$$\dot{I}_{UV} = \frac{\dot{U}_{UV}}{Z} = \frac{380\angle 0°}{10\angle 53°} = 38\angle -53° \text{ A}$$

根据相电流的对称性,可得其他两个相电流为:

$$\dot{I}_{VW} = 38\angle -53°\angle -120° = 38\angle -173° \text{ A}$$
$$\dot{I}_{WU} = 38\angle -53°\angle 120° = 38\angle 67° \text{ A}$$

根据式(3.93)表达的线电流和相电流的关系,可得3个线电流为:

$$\begin{cases} \dot{I}_U = \sqrt{3} \times 38\angle -53° \angle -30° = 38\sqrt{3} \angle -83° \text{ A} \\ \dot{I}_V = \sqrt{3} \times 38\angle -173° \angle -30° = 38\sqrt{3} \angle -203° = 38\sqrt{3} \angle 157° \text{ A} \\ \dot{I}_W = \sqrt{3} \times 38\angle 67° \angle -30° = 38\sqrt{3} \angle 37° \text{ A} \end{cases}$$

对照【例题3.10】和【例题3.9】可以看出,同一电机接到同一电源上,△形连接时负载相电压是Y形连接时负载相电压的$\sqrt{3}$倍(380=$\sqrt{3}$×220);△形连接时相电流是Y形连接时相电流的$\sqrt{3}$倍(38=$\sqrt{3}$×22);△形连接时线电流是Y形连接时线电流的3倍(38$\sqrt{3}$=3×22)。

实际应用中,我们如何选择负载的连接方式,取决于负载的额定电压和电源电压的数值,务必使负载所承受的电压等于其额定电压。以"380 V/220 V"电源系统为例,具体为:

① 当使用额定电压为220 V的单相负载时,应把它直接接在电源的相线与中线之间;

② 当使用额定电压为380 V的单相负载时,应把它直接接在电源的相线与相线之间;

③ 如果使用额定电压为220 V的对称三相负载时,额定电压等于电源相电压,则应接成Y形连接;

④ 如果使用额定电压为380 V的对称三相负载时,额定电压等于电源线电压,则应接成△形连接。

3.7.2 视频(2)

一般情况下,在三相电动机铭牌上标识的电压是指电源线电压,根据标识的连接方式,可以推算出电动机绕组上的额定电压。

如图3.38所示,则表示电动机应作△形连接,该电动机绕组额定电压是380 V;如图3.39所示,则表示电动机应作Y形连接,该电动机绕组额定电压是220 V;如图3.40所示,

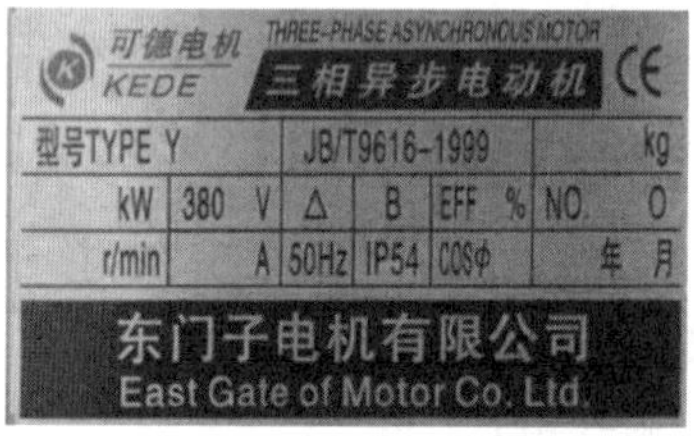

图3.38 "380 V△"电机铭牌

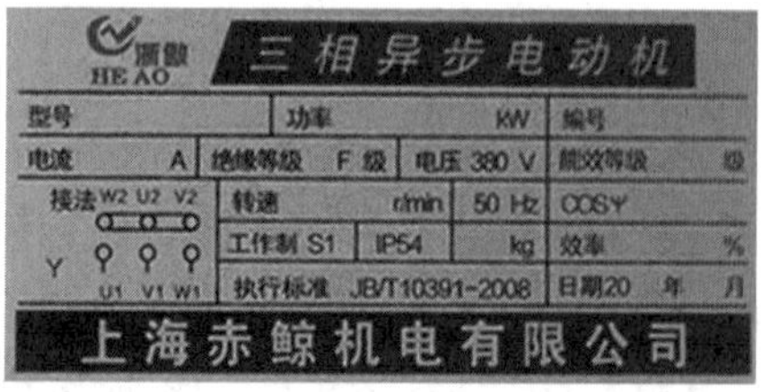

图3.39 "380 VY"电机铭牌

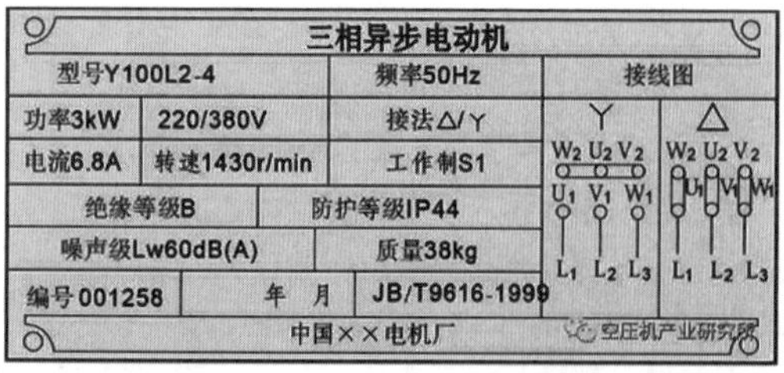

图3.40 "△/Y,220 V/380 V"电机铭牌

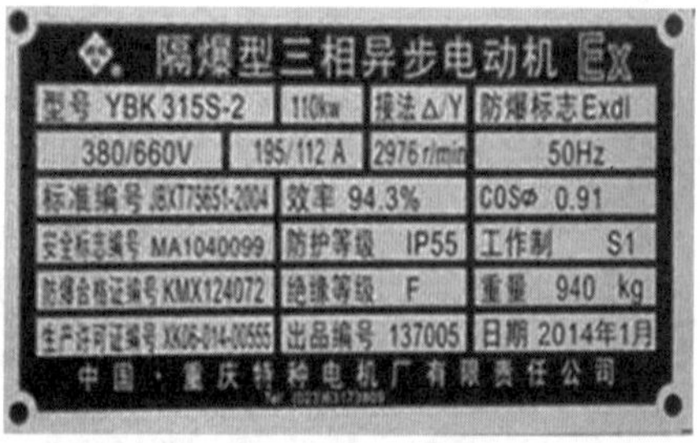

图3.41 "△/Y,380/660 V"电机铭牌

则表示电动机在电源线电压为 220 V 时作△形连接,电源线电压为 380 V 时作 Y 形连接,可以分析出不管哪种连接方式,该电动机绕组额定电压都是 220 V;如图 3.41 所示,则表示电动机在电源线电压为 380 V 时作△形连接,电源线电压为 660 V 时,作 Y 形连接,可以分析出不管哪种连接方式,该电动机绕组额定电压都是 380 V。

上述铭牌中图 3.40 和图 3.41 标识的电压和连接方式,是指在不同的电源线电压下电机应该采取的连接方式,与后面第 7 章的 Y-△降压启动不是一个概念。Y-△降压启动必须满足正常运行时绕组应接成△形(如图 3.38、图 3.40 和 3-41 中分别对应的"△,220 V"和"△,380 V"),启动时先用 Y 形接法,降低电路中的相电流和线电流,电动机启动后,切换成△形接法进行正常运转,有效保护电机以及电路系统,防止启动电流过大,避免烧毁电路。

3.7.3 三相电路中的功率

在三相交流电路中,不论三相负载采用 Y 形连接还是△形连接,不论三相负载是否对称,三相负载总的有功功率都为各相负载有功功率之和,有:

$$P = P_U + P_V + P_W \tag{3.94}$$

根据式(3.68),每相负载的有功功率为:

$$P_P = U_P I_P \cos \varphi_P \tag{3.95}$$

其中,U_P 是负载的相电压有效值,I_P 是负载的相电流有效值,φ_P 是对应负载的阻抗角,也是负载中相电压与相电流的相位差。值得注意的是,Y 形连接时,负载的相电压等于电源的线电压;△形连接时,负载的相电压等于电源的线电压。

不对称负载三相电路中三相电流不对称,每相功率需要分别计算,各相有功功率之和为电路总的三相有功功率。

当负载对称时,每相负载的 U_P、I_P、φ_P 都是相等的,因此,每相有功功率相等,式(3.94)可写成:

$$P = 3U_P I_P \cos \varphi_P \tag{3.96}$$

一般情况下,电器设备铭牌标识的额定电压和电流是指线电压和线电流,而且负载相电压和相电流的测量不如电源线电压和线电流测量方便。因此,将式(3.96)中负载相电压和相电流替换成用电源线电压和线电流表达,这样计算分析三相电路的功率更方便。

当三相负载 Y 形连接时,有 $U_P = \dfrac{U_L}{\sqrt{3}}$,$I_P = I_L$,代入式(3.96),得:

$$P = 3U_P I_P \cos \varphi_P = 3\frac{U_L}{\sqrt{3}} I_L \cos \varphi_P$$

$$= \sqrt{3} U_L I_L \cos \varphi_P$$

当三相负载△形连接时,有 $U_P = U_L$,$I_P = \dfrac{I_L}{\sqrt{3}}$,代入式(3.96),得:

$$P = 3U_P I_P \cos \varphi_P = 3U_L \frac{I_L}{\sqrt{3}} \cos \varphi_P$$

$$= \sqrt{3} U_L I_L \cos \varphi_P$$

由此可见，不论负载是 Y 形连接还是 △ 形连接，如果用电源线电压、线电流表示有功功率都为：

$$P = \sqrt{3} U_L I_L \cos \varphi_P \tag{3.97}$$

式(3.97)中的 φ_P 实质是各相负载的阻抗角，因此，依然是同一相负载中相电压与相电流的相位差，不是电源线电压与线电流的相位差。

同理，可得到三相对称负载无功功率和视在功率的负载相电压与相电流的表达式为：

$$Q = 3U_P I_P \sin \varphi_P \tag{3.98}$$

$$S = 3U_P I_P \tag{3.99}$$

三相对称负载无功功率和视在功率的电源线电压与线电流的表达式为：

$$Q = \sqrt{3} U_L I_L \sin \varphi_P \tag{3.100}$$

$$S = \sqrt{3} U_L I_L \tag{3.101}$$

结合式(3.96)、式(3.98)、式(3.99)[或式(3.97)、式(3.100)、式(3.101)]，有功功率 P、无功功率 Q、视在功率 S 之间存在着下列关系：

$$S^2 = P^2 + Q^2 \tag{3.102}$$

注意，在求对称三相电路的三相功率时，首先明确用电源线电压、线电流还是负载相电压、相电流表示功率，不能混用；其次，根据负载是 Y 形连接还是 △ 形连接求解相关电压与电流。

【例题 3.11】 对称三相三线制的线电压为 380 V，每相负载的阻抗为 $Z = 10\angle 53° \Omega$，求负载分别为星形和三角形连接时的三相有功功率、无功功率和视在功率。

【解】（下面解题过程采用电源线电压、线电流求解功率）

（1）负载为星形连接时，

线电流有效值为：$I_L = I_P = \dfrac{U_P}{|Z|} = \dfrac{U_L/\sqrt{3}}{|Z|} = \dfrac{380/\sqrt{3}}{|Z|} = \dfrac{220}{10} = 22$ A

电源线电压有效值为：

$$U_L = 380 \text{ V}$$

则三相有功功率为：

$$P = \sqrt{3} U_L I_L \cos \varphi_P = \sqrt{3} \times 380 \times 22 \times \cos 53° \text{ W} = 8\ 688 \text{ W}$$

三相无功功率为：

$$Q = \sqrt{3} U_L I_L \sin \varphi_P = \sqrt{3} \times 380 \times 22 \times \sin 53° \text{ var} = 11\,584 \text{ var}$$

三相视在功率为：

$$S = \sqrt{3} U_L I_L = \sqrt{3} \times 380 \times 22 \text{ V} \cdot \text{A} = 14\,480 \text{ V} \cdot \text{A}$$

（2）负载为三角形连接时，

线电流有效值为：

$$I_L = \sqrt{3} I_P = \sqrt{3} \frac{U_L}{|Z|} = \sqrt{3} \times \frac{380}{10} \text{ A} = 38\sqrt{3} \text{ A}$$

电源线电压有效值为：

$$U_L = 380 \text{ V}$$

则三相有功功率为：

$$P = \sqrt{3} U_L I_L \cos \varphi_P = \sqrt{3} \times 380 \times 38\sqrt{3} \times \cos 53° \text{ W} = 25\,992 \text{ W}$$

三相无功功率为：

$$Q = \sqrt{3} U_L I_L \sin \varphi_P = \sqrt{3} \times 380 \times 38\sqrt{3} \times \sin 53° \text{ var} = 34\,656 \text{ var}$$

三相视在功率为：

$$S = \sqrt{3} U_L I_L = \sqrt{3} \times 380 \times 38\sqrt{3} \text{ V} \cdot \text{A} = 43\,320 \text{ V} \cdot \text{A}$$

【练一练 3.14】 用负载相电压、相电流的方法求解【例题 3.11】的相关功率。

由【例题 3.11】可见，在电源电压一定的情况下，对于同一负载接到同一电源上，三角形连接的功率是星形连接的功率的 3 倍。若正常工作是星形连接而误接成三角形连接，将因每相负载承受过高电压，过大电流，导致功率过大而烧毁；若正常工作是三角形连接而误接成星形连接，将因每相负载承受过低电压、过小电流，功率过小而不能正常工作。

思考与练习

3.1 已知 $u = 10\sqrt{2} \sin(100t - 90°)$ V, (t 以 s 为单位)

（1）试求出它的幅值、有效值、周期、频率和角频率；

（2）试画出它的波形，并求出 $t = 3.14$ s 时的瞬时值。

3.2 某一正弦交流电的有效值为 20 A, 频率 $f = 60$ Hz, 在 $t_1 = 1/720$ s 时, $i(t_1) = 10\sqrt{6}$ A。

求：(1) 角频率；(2) 电流的最大值 I_m；(3) 初相位；(4) i 的瞬时值表达式。

3.3 一正弦电流的最大值为 $I_m = 15$ A, 频率 $f = 50$ Hz, 初相位为 45°, 试求当 $t = 0.01$ s 时电流的相位及瞬时值。

3.4 写出对应于下列相量的正弦量，并画出它们的相量图（设它们都是工频）。

(1) $\dot{I}_1 = (4+\text{j}3)$ A； (2) $\dot{I}_2 = 30\angle 60°$ A；

(3) $\dot{U}_1 = (3+\text{j}4)$ V； (4) $\dot{U}_2 = 41\angle \dfrac{\pi}{4}$ V。

3.5 若有一电压相量 $\dot{U}=a+\text{j}b$，电流相量 $\dot{I}=c+\text{j}d$，问分别在什么情况下这两个相量同相，电压超前电流 $90°$ 及反相？

3.6 一个 $1\,000\,\Omega$ 的纯电阻负载，接在 $u=311\sin(314t+30°)$ V 的电源上，求负载中电流的有效值和瞬时表达式。

3.7 某电感元件电感 $L=25$ mH，若将它分别接至 50 Hz、220 V 和 5 000 Hz、220 V 的电源上，其初相角都为 $\varphi=60°$，即 $\dot{U}=220\angle 60°$ V，试分别求出电路中的电流 $\dot{I}$ 及无功功率 Q_L。

3.8 线圈电阻为 $30\,\Omega$，电感为 127 mH，接于电压 $u=220\sqrt{2}\sin(314t+20°)$ V 的正弦交流电源上。试求：

（1）线圈的感抗和阻抗；

（2）通过线圈的电流有效值；

（3）有功功率 P、视在功率 S、无功功率 Q 和功率因数 $\cos\varphi$。

3.9 一电容接到工频 220 V 的电源上，测得电流为 0.6 A，求电容器的电容量。若将电源频率变为 500 Hz，电路的电流变为多大？

3.10 如图 3.42 所示移相电路中，已知输入正弦电压 u_1 的频率 $f=300$ Hz，$R=100\,\Omega$。要求输出电压 u_2 的相位要比 u_1 滞后 $45°$，问电容 C 的值应该为多大？如果频率增高，u_2 比 u_1 滞后的角度增大还是减小？

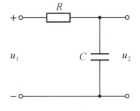

图 3.42 习题 3.10 图

3.11 一 R、L、C 串联电路，它在电源频率 $f=500$ Hz 时发生谐振，谐振时电流为 0.2 A，容抗 X_C 为 $314\,\Omega$，并测得电容电压 U_C 为电源电压 U 的 20 倍。试求该电路的电阻 R 和电感 L。

3.12 在 R、L、C 元件串联的电路中，已知 $R=30\,\Omega$，$L=127$ mH，$C=40\,\mu$F，电源电压 $u=220\sqrt{2}\sin(314t+20°)$ V。（1）求感抗、容抗和阻抗；（2）求电流的有效值 I 与瞬时值 i 的表达式；（3）求功率 P，Q 和 S。

3.13 在 220 V 的线路上，串联有 20 只 40 W、功率因数为 0.5 的日光灯和 100 只 40 W 的白炽灯，求线路总的有功功率、无功功率、视在功率和功率因数。

3.14 星形连接的三相对称负载上的线电压为 380 V，每相负载的电阻为 $12\,\Omega$，感抗为 $16\,\Omega$，求负载的相电压 U、相电流 I_P 和线电流 I_L。

3.15 三角形连接的三相对称负载上的相电压为 220 V，每相负载的电阻为 $16\,\Omega$，感抗为 $12\,\Omega$，求线电压 U_L、相电流 I_P 和线电流 I_L。

3.16 有一三相对称负载，$Z=80+\text{j}60\,\Omega$，分别将其接成星形或三角形，并接到线电压为 380 V 的对称三相电源上，试求：线电压、相电压、线电流和相电流各是多少？

3.17 有一三相电动机，每相的等效电阻 $R=60\,\Omega$，等效感抗 $X_L=80\,\Omega$，试求电动机绕组连成三角形接于 $U_L=220$ V 的三相电源上的相电流、线电流以及从电源输入的功率。

3.18 某发电厂有一 10^5 kW 功率机组发电机,额定运行数据为:线电压 10.5 kV,功率因数 0.8。试计算其线电流、总无功功率及总视在功率。

第 3 章【练一练】答案

第4章　工业企业供电和安全用电

任务引入

随着国民经济的快速发展,电能的应用给工农业生产和人们的生活带来了极大的方便,那么,电能是怎样产生,怎样输送到我们身边的呢?另一方面,在供电、用电过程中,电气事故不断发生,造成人身伤害和设备损坏。所以,对于看不见、不能摸的电,大家都应牢牢掌握安全用电知识,才能避免用电事故的发生。本章的内容从安全出发,旨在加强安全教育,树立"安全第一"的观念,预先了解触电及预防触电措施,对于后续实践操作课程及实际工作有很重要的指导意义。如稍有麻痹或疏忽,一个闪失,就会给人类的生命财产带来巨大危害。

任务导航

- ◆ 了解工业企业供电的全过程;
- ◆ 了解常见触电种类、方式及急救技术;
- ◆ 掌握供电、用电中防止触电的安全措施;
- ◆ 熟悉日常安全用电常识及电路操作的注意事项。

4.1 工业企业供电

4.1 课件

电力系统是将各类型发电厂中的发电机、升降压变压器、输电线路以及各种用电设备组合在一起构成的统一整体。其功能可以实现发电、变电、输电、配电和用电,如图4.1所示。

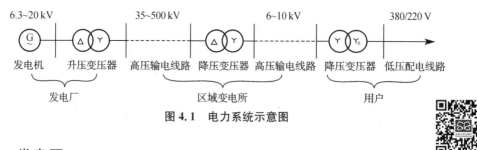

图4.1　电力系统示意图

4.1.1 发电厂

发电厂是把一次能源转换成二次能源(电能)的工厂。一次能源有很多,如煤炭、石油、天然气、水能、原子核能、风能、太阳能、地热等,通过发电设备转换为电能。常见的发电方式有以下几种:火力发电、水力发电、核能发电、风力发电、太阳能热发电、太阳能光发电、磁流体发电、潮汐发电、海洋温差发电、波浪发电、地热发电、生物质能发电等。但是，目前我国大规模的发电方式主要还是火力发电和水力发电，其次是核能发电。

1）火力发电厂

火力发电厂简称火电厂或火电站，如图4.2所示。它是将煤炭、石油、天然气等燃料燃烧，加热锅炉中的水，利用高温高压的水蒸气推动汽轮机，带动与它连轴的发电机发电。该类型发电厂投资小、建造快，但会有废渣、废水、废气，对大气有污染，如图4.3所示。目前，为了提高效率、节省能源，很多火电厂都在考虑综合利用，不仅发电而且供热，因而又称为热电厂或热电站。具体是在汽轮机某一级抽出一部分气来供热，其余的仍冲转汽轮机带动发电机发电，两者可调整，可供热多发电少，也可供热少发电多。

图4.2　火电厂

图4.3　火力发电厂排放的大气污染物

2）水力发电站

水力发电站简称水电厂或水电站，如图4.4所示。它是将水流的位能和动能转变成电能，基本生产过程是：从河流高处或其他水库内引水，利用水的压力或流速冲动水轮机旋转，将重力势能和动能转变成机械能，然后水轮机带动发电机旋转，将机械能转变成电能。目前主要有堤坝式水力发电厂和引水式水力发电厂。该类型发电厂投资大、建造慢，对大气无污染。目前，我国共有水电站约46 758座，大型水电站约50座。三峡水电站，即长江三峡水利枢纽工程，是世界上规模最大的水电站，也是中国有史以来建设最大型的工程项目，总装机容量2 250万kW，年发电量超过847亿kW·h，远远超过位居世界第二的巴西伊泰普水电站。

图4.4　水力发电站

图4.5　核能发电厂

3）核能发电厂

核能发电厂又称为核电厂或核电站，如图 4.5 所示。它是利用核反应堆中核裂变所释放出的热能进行发电，是实现低碳发电的一种重要方式。它与火力发电极其相似，只是以核反应堆及蒸汽发生器来代替火力发电的锅炉，以核裂变能代替矿物燃料的化学能。该类型发电厂投资大、建造快，但必须注意核污染。目前，浙江秦山核电站、广东大亚湾核电站、广东岭澳核电站、江苏田湾核电站是 4 个已在运营的核电站，此外，还有很多在建的和筹建的。截至 2023 年，我国核电发电量已位居全球第二，发电量将逐年增长。

4.1.2　电力网

大中型发电厂多建在产煤地区或水力资源丰富的地区附近，距离用电地区往往是几十千米、几百千米甚至一千千米以上。所以，发电厂生产的电能要用高压输电线送到用电地区，然后再降压分配给各用户。电能从发电厂传输到用户要通过导线系统，该系统称为电力网，简称电网，如图 4.1 所示。电力网是电力系统的一部分，是输电线路和配电线路的总称，是输送电能和分配电能的通道。

电网由各种不同电压等级和不同结构类型的线路组成。按电压的高低可将电网分为低压网、中压网、高压网和超高压网等。电压在 1 kV 以下的称低压网，1～10 kV 的称中压网，10～330 kV 的称高压网，330 kV 及以上的称超高压网。我国国家标准中规定输电线的额定电压为 35 kV、110 kV、220 kV、330 kV、500 kV、750 kV 等。

除此之外，还可根据电压高低和供电范围的大小分为区域电网和地方电网，根据供电地区分为城市电网和农村电网等。除交流输电外，还有直流输电，也就是把发电厂发出的电先整流变为直流，传输到终端后再把直流逆变为交流。直流输电可克服交流输电的容抗损耗，具有节能效应，能耗较小，无线电干扰较小，输电线路造价也较低，但整流和逆变比较复杂。目前，从三峡到华东地区已建有 50×10^4 V 的直流输电线路。

4.1.3　输配电所

输配电，是输电和配电的合称，输电就是把电能从电厂输送到用电区域，配电就是在用电区域向用户供电，这两个过程是很难分割的。发电厂将天然的一次能源转变成电能，向远方的电力用户送电，为了减小输电线路上的电能损耗及线路阻抗压降，需要将电压升高；为了满足电力用户安全的需要，又要将电压降低，并分配给各个用户，这就需要能升高和降低电压，并能分配电能的变电所。变电所起着变换电能电压、接收电能和分配电能的作用，是联系发电厂和用户的中间环节。升压变电所的作用是将发电机电压变换成 35 kV 以上各级电压，多建在发电厂内。降压变电所的作用是将输电线路的高电压降低，通过各级配电线路把电能分配给用户使用，多设在用电区域。降压变电所又分为以下三类：

1）地区降压变电所

地区降压变电所一般位于地区网络的枢纽点，即大用电区域或一个大城市附近，是与输电主网相连的地区受电端变电站，变电容量大，出现回路多，又称一次变电站。其任务是从 220～500 kV 的超高压输电网或发电厂直接受电，通过变压器把电压降为 35～110 kV，联系多个电源，供给该区域的用户或大型工厂用电。其供电范围较大，若全站停电，可引起地区电网瓦解,将使大面积供电中断。地区降压变电所对电力系统运行的稳定性和可靠性起到极其重要的作用。

2) 终端变电所

终端变电所多位于用电的负荷中心,即一个地区或一个中小城市,又称为二次变电站。其高压侧从地区降压变电所受电,经变压器降到 6~10 kV,对某个市区或农村城镇用户供电。其供电范围相对较小,若终端变电所停电,将只造成该地区或城市供电的紊乱。

3) 工厂降压变电所及车间变电所

工厂降压变电所是指对企业内部输送电能的中心枢纽,又称工厂总降压变电所。车间变电所接受工厂降压变电所提供的电能,将电压直接降为 380/220 V,对车间内的各种用电设备直接供电,如图 4.6 所示。

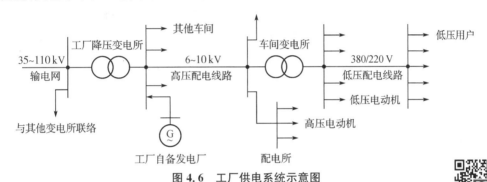

图 4.6 工厂供电系统示意图

4.1.4 工厂配电系统

从输电线末端的变电所将电能分配给各工业企业,工业企业内部设有工厂降压变电所和车间变电所(小规模的企业往往只有一个变电所)。工厂供电系统由工厂降压变电所、高压配电线路、车间变电所、低压配电线路及用电设备组成,如图 4.6 所示。工厂供电系统的电源绝大多数是由国家电网供电的,供电电压一般在 110 kV 以下。如果企业距离电力系统很远时,可建立自用发电厂。

1) 工厂降压变电所

一般大型企业均设工厂降压变电所,把接收来的电能 35~110 kV 电压降为 6~10 kV 电压,然后分配到各车间。为保证供电可靠性,工厂降压变电所大多设置两台变压器,由单条或多条进线供电,每台变压器的容量可从几千伏·安到几万千伏·安,供电范围在几千米以内。

2) 车间变电所

车间变电所将 6~10 kV 的高压配电电压降为 380/220 V,对低压用电设备(用电设备的额定电压多半是 380V 或 220 V)供电,供电范围一般在 500 m 以内。特殊的,也有大功率电动机的电压是 3 kV 或 6 kV,机床局部照明电压是 36 V 或 24 V。由于各车间内用电设备的布局及用电量大小不同,可设立一个或几个车间变电所,或变电所内设置两台变压器,单台变压器的容量通常为 1 千伏·安及以下,最大不宜超过两千伏·安。

3）线路连接方式

从车间变电所到用电设备的线路连接方式有：

（1）放射式配电

当负载点比较分散且各个负载点又具有相当大的集中负载（如车间照明）时，采用这种线路较为合适，如图4.7所示。这种供电方式可靠，维修方便，当某一配电线路发生故障时不会影响其他线路。虽然所接导线细，但总线路长，敷设投资较高。

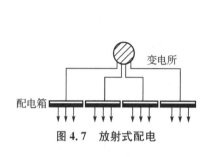

图4.7 放射式配电

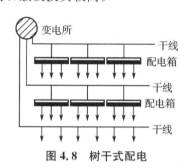

图4.8 树干式配电

（2）树干式配电

负载集中，同时各负载点位于变电所同侧，其间距较短，或负载均匀分布在一条线上，按负载所在位置，依次接到某一配电干线上，如图4.8所示。这种供电方式比较经济，但供电可靠性较低，即当干线发生故障时，接在干线上的所有设备都要受到影响。虽然所接导线粗，但总线路短，灵活性也较大。

注意：目前，放射式和树干式两种配电线路都被采用，各有利弊。但有一点，不论哪种配电线路，同一链条上的用电设备一般不得超过3个。

4）工厂配电线路

由图4.6所示，工厂内的高压配电电压一般为6～10 kV，其线路主要作为工厂内输送、分配电能之用，可通过它把电能送到各个生产厂房和车间。为减少投资、便于维修，高压配电线以前多采用架空线路，目前已逐渐向电缆方向发展。

由图4.6所示，工厂内的低压配电电压一般为380/220 V，其线路主要用于向低压设备供电。在室外敷设的低压配电线路目前多采用架空敷设，且尽可能与高压线路同杆架设，也有采用电缆敷设的。工厂厂房或车间内侧应根据具体情况而确定，常采用明线或电缆配电线路。在厂房或车间内，动力设备的配电一般采用绝缘导线穿管敷设或电缆敷设。

4.2 触电及救护

4.2课件

4.2.1视频

4.2.1 触电的类型

触电是指人体直接触及或过分接近带电导体时，电流流过人体所造成的伤害。电流对人体造成的危害通常有电击和电灼伤两种类型。

1) 电击

电击是指电流通过人体内部,使人体内部组织受到损坏,如肌肉痉挛、发热、发麻、呼吸和神经系统出现功能异常,严重时会引起昏迷、窒息,甚至危及生命。电击是触电事故中经常碰到的,是最危险的伤害。

电击可分为直接电击和间接电击。直接电击是指直接触及正常运行的带电体所发生的触电。间接电击则是电气设备发生故障后,人体触及意外带电部分所发生的触电。直接电击又称为正常情况下的电击,间接电击又称为故障情况下的电击。

研究表明,电击所造成伤害的严重程度与电流大小、频率、通电的持续时间、流过人体的路径及触电者的健康情况有着密切的关系。通过人体的电流越大,触电时间越长,人体的生理反应越明显,危险越大。此外,工频交流电的危害性大于直流电,因为交流电主要是麻痹破坏神经系统,往往难以自主摆脱。频率20 Hz以下和2 kHz以上的交流电,危险性反而降低,所产生的损害明显减小,不会引起触电致死,仅会引起并不严重的电击。2 kHz以上的交流电有时还能起到治病的作用,但高压高频电流对人体仍然是十分危险的。一般认为40～60 Hz的交流电通过心脏和肺部时危险最大。电流的大小对人体的伤害见表4.1。我国规定安全电流为30 mA,30 mA以下电流流过人体影响较小。

表4.1 不同交流电对人体的影响

交流电流/mA	对人体的影响
0.6～1.5	手指微麻
2～3	手指有强烈麻刺感
5～7	手部肌肉痉挛
8～10	手摆脱电源已感困难,但尚能摆脱
20～25	手麻痹/无法摆脱电源/剧痛/呼吸困难
60～80	呼吸麻痹、心室震颤
90～100	呼吸麻痹,如果持续3 s以上心脏就会停止跳动
>500	持续1 s以上有死亡危险

2) 电伤

电伤是指在电流的热效应、化学效应、机械效应及电流本身作用下,对人体外部造成的局部伤害,如电弧灼伤、电斑痕以及金属溅伤等。

(1) 灼伤　由于电弧的高温或高频电流流过人体产生的热量所致。主要是人体过分接近高压带电体或错误操作时,产生电弧放电所致。其情况与火焰烧伤相似,会使皮肤发红、起泡、烧焦组织并坏死。

(2) 电斑痕　由电流的化学效应和机械效应所造成的伤害。通常是人体与带电体有良好的接触,但人体不被电击的情况,触电一段时间在皮肤表面留下和接触带电体形状相似的肿块瘢痕。瘢痕处一般不发炎或化脓,只是皮肤失去原有弹性、色泽,表皮坏死,失去知觉。

(3) 金属溅伤　在线路短路、开启式熔断器熔断时,炽热的金属微粒飞溅到皮肤表层所造成的伤害。皮肤金属化后,表面粗糙、坚硬。根据熔化的金属不同,呈现特殊颜色,一般铅呈现灰黄色,紫铜呈现绿色,黄铜呈现蓝绿色,金属化后的皮肤经过一段时间能自行脱落,不会有不良后果。

4.2.2 常见的触电方式

4.2.2 视频

按照人体触及带电体的方式和电流通过人体的路径,将触电方式分为单相触电、两相触电、跨步电压触电以及接触电压触电 4 种。

1) 单相触电

人体的一部分在地面或其他接地导体上,同时另一部分触及任意一相带电体的触电事故称为单相触电。此时,电流从带电体经人体流到大地形成回路,如图 4.9 所示。这时触电的危险程度决定于三相电网的中性点是否接地。一般情况下,中性点接地电网的单相触电比中性点不接地电网的单相触电危险性大。

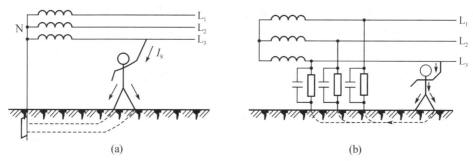

图 4.9 单相触电

供电网中性点接地时的单相触电,人体承受电源相电压,如图 4.9(a)所示。分析触电回路有:

$$I_人 = \frac{U}{r_人 + r_0} \tag{4.1}$$

式中:$I_人$——流过人体的电流;

U——相电压 220 V;

$r_人$——人体电阻约 800 Ω(人体电阻是不固定的,是随着人体所处的地理位置、出汗多少及潮湿状态而定);

r_0——系统中工作接地电阻 4 Ω。

$$I_人 = \frac{220}{800+4} \approx 0.28(\text{A}) \tag{4.2}$$

这个电流数值如果通过人体,在 3 s 以上就会使人致命。

供电网无中线或中线不接地时的单相触电,此时电流通过人体进入大地,再经过其他两相对地电容或绝缘电阻流回电源,如图 4.9(b)所示,当绝缘不良时,也有危险。在工厂和农村,一般不接地系统多为 6~10 kV,若在该系统单相触电,由于电压高,触电电流大,因此几乎是致命的。

单相触电事故较常见,占总触电事故的 70% 以上。

2) 两相触电

人体的不同部位同时触及同一电源的任意两相导线称为两相触电,如图 4.10 所示。这时,电流从一根导线经过人体流至另一根导线。无论低压电网的中性点是否接地,也无论人是否站在绝缘物上,这种触电形式比单相触电更危险,因为此时人体所承受的是电源线电压。

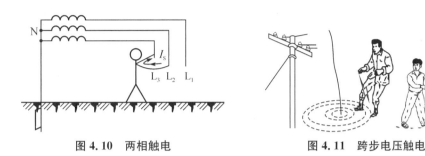

图 4.10　两相触电　　　　　图 4.11　跨步电压触电

3) 跨步电压触电

当带电体接地,有电流向大地流散时(如架空高压线的一根断落地上或雷电流入大地),在地面上以接地点为中心,半径约为 20 m 的圆面积内形成强电场。距离接地点越近,电位越高,当人在接地点附近行走时,两脚之间(约 0.8 m)出现的电位差即为跨步电压,当跨步电压很大时的触电称为跨步电压触电,如图 4.11 所示。高压故障接地处,或有大电流流过的接地装置附近都可能出现较高的跨步电压。线路电压越高,离落地点越近,两脚之间的跨距越大,触电危险性越高。若不小心已走入断线落地区且感觉到有跨步电压时,应单脚站立并立即单脚跳跃着离开,一般 10 m 以外就没有危险了。

4) 接触电压触电

由于人手与电气设备的带电外壳接触而引起手脚之间承受一定的电压,称为接触电压触电,如图 4.12 所示。大多数触电事故属于这一种。

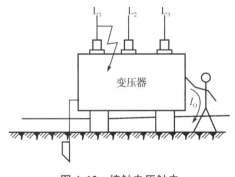

图 4.12　接触电压触电

4.2.3　触电急救常识

当发现有人触电时,救护者头脑必须保持清醒,沉着稳重,触电救护必须争分夺秒。触电者触电后,可能由于失去知觉等原因而紧抓带电体,不能自行摆脱电源。因此,首先要尽快地使触电者脱离电源,这是最重要的一步,是采取其他急救措施的前提,紧接着再根据具体情况采取相应的急救措施。

1) 正确脱离电源的方法

(1)"拉"：如果电源开关或插头离触电现场很近，可以迅速拉开开关或拔掉电源插头，切断电源。

(2) 当开关离触电地点较远，不能立即拉开时，则可以先采取相应措施，再设法关断电源。具体为：

① "切"：用绝缘手钳或装有干燥木柄的刀、斧、锄等绝缘工具切断电源。

注意：切断电线时要防止被切断的电源线再次触及人体，使触电事故扩大。

② "垫"：用干燥的木板等绝缘物插入触电者身下，将人体与地面隔开。

③ "挑"：如果电线是搭在触电者的身上或被压在身下，可用干燥的木板、竹竿、木棒或带有绝缘柄的其他工具迅速把电线挑开。

④ "拖"：如果触电者的衣服是干燥的，又不紧缠在身上，救护者可以站在干燥的木板上用一只手拉住触电者的衣服把他拖离带电体。这只适用于低压触电的急救，并且在拖时要注意不能用两只手，不能触及触电者的皮肤，也不可拉脚。

⑤ 如手边有绝缘导线，可先将导线一端接地，另一端与触电者所接触的带电体相接，也就是将该相电源对地短路，促使保护装置动作，切断电源。

(3) 高压线路触电的脱离措施为：在高压线路或设备上触电应立即通知有关部门停电，为使触电者脱离电源应戴上绝缘手套，穿绝缘靴，使用适合该挡电压的绝缘工具，按顺序拉开开关或切断电源。也可用一根合适长度的裸金属软线，先将一端绑在金属棒上打入地下做可靠接地，另一端绑上重物扔到带电体上，使线路短路，迫使保护装置动作，以切断电源。

2) 脱离电源注意事项

(1) 救护人员不能直接用手、其他金属及潮湿的物体作为救护工具，应当使用适当的绝缘工具。

(2) 为了使自己与地绝缘，在现场条件允许时，可穿上绝缘靴、站在干燥的木板上或不导电的台垫上。

(3) 在实施救护时，救护者最好用一只手施救，以防自己触电。

(4) 如果是高空触电，应采取防摔措施，防止触电者脱离电源后摔伤。平地触电也应注意触电者倒下的方向，特别要注意保护触电者头部不受伤害。

(5) 如果事故发生在晚上，应迅速解决临时照明问题，以便于抢救，并避免事故扩大。

(6) 各种救护措施应因地制宜，灵活运用，以快为原则。

3) 急救处理

当触电者脱离电源后，需仔细检查其触电的轻重程度，根据具体情况应就地迅速和准确地进行救护，并立即联系医生前来抢救。触电者需要急救的情况大致有以下几种：

(1) 触电不太严重。触电者神志清醒，只是感觉头昏、四肢发麻、全身无力，或触电者曾一度昏迷，但已恢复知觉。应让触电者就地平躺，暂时不要走动，让其慢慢恢复正常，但应严密观察并请医生诊治。

(2) 触电较严重。触电者已失去知觉，但有心跳和呼吸。应解开触电者衣扣和腰带，使其在空气流通的地方舒适、安静地平躺，并间隔 5 s 呼叫触电者或拍其肩部，以判断触电者是否丧失意识。如天气寒冷还应注意保暖,并迅速请医生诊治或送往医院。

(3) 触电相当严重。如触电者呼吸困难或停止呼吸,但心脏微有跳动,应立即进行人工呼吸急救。如果触电者心跳停止,呼吸尚存,则应采取胸外心脏按压法进行抢救。如果触电者心跳和呼吸都已停止,人完全失去知觉,应同时采取人工呼吸法和胸外心脏按压法进行抢救。

人工呼吸法的具体操作为:将已脱离电源的触电者移至通风处,仰卧平地上,头不可垫枕头,鼻孔朝天,头部尽量后仰,颈部伸直,并松开衣领、腰带、紧身衣服等,清理口鼻腔,确保气道通畅。一只手掰开触电者的嘴巴,另一只手捏住触电者的鼻孔(防止吹气时鼻孔漏气),紧贴触电者的口吹气 2 s 使其胸部扩张,接着放松鼻孔,使其胸部自然缩回排气(即自动呼气)约 3 s,如图 4.13 所示。如此反复进行,直至好转,吹气时用力要适当,如果掰不开触电者的嘴,可用口对鼻吹气。对儿童和体弱者吹气,不必捏住鼻子,要把握好吹气量的大小,以免肺泡破裂。

   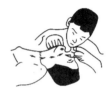

图 4.13 人工呼吸法示意图

胸外心脏按压法的具体操作为:将已脱离电源的触电者仰卧平躺在硬板或硬地上,松开领扣,解开衣服,清除口腔内异物,救护人员站在触电者一侧或者跨腰跪在触电者腰部,两手相叠,将下面那只手掌根放在触电者心窝稍高、两乳头间略低,即胸骨中、下三分之一部位,中指对准凹膛,手掌根部即为正确的压点。自上而下、垂直均衡地向下按压 5~6 cm,压到要求后,立即放松掌根,但手掌不要离开胸部,如图 4.14 所示。如此连续不断,成人和儿童每分钟按压 100~120 次,婴儿和新生儿每分钟按压 100~140 次左右。按压时注意按压位置要准,不可用力过猛,以免将胃中食物按压出来,堵塞气管,影响呼吸。触电者若是儿童,可只用一只手按压,用力适中,以免损伤胸骨。

图 4.14 胸外心脏按压法示意图

在进行人工呼吸和心脏按压时,应坚持不懈,直到触电者复苏或医务人员前来救治为止,在救护过程中,应密切观察触电者的反应。另外,即使触电非常严重,非送医院不可时,在送往医院的途中也不能停止急救。

注意:在抢救过程中不能乱打强心针,因为人触电后,心室可能呈现剧烈的颤动,注射强心针会增加对心脏的刺激,加速死亡。

4.3 安全电压和安全技术

4.3 课件

触电往往很突然,最常见的触电事故是在人们无法预知的情况下,偶然触及带电体或触及正常不带电而意外带电的导体。为了安全用电,防止触电事故,除思想上重视外,还应采取相应的安全保护措施。主要有如下几项:

4.3.1 使用安全电压

安全电压是为防止触电事故而采取的由特定电源供电的电压系列。安全电压能限制人员触电时通过人体的电流在安全电流范围内,从而在一定程度上保障了人身安全。我国规定安全电压的额定值为 42 V、36 V、24 V、12 V、6 V(工频有效值),分别适用于不同的应用场合。

一般环境下允许持续接触的安全电压是 36 V,对于潮湿而触电危险性较大的环境(如金属容器、管道内施焊检修),安全电压规定为 12 V。

注意:安全电压不适用于水下等特殊场所,对于水下的安全电压额定值,我国尚未规定,国际电工标准委员会(IEC)规定为 2.5 V。

4.3.2 接地和接零

1) 工作接地

电力系统由于运行和安全的需要,在三相四线制 380/220 V 供电系统中,将变压器中性点直接进行接地的方式称为工作接地,其接地电阻应在 4 Ω 以下,如图 4.9(a)所示。

工作接地时,触电电压接近于相电压(220 V),当一相出现接地故障时,接近单相短路,接地电流较大,保护装置动作迅速,可立即切断故障设备。反之,如果中性点不接地,当一相出现故障时,由于导线和地面间存在电容和绝缘电阻,如图 4.9(b)所示,接地电流小,不足以断开保护装置,故障不易发现,对人身也不安全。

2) 保护接地

保护接地就是在 1 kV 以下的低压系统中,变压器中性点(或单相)不直接接地的电网内,将电气设备的金属外壳或支架等,用接地装置与大地良好地连接,其接地电阻应在 4 Ω 以下,如图 4.15 所示。

此时,如果电气设备绝缘损坏,则外壳带电,人体触及带电外壳时,由于采用了保护接地措施,相当于人体电阻和接地电阻并联,根据电阻并联分流原理可知,人体电阻(约 1 kΩ)远远大于接地体电阻(4 Ω),故流经人体的电流远远小于流经接地电阻的电流,并在安全范围内,这样就起到了保护人身安全的作用。如电机、变压器、电器、携带式及移动式用电器具的外壳

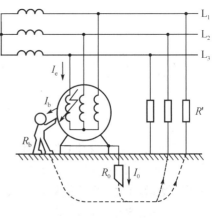

图 4.15 保护接地

都应按规定进行保护接地。

3）保护接零

保护接零就是在1 kV以下低压系统中,变压器中性点直接接地的电网内,将电气设备金属外壳与供电线路的零线作可靠连接,如图4.16所示。

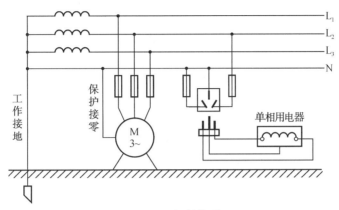

图4.16 保护接零

低压系统电气设备采用保护接零后,当电气设备因绝缘损坏或意外情况而使金属外壳带电时,会形成相线对中性线的单相短路电流,且短路电流极大,使熔丝快速熔断,保护装置动作,迅速切断电源,从而防止触电事故的发生。另外,在熔丝熔断前,因为人体电阻远大于线路电阻,所以通过人体的电流也是极其微小的。

在接零系统中,零线的连接必须牢靠。为了严防零线断开,零线上不允许单独装设开关或熔断器,除非相线和零线同装一个自动开关,即有故障时能同时切断相线和零线。如果中性线上允许不装熔断器,则中性线可作零线用,但必须单独从零线上接一根导线到设备的外壳上。常用单相用电设备的三孔插头和插座,其中稍长的插脚(用来与金属外壳相接的)所对应的插孔是接保护零线的,如图4.16所示。另外,如果有多个设备,各用电设备的接零线不得串联,如图4.17所示,必须分别并联接到总的零线上,如图4.16所示。

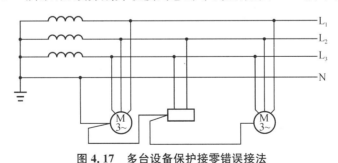

图4.17 多台设备保护接零错误接法

注意:由同一台发电机、变压器供电的电气设备不允许一部分采用保护接地,另一部分采用保护接零,也就是不能混合使用。保护接地适用于一般的不接地的电网,不接地的电网不必采用保护接零。

4）重复接地

在保护接零方式中,电源中性线绝不允许断开,否则保护失效,会带来更严重的后果。因此,除中性线接地外,还必须将零线的多处通过接地装置与大地再次连接,即重复接地,如

图4.18所示,以防止中性线断开。

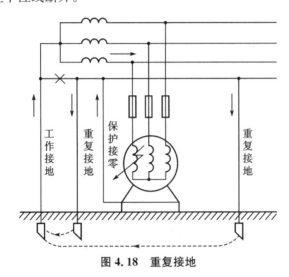

图4.18 重复接地

保护接零回路的重复接地可保证接地系统可靠运行,即当接零的设备发生碰壳故障时,由于多处重复接地的接地电阻是并联的,可使外壳的对地电压降低。架空电路上零线的出线端和终端都要有重复接地,如果终端无重复接地,当电路中间重复接地处后面的零线断线时,也会使设备的外壳出现危险的相电压。在较长的架空电路上一般每隔1 km～2 km需要重复接地,其接地电阻不应大于10 Ω。架空电路零线进入屋内时,在进屋处也应有重复接地。

5）保护零线

在接零系统中,如果在单相二线的中性线上规定要装熔断器,则不能将中性线作保护零线使用,必须从零干线上再接一根零支线,即保护零线PE,如图4.19所示,这就是应用越来越普遍的三相五线制供电系统。正确的接法是将设备外壳接到保护零线上,正常工作时,工作零线中有电流,保护零线中不应有电流。三相五线制供电系统提高了用电的安全性能。

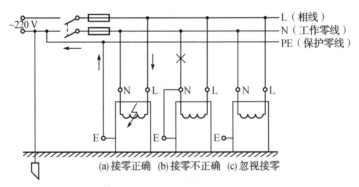

图4.19 工作零线和保护零线

4.3.3 防雷保护

雷电是自然界的一种大气放电现象,在地球上任何时候都有雷电在活动。据统计,平均每秒有100次闪电,每个闪电强度可高达数百万乃至数千万伏,电流达几十万安,远远大于

4.3.3视频

供电系统的正常值,足见其能量之大,产生的危害可想而知。随着近代高科技的发展,尤其是微电子技术的高速发展,雷电灾害越来越频繁,损失越来越大,同时,雷害对象也发生了转移,从对建筑物本身的损害转移到对室内的电器、电子设备的损害,甚至会发生人身伤亡事故。因此,了解雷电的规律,掌握正确的预防措施是十分必要的。

1) 雷击的表现形式

(1) 直接雷击

雷云之间或雷云对地面凸出物(包括建筑物、构架、树木、动植物等)的迅猛放电现象称为直接雷击。直接雷击可在瞬间击伤或击毙人畜。巨大的雷电电流流入地下,在雷击点及与其连接的金属部分产生极高的对地电压,可能直接导致接触电压或跨步电压触电事故。

(2) 球形雷

球形雷是一个呈圆形的闪电球,发红光或极亮白光,运动速度大约为 5 m/s,能从门、窗、烟囱等通道侵入室内,极其危险。

(3) 感应雷击

雷云放电时,在附近地面凸出物上(包括架空电缆、埋地电缆、钢轨、水管等)产生的静电感应和电磁感应等现象称之为感应雷击。由此产生的过电压、过电流会对微电子设备造成损坏,也会使传输或储存的信号和数据(模拟或数字)受到干扰或丢失,也可能伤害工作人员。

(4) 雷电侵入波

雷电侵入波是由于雷击而在架空线路上或空中金属管道上产生的冲击电压沿线或管道迅速传播的雷电波,其传播速度为 3×10^8 m/s。雷电侵入波可毁坏电气设备的绝缘,造成严重的触电事故,在低压系统中这类事故占总雷害事故的 70%。

2) 雷击的防护措施

一套完整的防雷装置包括接闪器、接地装置和引下线。

(1) 接闪器 又称"受雷装置",是接受雷电流的金属导体,通常指的是避雷针、避雷带或避雷网。接闪器是利用其高出被保护物的突出地位,把雷电引向自身,然后通过引下线和接地装置把雷电流泄入大地,从而保护被保护物免遭雷击。

(2) 接地装置 是埋在地下的接地导体和接地极的总称,它的作用是把雷电流散发到地下的土壤中。接地装置可以与电气设备的接地装置并用,接地电阻不得大于 5~30 Ω。

(3) 引下线 它是连接避雷针(带、网)与接地装置的导体,一般敷设在房顶和墙上,它的作用是将受雷装置接收到的雷电流引到接地装置。

3) 防雷常识

(1) 在户外遇到雷雨,都应该迅速到附近干燥的住房中去避雨,如果在山区找不到房子,可以躲到山洞中去。有时,在野外也可以凭借较高大的树木防雷,但千万记住要离开树干、树叶至少两米的距离。不具备上述条件时,应立即双膝向前弯曲下蹲,双手抱膝。

(2) 有雷雨时,若手中持有金属雨伞、高尔夫球棍、斧头等物,一定要扔掉或让这些物体低于人体。还有一些所谓的绝缘体,像锄头等物,在雷雨天气中其实并不绝缘。

(3) 雷雨天气里应尽量避免使用家用电器,并拔掉电器电源插头和信号插头。

(4) 雷雨时,若室内开灯,应避免站立在灯头线下。不宜使用淋浴器,因为水管与防雷接地相连,雷电流可通过水流传导而致人伤亡。

(5) 有条件的情况下,应在电源入户处安装电源避雷器,并在有线电视天线、电话机、传真机、电脑 MODEN 调制解调器入口处、卫星电视电缆接口处安装信号避雷器。但是安装时要有好的接地线,同时做好接地网。

4.3.4 使用漏电保护装置

漏电保护装置(漏电保护开关)是一种在设备及线路漏电时,漏电电流达到或超过额定时,自动切断电路,保证人身和设备安全的装置。按控制原理可分为电压动作型、电流动作型、交流脉冲型和直流型等几种。其中电流动作型的保护性能最好,应用最为普遍,一般情况下的漏电保护器的动作电流为 30 mA。有漏电现象时,执行机构快速动作,切断电源的时间一般设定在 0.1 s,以保证安全。

单相漏电保护器接线时,工作零线和保护零线一定要严格分开不能混用,相线和工作零线接漏电保护器,若将保护零线接到漏电保护器时,漏电保护器处于漏电保护状态而切断电源。家庭中,漏电保护器一般接在单相电能表、低压断路器或刀开关后,它是安全用电的重要保障,如图 4.20 所示。

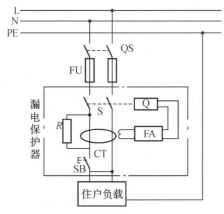

图 4.20　家用漏电保护器

4.4　安全用电注意事项

为了防止触电事故,除了对从事电气工作的专业人员进行专门的教育、培训和制定严格的规章制度外,也要对广大群众宣传触电事故的规律,同时普及安全用电常识。

(1) 工作前应详细检查所用工具是否安全可靠,了解场地、环境情况,选好安全位置工作。

(2) 在电路上、设备上工作时要切断电源,并挂上警示牌,验明无电后才能进行工作。在必须进行带电操作时,应使用各种安全防护工具,如绝缘棒、绝缘钳、绝缘手套、绝缘靴等;或尽量用一只手工作,并应有人监护。

(3) 任何电气设备自尚未确认无电以前应一律认为有电,不要随便接触电气设备,不要盲目信赖开关或控制装置,不要依赖绝缘来防范触电。

(4) 当带有金属外壳的电气设备移至外壳不带电的电器设备处时,应先安装好地线,检查设备完好后才能使用。

(5) 机电设备安装或修理完工后,在正式送电前必须仔细检查绝缘电阻、接地装置以及传动部分的防护装置,使之符合安全要求。

(6) 在使用电压高于 36 V 的手电钻时,必须戴好绝缘手套,穿好绝缘鞋。使用电烙铁时,安放位置不得有易燃物靠近电气设备,用完后要及时拔掉插头。

(7) 不准无故拆除电气设备上的熔丝、过载继电器或限位开关等安全保护装置。

(8) 禁止乱拉临时电线,如需拉临时电线,应采用绝缘线,且离地不低于 2.5 m,用完后应及时拆除。

(9) 若发现电线、插头等损坏应立即更换。

(10) 装接灯头时开关必须控制相线,临时电路敷设时应先接地线,拆除时应先拆相线。

(11) 工作中拆除的电线要及时处理好,带电的线头须用绝缘带包扎好。

(12) 当电线断落在地上时,不可走近。对落地的高压线,应离其落地点 8~10 m 以上,以免跨步电压伤人,更不能用手去捡。同时,应立即禁止他人通行,派人看守,并通知供电部门前来处理。

(13) 雷雨或大雨天气,严禁在架空电路上工作。

(14) 配电间严禁无关人员入内,倒闸操作必须由专职电工进行,复杂的操作应由两人进行,一人操作,一人监护。

(15) 电线上不能晾衣物,晾衣物的铁丝也不能靠近电线,更不能与电线交叉搭接或缠绕在一起。

(16) 不能在架空线路和室外变电所附近放风筝;不得用鸟枪或弹弓来打电线上的鸟;不许爬电杆,不要在电杆、拉线附近挖土,不要玩弄电线、开关、灯头等电器设备。

(17) 当电器发生火灾时,应立即切断电源。在未断电前,应用干沙、四氯化碳、二氧化碳或干粉灭火,严禁用水式、普通酸碱、泡沫灭火器灭火。救火时不要随便与电线或电气设备接触,特别要留心地上的导线。

(18) 发生触电事故应立即切断电源,并采用安全、正确的方法立即对触电者进行救助和抢救。

思考与练习

4.1 触电对人体的伤害有_____和_____两种。

4.2 人体触电后最大的摆脱电流称为_____,我国规定的安全电流为_____。

4.3 对人体无致命伤残危险的电压称为_____,我国规定的额定安全电压等级为_____ V、_____ V、_____ V、_____ V 和_____ V,机床局部照明一般采用_____ V 的安全电压。

4.4 人体触电方式有:_____、_____、_____和_____等。

4.5 防护触电的技术措施主要有电气设备的_____和_____。

4.6 _____是严重的自然灾害。一个完整的防雷系统包括:_____、_____

和_____。

4.7 _____是一种具有保护作用的开关电器,当其保护的电路中出现人身触电、设备漏电或短路等情况时,能_____。

4.8 什么是电力系统和电力网?由发电站到用户中间有几个环节?

4.9 为什么远距离输电要采用高电压?

4.10 什么叫触电?常见的触电方式和原因有哪几种?

4.11 电流伤害人体与哪些因素有关?

4.12 发现有人触电时,用哪些方法可使触电者尽快脱离电源?

4.13 人体触电后可能有几种状态?怎样确定施行急救的方法?

4.14 什么叫保护接地?试画图说明。保护接地如何起到保护人身安全的作用?

4.15 什么叫保护接零?试画图说明。保护接零如何起到保护人身安全的作用?

4.16 常见的安全生产用电措施有哪些?试联系实际,谈谈应采取哪些安全生产用电措施?

4.17 什么情况下家电使用三孔插头和插座?什么情况下却使用两孔插头和插座?为什么?

第 5 章

磁路及变压器

任务引入

在电气工程中使用的电动机、变压器、电磁铁及电工测量仪表等设备,都是利用电磁感应原理进行工作的,其内部都有铁芯线圈,这些铁芯线圈中不仅有电路问题,而且有磁路问题。本章将介绍有关磁路与变压器的知识。

任务导航

- ◆ 了解磁场概念;
- ◆ 掌握磁感应强度、磁通量、磁场强度的概念及三者之间的关系;
- ◆ 掌握变压器的结构及工作原理;
- ◆ 掌握变压器的铭牌含义。

5.1 磁路的基本知识

5.1 课件

5.1.1 视频

5.1.1 磁路的概念

通常用高导磁性能的铁磁材料做成一定形状的铁芯,把线圈绕在铁芯上面,如变压器、电动机、接触器、继电器等电磁器件。当线圈通以电流时,磁通大部分经过铁芯而形成闭合回路,这种磁通集中通过的路径就称为磁路。

常见的电磁铁是由励磁绕组(线圈)、静铁芯、动铁芯(衔铁)三个基本部分组成的,如图 5.1 所示,应用此原理工作的低压电器有接触器、继电器等。变压器由励磁绕组(线圈)和铁芯组成,如图 5.2 所示。当励磁绕组通以电流时,磁场的磁通绝大部分通过铁芯、衔铁及其间的空气隙而形成闭合的磁路,这部分磁通称为主磁通。但也有极小部分磁通在铁芯以

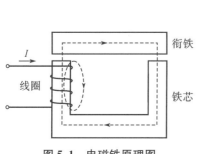

图 5.1 电磁铁原理图

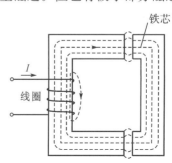

图 5.2 变压器原理图

外通过大气形成闭合回路,这部分磁通称为漏磁通。

5.1.2 磁路的主要物理量

5.1.2视频

1) 磁感应强度 B

磁感应强度 B 是表示磁场内某点的磁场强弱及方向的物理量。它是一个矢量,其方向与该点磁力线方向一致,与产生该磁场的电流之间关系符合右手螺旋法则,如图5.3所示。如图5.4所示为直导线周围的磁场。在国际单位制中,磁感应强度的单位是特[斯拉](T)。

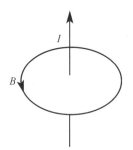

图 5.3　右手螺旋法则　　　图 5.4　直导线周围磁场

【想一想】　如果是螺旋状的通电导线周围磁场是怎么样的?

2) 磁通量 Φ

在匀强磁场中,磁感应强度 B 与垂直于磁场方向的单位面积 S 的乘积,称为通过该面积的磁通量。

$$\Phi = BS \text{ 或 } B = \frac{\Phi}{S} \tag{5.1}$$

由此可见,磁感应强度 B 在数值上等于垂直于磁场方向的单位面积通过的磁通量,又称为磁通密度。

在国际单位制中,磁通量的单位是韦[伯](Wb)。

3) 磁导率 μ

磁导率是表示物质磁性能的物理量,它的单位是亨/米(H/m)。真空的磁导率 $\mu_0 = 4\pi \times 10^{-7}$ H/m。

任意一种物质的磁导率与真空的磁导率之比称为相对磁导率,用 μ_r 表示,即

$$\mu_r = \frac{\mu}{\mu_0} \tag{5.2}$$

4) 磁场强度 H

磁场强度是进行磁场分析时引用的一个辅助物理量,为了从磁感应强度 $\boldsymbol{B}$ 中除去磁介质的因素。其定义为

$$H = \frac{B}{\mu} \text{ 或 } B = \mu H \tag{5.3}$$

磁场强度也是矢量,它只与产生磁场的电流以及这些电流的分布情况有关,而与磁介质的磁导率无关,其单位是安/米(A/m)。

5.1.3 磁路的欧姆定律

5.1.3视频

磁路的欧姆定律是磁路最基本的定律,假设铁芯横截面积各处相等,N 匝线圈是密绕的,且绕得很均匀,则电流沿铁芯中心线产生的磁场各处大小相等。设磁路的横截面积为 S,磁路的平均长度为 l,根据安培环路定律,可得磁场强度 H 和励磁电流 I 的关系,即

$$H = \frac{NI}{l}$$

因为

$$B = \mu H = \mu \frac{NI}{l} \tag{5.4}$$

由式(5.1)与式(5.4)可得:

$$\Phi = \frac{NI}{l/\mu S} = \frac{F}{R_m} \tag{5.5}$$

式中,$F=NI$ 为磁通势,由此产生磁通。$R_m = \frac{l}{\mu S}$ 称为磁阻,表示磁路对磁通的阻碍作用。

可见,铁芯中的磁通量 Φ 与通过线圈的电流 I,线圈的匝数 N、磁路的截面积 S 以及组成磁路的材料磁导率 μ 成正比,还与磁路的长度 l 成反比。由于式(5.5)在形式上与电路的欧姆定律相似,所以称为磁路的欧姆定律,磁路与电路结构如图 5.5 所示。

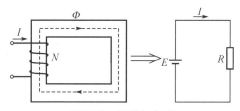

图 5.5 磁路与电路

磁路和电路有很多相似之处,见表 5.1。

表 5.1 磁路和电路的对照

电 路	磁 路
电流 I	磁通量 Φ
电阻 $R = \rho \frac{l}{S}$	磁阻 $R_m = \frac{l}{\mu S}$
电阻率 ρ	磁导率 μ
电动势 E	磁通势 $F = IN$
电路欧姆定律 $I = \frac{E}{R}$	磁路欧姆定律 $\Phi = \frac{F}{R_m}$

5.1.4 交流铁芯电磁关系

5.1.4视频

绕在铁芯上的线圈通以交流电后就是交流铁芯线圈,如变压器。线圈外加电压的有效值为:

$$U \approx E = 4.44 f N \Phi_\mathrm{m}$$

$$\Phi_\mathrm{m} = \frac{U}{4.44 f N} \tag{5.6}$$

式中,Φ_m 的单位是韦[伯](Wb),f 的单位是赫[兹](Hz),U 的单位是伏[特](V)。

由式(5.6)可知,对于正弦激励的交流铁芯线圈,电源的电压和频率不变,其主磁通量就基本上恒定不变。磁通量仅与电源有关,而与磁路无关。

5.1.5 功率损耗

在交流铁芯线圈中,线圈电阻有功率损耗(这部分损耗叫铜损,用 ΔP_Cu 表示),铁芯在交变磁化的情况下也会引起功率损耗(这部分损耗称为铁损,用 ΔP_Fe 表示),铁损是由铁磁物质的涡流和磁滞现象所产生的。因此,铁损包括磁滞损耗(ΔP_h)和涡流损耗(ΔP_e)两部分。

1) 磁滞损耗

铁芯在交变磁通的作用下被反复磁化,在这一过程中,磁感应强度 B 的变化落后于磁场强度 H 的变化,这种现象称为磁滞。由于磁滞现象造成的能量损耗称为磁滞损耗,用 ΔP_h 表示。它是由铁磁材料内部磁畴反复转向,磁畴间相互摩擦引起铁芯发热而造成的损耗。铁芯单位面积内每周期产生的磁滞损耗与磁滞回线所包围的面积成正比。为了减少磁滞损耗,交流铁芯均由软磁材料制成。

2) 涡流损耗

当交变磁通穿过铁芯时,铁芯中在垂直于磁通方向的平面内要产生感应电动势和感应电流,这种感应电流称为涡流。铁芯本身具有电阻,涡流在铁芯中要产生能量损耗,称为涡流损耗,涡流损耗会使铁芯发热,铁芯温度过高将影响电气设备正常工作。

为了减少涡流损耗,在低频时(几十到几百赫),可用涂以绝缘漆的硅钢片(厚度有 0.5 mm 和 0.35 mm 两种)叠成铁芯,这样可限制涡流在较小的截面内流通,延长涡流通过的路径,相应加大铁芯的电阻,使涡流减小。对于高频铁芯线圈,可采用铁氧体磁芯,这种磁芯近似绝缘体,因而涡流可以大大减小。

涡流在变压器、电动机、电器等电磁元器件中会消耗能量、引起发热,因而是有害的。但有些场合,例如感应加热装置、涡流探伤仪等仪器设备,却是以涡流效应为基础的。

综上所述,交流铁芯线圈电路的功率损耗为

$$\Delta P = \Delta P_\mathrm{Cu} + \Delta P_\mathrm{Fe} = \Delta P_\mathrm{Cu} + \Delta P_\mathrm{e} + \Delta P_\mathrm{h} \tag{5.7}$$

5.1.6 铁磁材料及特性

根据导磁性能的好坏,自然界的物质可分为两大类。一类物质称为铁磁材料,如铁、钢、镍、钴等,这类材料的导磁性能好,磁导率 μ 的值大。另一类为非铁磁材料,如铜、铝、纸、空气等,这类材料的导磁性能差,μ 的值小。

5.1.6 视频

铁磁材料是制造变压器、电动机、电器等各种电工设备的主要材料,铁磁材料的磁性能对电磁器件的性能和工作状态有很大影响。铁磁材料的铁磁性能主要表现为高导磁性、磁饱和性和磁滞性。

1) 高导磁性

铁磁材料有极高的磁导率 μ，其值可达几百、几千甚至几万，具有被磁化的特性。非铁磁材料则相反，不具有磁化特性。

将铁芯放入通电线圈中，磁场会大大增强，这时的磁场是线圈产生的磁场和铁芯被磁化后产生的附加磁场的叠加。在变压器、电动机和各种电器的线圈中都放有铁芯，在这种具有铁芯的线圈中通入不大的励磁电流，便可产生足够大的磁感应强度和磁通量。

2) 磁饱和性

在铁磁材料的磁化过程中，随着励磁电流的增大，外磁场和附加磁场都将增大，但当励磁电流增大到一定的值时，附加磁场就不继续随励磁电流的增大而增强，这种现象称为磁饱和现象。

材料的磁化特性可用磁化曲线（B-H 曲线）表示，如图 5.6 所示。由图可知，磁化曲线分为三段：

(1) ab 段：起始磁化曲线，为线性段。

(2) bc 段：B 与 H 差不多成正比例增长，反映了铁磁材料的高导磁性。

(3) cd 段：随着 H 的增长，B 增长缓慢，此段为曲线的膝部。

(4) d 点以后：随着 H 的进一步增长，B 几乎不增长，达到饱和状态。

图 5.6 铁磁材料的磁化曲线

由于铁磁材料的 B 与 H 的关系是非线性的，故由 $B=\mu H$ 的关系可知，其磁导率 μ 的值将随磁场强度 H 的变化而变化，如图 5.6 所示，磁导率 μ 的值在膝部 d 点附近达到最大，因此称 d 点为膝点。所以，电气工程上通常要求铁磁材料工作在膝点附近。

3) 磁滞性

若励磁电流是大小和方向都随时间变化的交变电流，则铁磁材料将受到交变磁化。在电流交变的一个周期中，磁感应强度 B 也随磁场强度 H 变化：当磁场强度 H 减小时，磁感应强度 B 并不沿原来的曲线回降，而是沿一条比它高的曲线缓缓下降。当磁场强度 H 减到 0 时，磁感应强度 B 也并不等于 0，而是仍保留一定磁性，如图 5.7 所示。

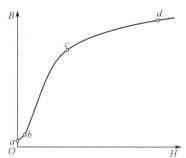

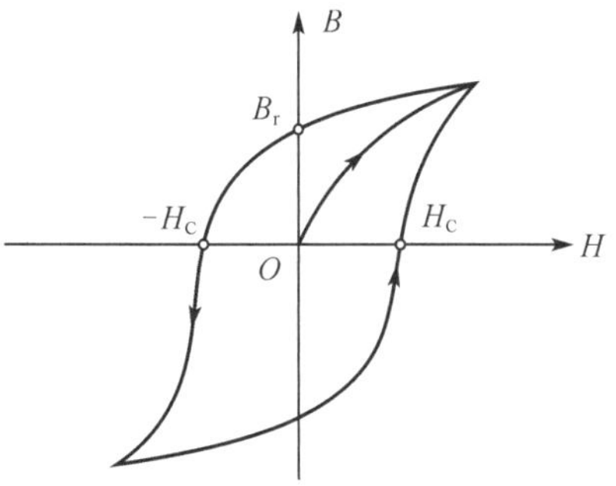

图 5.7 磁滞回线

这说明铁磁材料内部已经排齐的磁畴不会完全恢复到磁化前杂乱无章的状态，这部分剩余的磁性称为剩磁，用 B_r 表示永久磁铁的磁性就是由剩磁产生的。如果去掉剩磁，使 $B=0$，就应施加一反向磁场强度 $-H_c$，H_c 的大小称为矫顽磁力，它表示铁磁材料反抗退磁材料的能力。若再反向增大磁场，同样会产生反向剩磁（$-B_r$）。随着磁场强度不断正反向变化，得到的磁化曲线为一封闭曲线。在铁磁材料反复磁化的过程中，磁感应强度 B 的变化总是落后于磁场强度 H 的变化，这种现象称为磁滞现象。

铁磁材料按其磁性能又可分为软磁材料、硬磁材料和矩磁材料 3 种类型。

软磁材料的剩磁和矫顽力较小,容易磁化,又容易退磁,一般用于有交变磁场的场合,如制造变压器,电动机及各种中、高频电磁元器件的铁芯等。常见的软磁材料有铸铁、硅钢及非金属软磁铁氧体等,如图5.8所示。

硬磁性材料的剩磁和矫顽力较大,适合制作永久磁铁,扬声器、耳机以及各种磁电仪表中的永久磁铁都是由硬磁性材料制成的。常见的硬磁材料有碳钢、钴钢及铁镍铝钴合金等,如图5.9所示。

矩磁材料的磁滞回线近似矩形,剩磁很大,接近饱和磁感应强度,但矫顽力较小,易于翻转,常在计算机和控制系统中用做记忆元器件和开关元器件,矩磁材料有镁锰铁氧体及某些铁镍合金等,如图5.10所示。

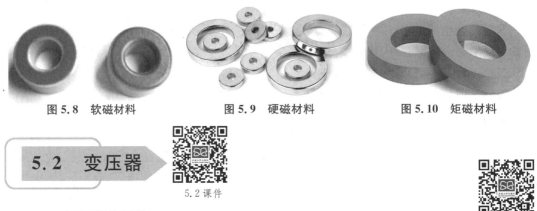

图5.8 软磁材料　　　图5.9 硬磁材料　　　图5.10 矩磁材料

5.2 变压器

5.2.1 变压器的结构

小型变压器是由一个闭合的软磁铁芯和两个套在铁芯上相互绝缘的绕组所构成,如图5.11所示。

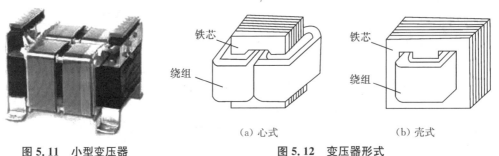

图5.11 小型变压器　　　图5.12 变压器形式
(a) 心式　(b) 壳式

(1)铁芯:提供磁路,分为心式结构和壳式结构两种,如图5.12所示。

(2)绕组:建立磁场,与交流电源相连的绕组叫做一次绕组(又称原绕组),与负载相连的绕组称为二次绕组(又称副绕组)。根据需要,变压器的二次绕组可以有多个,以提供不同的交流电压。常见的变压器输出工频电压有42 V、36 V、24 V、12 V和6 V。

(3)附件:为了防止变压器运行时铜损和铁损引起变压器温度过高而被烧坏,必须采取冷却措施。小容量的变压器多采用空气自冷式,大容量的变压器多采用油浸自冷、油浸风冷或强迫油循环风冷等方式。大型电力变压器在油箱壁上还焊有散热管,以增加散热面积和变压器油的对流作用,如图 5.13 所示。

图 5.13 大型电力变压器

5.2.2 变压器的工作原理

5.2.2视频

1) 变压原理

如图 5.14 所示,设一、二次绕组的匝数分别为 N_1 和 N_2。在忽略漏磁通和一、二次绕组的直流电阻时,由于一、二次绕组同受交变主磁通的作用,所以两个绕组中产生的感应电动势 U_1 和 U_2 为:

$$U_1 = 4.44 N_1 f \Phi_m \tag{5.8}$$

$$U_2 = 4.44 N_2 f \Phi_m \tag{5.9}$$

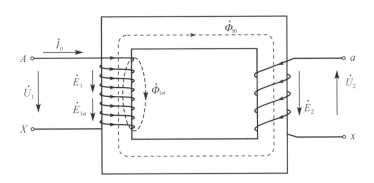

图 5.14 单相变压器的结构示意图

由式(5.8)和式(5.9)得:

$$\frac{U_1}{U_2} = \frac{N_1}{N_2} = K \tag{5.10}$$

K 称为变压器的变压比。上式表明,变压器一、二次绕组的电压比等于它们的匝数比。当 $K>1$,即 $U_1>U_2$ 时,为降压变压器;当 $K<1$,即 $U_1<U_2$ 时,为升压变压器。由此可见,只要选择一、二次绕组的匝数比,就可实现升压或降压的目的。

【例题 5.1】 在图 5.11 所示的变压器中,$U_1=220$ V,$N_1=1\ 000$ 匝,当二次绕组空载电压为 127 V 时,二次绕组 N_2 的匝数为多少?

【解】 由式(5.10)得：

$$N_2 = \frac{U_2}{U_1} N_1 = \frac{127}{220} \times 1\,000 \approx 577(匝)$$

注意：实际工作中，因为有损耗，故二次绕组匝数应在计算结果基础上加5%～10%。

2) 变流原理

变压器在变压过程中只能起到能量传递的作用，无论变换后的电压是升高还是降低，电能都不会增加。根据能量守恒定律，在忽略损耗时，变压器的输出功率 P_2 应与变压器从电源中获得的功率 P_1 相等，即 $P_1 = P_2$。于是当变压器只有一个二次绕组时，应有下述关系：

$$I_1 U_1 = I_2 U_2$$

或

$$\frac{I_1}{I_2} = \frac{U_2}{U_1} = \frac{N_2}{N_1} = \frac{1}{K} \tag{5.11}$$

上式表明，变压器一、二次绕组的电流比与一、二次绕组的电压比或匝数比成反比，而且一次绕组的电流随二次绕组的电流的变化而变化。

3) 阻抗变换原理

若把带负载的变压器看成是一个新的负载并以 R'_L 表示，对于无损耗变压器来说，负载只起到功率传递的作用，所以有：

$$I_1^2 R'_L = I_2^2 R_L$$

将式(5.11)代入上式可得：

$$R'_L = \frac{I_2^2}{I_1^2} R_L = K^2 R_L \tag{5.12}$$

上式表明，负载 R_L 接到变压器二次绕组上从电源中获取的功率和负载 $R'_L = K^2 R_L$ 直接接在电源上所获取的功率是完全相同的。也就是说，R'_L 是 R_L 在变压器一次绕组中的交流等效电阻。

注意：变压器的这种特性常用于电子电路中的阻抗匹配，使负载获得最大功率。如广播喇叭，其扬声器负载的阻抗只有几十欧、十几欧，而广播室的放大器要求负载的阻抗值一般为几千欧，这就必须通过变压器连接负载，以获得所需要的等效电阻，达到理想的播音效果。

【例题 5.2】 某交流信号源输出电压 $U_S = 120$ V，其内阻 $R_0 = 800$ Ω，负载电阻 $R_L = 8$ Ω。求：(1) 负载直接接在信号源上所获得的功率。

(2) 若要负载上获得最大功率，用变压器进行阻抗变换，则变压器的匝数比应该是多少？此时负载所获得的功率是多少？（电源输出最大功率的条件是电路中负载电阻与信号源内阻相等）

【解】 (1) 负载直接接在信号源上所获得的功率为：

$$P = I^2 R_L = \left(\frac{U_S}{R_0 + R_L}\right)^2 \cdot R_L = \left(\frac{120}{800+8}\right)^2 \times 8 \approx 0.176(\text{W})$$

(2) 负载通过变压器再接入信号源，变压器一次绕组的等效电阻为 R'_L，根据电源输出最大功率的条件，令 $R'_L = R_0$，由式(5.12)得：

$$K = \sqrt{\frac{R'_L}{R_L}} = \sqrt{\frac{R_0}{R_L}} = \sqrt{\frac{800}{8}} = 10$$

此时负载上获得的最大功率为：

$$P = I^2 R'_L = \left(\frac{U_S}{R_0 + R'_L}\right)^2 \cdot R'_L = \left(\frac{120}{800+800}\right)^2 \times 800 = 4.5(\text{W})$$

由上式可见,经变压器匝数匹配后,负载上获得的功率大了很多。

【例题 5.3】 已知电源电压为 380 V,电动机直接接入电源启动时,电源回路电流为 589.4 A。现将该电动机经过变压器降压后再接入电源(设 $U_2 = 64\% U_1$),求电源回路电流(即变压器一次绕组电流)为多少?并与电动机直接接入电源时进行比较。

【解】 电动机直接接入电源时的总阻抗为:

$$|Z| = \frac{U}{I}$$

将此负载通过变压器接入电源,则由式(5.12)得,变压器一次绕组等效阻抗为:

$$|Z'| = K^2 |Z|$$

变压器原边的电流为:

$$I' = \frac{U}{|Z'|} = \frac{U}{K^2 |Z|}$$

降压启动与直接启动的电流比:

$$\frac{I'}{I} = \frac{\frac{U}{K^2 |Z|}}{\frac{U}{|Z|}} = \frac{1}{K^2} = \frac{1}{\left(\frac{U_1}{U_2}\right)^2} = \left(\frac{U_2}{U_1}\right)^2 = 0.64^2$$

即降压启动后电源回路的电流为:

$$I' = 0.64^2 I = 0.64^2 \times 589.4 \approx 241.4(\text{A})$$

比较的结果:经变压器降压启动的电流为直接启动时的 $\frac{1}{K^2}$ 倍。

5.2.3 变压器的铭牌

5.2.3视频

变压器的壳体表面都镶嵌有铭牌,铭牌上标有变压器的型号等信息。变压器的型号由汉语拼音字母和数字组成,表明变压器的系列和规格。表示方法如图 5.15 所示:

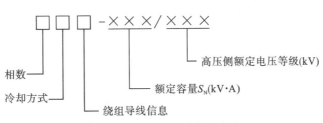

图 5.15 变压器铭牌表示方法

第 1 个字母表示相数:S 为三相,D 为单相;第 2 个字母:表示冷却方式,F 为油浸风冷,J 为油浸自冷,P 为强迫油循环;第 3 个字母:表示绕组数,双绕组不标,S 为三绕组,F 为分裂绕组;第 4 个字母:表示导线材料,L 为铝线,铜线不标;第 5 个字母:表示调压方式,Z 为有载,无载不标;数字部分:第一个数表示变压器容量,第二个数表示变压器使用的电压等级。

例如 SJL-500/10:表示三相油浸自冷双线圈铝线,额定容量为 500 kV·A,高压侧使用额定电压为 10 kV 的电力变压器。

【想一想】 日常生活中见到的变压器铭牌数据有哪些？

(1) 额定电压 U_{1N} 和 U_{2N}

U_{1N} 是根据变压器的绝缘强度和允许温升而规定的加在一次绕组上的正常工作电压的有效值。U_{2N} 指一次绕组加上额定电压时，二次绕组的空载电压的有效值。三相变压器中，U_{1N} 和 U_{2N} 均指线电压。

(2) 额定电流 I_{1N} 和 I_{2N}

额定电流 I_{1N} 和 I_{2N} 指变压器在连续运行时的一、二次绕组中长时间允许通过的最大电流。三相变压器的额定电流是指线电流。

(3) 额定容量 S_N

额定容量 S_N 是变压器在额定工作状态下二次绕组的视在功率。

单相变压器的额定容量：
$$S_N = U_{2N} I_{2N}/1\,000 (kV \cdot A) \tag{5.13}$$

三相变压器的额定容量：
$$S_N = \sqrt{3} U_{2N} I_{2N}/1\,000 (kV \cdot A) \tag{5.14}$$

(4) 额定频率

我国规定标准工业用电的频率为 50 Hz。

除上述额定值外，铭牌上还标明了温升、阻抗电压等。

5.2.4 变压器的效率特性

1) 变压器的输入、输出功率

输入功率　　　　　$P_1 = U_1 I_1 \cos\varphi_1$　　　　　(5.15)

输出功率　　　　　$P_2 = U_2 I_2 \cos\varphi_2$　　　　　(5.16)

其中 $\cos\varphi_1, \cos\varphi_2$ 为原、副边的功率因数。

【想一想】 变压器额定容量 S_N 与输出功率 P_2 的关系？

2) 变压器的损耗

变压器的输入功率与输出功率之差 $P_1 - P_2$ 称为变压器的功率损耗。它包括铜损耗 P_{Cu}（即一、二次绕组电阻 R_1、R_2 上所消耗的功率）和铁损耗 P_{Fe}（即铁芯中的磁滞损耗与涡流损耗）。

3) 变压器的效率

变压器的输出功率与输入功率之比称为变压器的效率。即：

$$\eta = \frac{P_2}{P_1} \times 100\% = \frac{P_2}{P_2 + P_{Cu} + P_{Fe}} \times 100\% \tag{5.17}$$

变压器的损耗较小，效率通常在 95% 以上。大容量的电力变压器的效率也可达 98%～99%。

5.2.5 几种典型变压器

1) 自耦变压器

一般变压器的一、二次绕组相互绝缘，没有电的联系，仅有磁的耦合。而

5.2.5 视频

自耦变压器(又称调压器,如图 5.16 所示)只有一个绕组,即一、二次绕组共用一部分,如图 5.17 所示。所以,自耦变压器的一、二次绕组除了有磁的耦合外,还有电的联系。

自耦变压器的工作原理与普通变压器一样,一、二次绕组的电压和电流仍有下面关系：

$$\begin{cases} \dfrac{U_1}{U_2}=\dfrac{N_1}{N_2}=K \\ \dfrac{I_1}{I_2}=\dfrac{N_2}{N_1}=\dfrac{1}{K} \end{cases} \tag{5.18}$$

图 5.16 自耦变压器

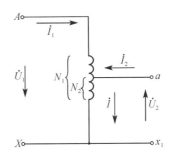

图 5.17 单相自耦变压器原理图

如图 5.17 所示,自耦变压器二次绕组一端制成能沿整个线圈滑动的活动触点,二次绕组电压可以从零到稍高于 U_1 的范围内均匀变化。

单相自耦调压器可在照明装置中用来调节亮度。三相自耦调压器常用于三相鼠笼式异步电动机的降压启动线路中,以及需要进行三相调压的实验场所。

与普通变压器相比,自耦变压器用铜少、重量轻、尺寸小、使用方便。但由于二次绕组与一次绕组有电的直接联系,故不能用于要求一、二次绕组电路隔离的场合。

使用时应注意：

① 一、二次绕组不能对调,否则可能会烧坏绕组,甚至造成电源短路；

② 接通电源前,应先将滑动触头调到零位,接通电源后再慢慢转动手柄,将输出电压调至所需值。

2) 仪用互感器

在电力系统中,常要测量高电压和大电流。用一般电压表和电流表直接测量,不仅量程不够,而且操作起来也不安全。因此,常用变压器将高电压变换成低电压、大电流变换成小电流,然后再用普通的电压表和电流表来测量。这种供测量用的变压器称为仪用互感器。仪用互感器分为电压互感器(PT)和电流互感器(CT)两种。

(1)电压互感器。电压互感器实为降压变压器,如图 5.18 所示,可将高电压降至 100 V 以下,供测量用。

根据式(5.10)有：$U_1=KU_2$,测出的电压 U_2 乘以互感器的变压比,即为一次绕组电压 U_1。

使用电压互感器时应注意：电压互感器的铁芯、金属外壳及低压绕组一端必须接地,以防止绝缘损坏时,一次绕组的高压串入二次绕组造成危险；二次绕组不能短路,否则,二次绕组短路电流会烧坏绕组。为此,在互感器的二次绕组中安装熔断器作短路保护。

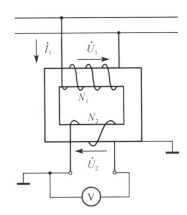

图 5.18 电压互感器原理图

(2) 电流互感器。电流互感器如图5.19所示,将大电流变换成5 A以下,供测量用。

根据式(5.11)有:$I_1 = \frac{1}{K} I_2$,测出的电流 I_2 乘上变压比的倒数,即为被测电流 I_1。若使用与电流互感器配套的电流表,则可从电流表上直接读出一次绕组电流 I_1。

使用电流互感器时应注意:电流互感器的铁芯和二次绕组的一端必须接地;二次绕组不得开路。由于二次绕组匝数比一次绕组匝数多,若二次绕组开路,则二次绕组会感应出危险的高电压,危及安全。

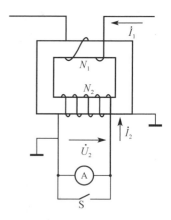

图5.19 电流互感器原理图

思考与练习

5.1 如果变压器原绕组的匝数增加一倍,而所加电压不变,试问励磁电流将有何变化?

5.2 有一台电压为220 V/110 V的变压器,$N_1 = 2\,000$,$N_2 = 1\,000$。有人想省些铜线,将匝数减为400和200,是否也可以?

5.3 变压器的额定电压为220 V/110 V,如果不慎将低压绕组接到220 V电源上,试问励磁电流有何变化?后果如何?

5.4 将一个空心线圈先后接到直流电源和交流电源上,然后在这个线圈中插入铁芯,再接到上述这两个电源上,若交流电压的有效值和直流电压相等,试比较在上述有无铁芯、交流或直流四种情况下通过线圈的电流和功率的大小,并说明理由。

5.5 将铁芯线圈接在直流电源上,当发生下列情况时,铁芯中的电流和磁通有何变化?
(1) 铁芯截面积增大,其他条件不变;
(2) 线圈匝数增加,导线电阻及其他条件不变;
(3) 电源电压降低,其他条件不变。

5.6 变压器能否用来变换直流电压?若将变压器接到与它的额定电压相同的直流电源上,则会产生什么后果?

5.7 一台变压器的额定电压为220 V/110 V,若不慎将二次侧接到220 V的交流电源上,能否得到440 V的电压?如果将一次侧接到440 V的交流电源上,能否得到220 V的电压?为什么?

5.8 若把自耦调压器具有滑动触电的二次侧错接到电源上,则会产生什么后果?

第6章 三相异步电动机

任务引入

电动机是我们生活中常见的一种电气化设备,电动机将电能转化为机械能,从而带动各种生产机械和生活用电器的运转。电动机的应用很广,种类也很多,其中三相异步电动机具有结构简单、运行可靠、维护方便、效率较高、价格低廉等优点,因此广泛地用来驱动各种金属切削机床、起重机械、鼓风机、水泵及纺织机械等,是工农业生产中使用得最多的电动机。因此,通过本章内容的学习,大家可以了解电动机的原理,熟悉三相异步电动机的应用,学会正确使用电动机。

任务导航

- ◆了解三相异步电动机的结构及工作原理;
- ◆正确识读三相异步电动机的铭牌;
- ◆正确选用三相异步电动机;
- ◆掌握三相异步电动机绕组的星形(Y)和三角形(△)的接线方式;
- ◆能完成三相异步电动机常见电路的连接和常见故障的排除;
- ◆掌握三相异步电动机启动、调速及制动的相关方法。

6.1 三相异步电动机结构、铭牌与星三角连接

6.1 课件

6.1.1 视频

6.1.1 三相异步电动机的结构

三相异步电动机主要由定子、转子和机座组成,如图6.1所示。

1) 定子

定子由定子铁芯、定子绕组等部件组成。定子的主要作用是产生旋转磁场。

(1) 定子铁芯

作用:是电动机磁路的一部分,用以嵌放定子绕组。

构造:定子铁芯一般由0.35~0.5 mm厚表面具有绝缘层的硅钢片冲制、叠压而成,在铁芯的内圆冲有均匀分布的槽,作用如图6.2所示。

(2) 定子铁芯的槽型

半闭口槽型:绕组嵌线与绝缘都较困难,一般用于小型低压电动机中。

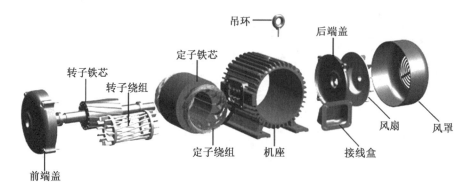

图 6.1 三相异步电动机的结构

半开口槽型:可嵌放成型绕组,一般用于大型、中型低压电动机。成型绕组即绕组可事先经过绝缘处理后再放入槽内。

开口槽型:用于嵌放成型绕组,绝缘方法方便,主要用在高压电动机中。

(3)定子绕组

作用:是电动机的电路部分,当通入三相交流电时产生旋转磁场。

构造:由 3 个在空间互隔 120°、对称排列、结构完全相同的绕组连接而成,这些绕组的各个线圈按一定规律分别嵌放在定子各槽内,如图 6.3 所示。

图 6.2 定子铁芯

图 6.3 定子绕组

2)机座

作用:用于固定定子铁芯与前后端盖以支撑转子,并起防护、散热等作用。

构造:机座通常为铸铁件,大型异步电动机机座一般用钢板焊成,微型电动机的机座采用铸铝件。封闭式电动机的机座外面有散热筋以增加散热面积,防护式电动机的机座两端端盖开有通风孔,使电动机内外的空气可直接对流,以利于散热,如图 6.4 所示。

图 6.4 机座

3）转子

转子由转子铁芯、转子绕组、转轴等部件组成。转子主要用来产生电磁转矩。

（1）转子铁芯

作用：作为电动机磁路的一部分，在铁芯槽内放置转子绕组。

构造：由 0.5 mm 厚的硅钢片冲制、叠压而成，硅钢片外圆冲有均匀分布的孔，用来安置转子绕组。

一般小型异步电动机的转子铁芯直接压装在转轴上，大、中型异步电动机（转子直径为 300～400 mm 以上）的转子铁芯则借助于转子支架压在转轴上，如图 6.5 所示。

（2）转子绕组

作用：切割定子旋转磁场产生感应电动势及电流，并形成电磁转矩而使电动机旋转。

构造：分为鼠笼式转子和绕线式转子。

① 鼠笼式转子：转子绕组由插入转子槽中的多根导条和两个环形的端环组成。若去掉转子铁芯，整个绕组的外形像一个鼠笼，故称为鼠笼式转子，如图 6.6 所示。

图 6.5 转子铁芯

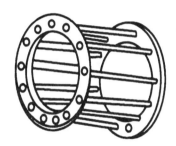

图 6.6 鼠笼式转子

② 绕线式转子：绕线转子绕组与定子绕组相似，也是一个对称的三相绕组，一般接成星形（Y）连接，3 个出线头接到转轴的 3 个集流环上，再通过电刷与外电路连接，如图 6.7 所示。

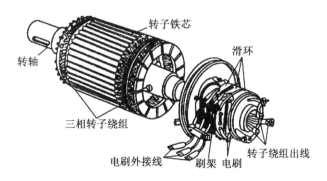

图 6.7 绕线式转子

特点：绕线式转子结构较复杂，应用不如鼠笼式广泛。但其通过集流环和电刷可改善启动、制动及调速性能，因此多用于要求在一定范围内进行平滑调速的设备，如吊车、电梯、空气压缩机等。

（3）转轴

作用：用来支撑转子和传递转矩。

构造：一般由中碳钢或合金钢制成，如图 6.8 所示。

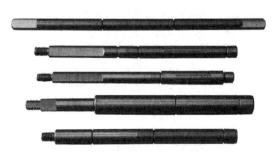

图 6.8 转轴

【想一想】 三相异步电动机的定子和转子各由哪些部件组成？

6.1.2 视频

6.1.2 三相异步电动机的铭牌

在选用三相异步电动机时，首先应该读懂该电动机的铭牌，了解相关信息。而铭牌的内容：第一应该确定电动机的型号；第二要明确额定功率、电压、转速、连接方法等常见参数；第三要弄清楚防护等级、绝缘耐热等级等重要参数，并确保选用的电动机已取得相关的产品认证。

正确识读电动机的铭牌，是正确使用电动机的技能起点。

三相异步电动机		
型号：Y112M-4		编号
4.0 kW		8.8 A
380 V	1440 r/min	LW 82dB
接法 △	防护等级 IP44	50Hz 45kg
标准编号	工作制S1	B级绝缘 2000年8月
××电机厂		

(a) 铭牌内容

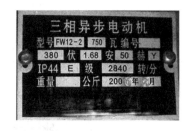

(b) 铭牌实物

图 6.9 三相异步电动机铭牌

从图 6.9(a)所示的铭牌中，我们可以得到这些信息：

该电动机的型号为 Y112 M-4，其中 Y 代表是 Y 系列的三相异步电动机；112 代表机座中心高 112 mm；机座长度代号 M 表明是中机座；4 为磁极数。

4.0 kW 说明了电动机轴上输出功率的大小，8.8 A 为定子绕组线电流的额定值，380 V 指绕组上所加线电压的额定值，1 440 r/min 为额定负载下的转速。

LW 82 dB 说明电动机运行的最高噪声为 82 dB，△说明绕组的接法为三角形连接，IP44 表明能防止直径大于 1 mm 的固体进入电动机，以及液体由任何方向泼到外壳时对电动机没有有害影响。

50 Hz 为频率，45 kg 为该电动机的质量。工作制 S1，说明在恒定负载下的运动时间足以使该电动机达到热稳定。B级绝缘,说明电动机绕组所用的绝缘材料在使用时容许的极限温度为130℃。该电动机2000年8月出厂。

而从图6.9(b)所示的铭牌中,可以知道:该电动机的型号为FW12-2,一般用于纺织机械。E级绝缘,极限温度为120℃。

三相异步电动机的铭牌所标明的有关电量和机械量的数值,通常包含下列几种。

1) **型号**

为了适应不同用途和不同工作环境的需要,将电动机制成不同的系列,每个系列用各种型号表示。电动机的型号由产品代号、规格代号、特殊环境代号、补充代号四部分组成。

2) **额定数据域额定值**

三相异步电动机的铭牌上标注有一系列额定数据。在一般情况下,电动机都按其铭牌上标注的条件和额定数据运行,即所谓的额定运行。主要额定数据如下:

(1) 额定功率 P:在额定运行情况下,电动机轴上输出的机械功率称为额定功率,单位为 kW。

(2) 额定电压 U:在额定运行情况下,外加于定子绕组上的线电压称为额定电压。

一般规定电动机的工作电压不应高于或低于额定值的5%。当工作电压高于额定值时,绕组发热,定子铁芯过热;当工作电压低于额定值时,会引起输出转矩减小,转速下降,电流增加,导致绕组过热,这对电动机的运行也是不利的。

(3) 绕组的接法:定子三相绕组的 Y 或 △ 接法,与额定电压相对应。

(4) 额定电流 I:电动机在额定电压下,轴端有额定功率输出时,定子绕组的线电流,单位为 A。

(5) 额定转数 n:电动机在额定运行时的转速,单位为 r/min。

(6) 额定频率 f:我国电力网的频率为 50 Hz,因此,除外销产品外,国内用的异步电动机的额定频率均为 50 Hz。

3) **防护**

外壳防护等级的选用直接涉及人身安全和设备可靠运行,应防止人体接触到电动机内部危险部件,防止固体异物进入机壳内,防止水进入壳内对电动机造成有害影响。

IEC IP 防护等级是电气设备安全防护的重要指标。IP(Ingress Protection,进入防护)防护等级系统提供了一个以电器设备及其包装的防尘、防水和防碰撞程度来对产品进行分类的方法。

电动机外壳防护等级由字母 IP 加两位特征数字组成:

第一位特征数字表明设备抗微尘的范围,或者是人们在密封环境中免受危害的程度,也即表示防固体,最高级别是 5;

第二位特征数字表示防液体,表明设备防水的程度,最高级别是 8。

以上特征数字越大,表示防护等级越高。在实际使用中,一般情况下室内使用的电动机采用 IP23 的防护等级,在稍微严酷的环境,选择 IP44 或 IP54。在室外使用的电动机最低的防护等级一般为 IP54,必须做户外处理。在特殊环境(如腐蚀环境)也必须提高电动机的防护等级,并且电动机的壳体需要做特殊处理。

防护等级的详细介绍可查阅 GB/T 4942.1《电动机外壳防护分级》。

4)绝缘和耐热等级

已有一种实用的、被世界公认的耐热性分级方法,也就是将电气绝缘的耐热性划分为若干耐热等级,各耐热等级及所对应的温度值见表6.1。

表6.1 电动机耐热等级

耐 热 等 级	温度/℃	耐 热 等 级	温度/℃
Y	90	H	180
A	105	200	200
E	120	220	220
B	130	250	250
F	155		

温度超过250℃,则按间隔25℃相应设置耐热等级。在电工产品上标明的耐热等级,通常表示该产品在额定负载和规定的其他条件下达到预期使用期时能承受的最高温度。因此,在电工产品中,温度最高处所用绝缘的温度极限应该不低于该产品耐热等级所对应的温度。

由于行业习惯的原因,目前,无论对于绝缘材料、绝缘结构还是电工产品,均笼统地使用"耐热等级"这一术语。

5)电动机的工作制与电动机定额

(1)电动机的工作制

电动机的工作制的分类是对电动机承受负载情况的说明,包括启动、电制动、空载、断能停转以及这些阶段的持续时间和先后顺序,工作制分S1到S10共10类。分别对应不同的工作情形。

(2)电动机定额

电动机定额是制造厂对符合规定条件的电动机,在其铭牌上所标定的全部电量和机械量的数值及其持续的时间和顺序。定额分为6类:连续工作制定额、短时工作制定额、周期工作制定额、非周期工作制定额、离散恒定负载工作制定额和等效负载定额。一般用途的电动机,其定额应为连续工作制定额,并能按S1工作制运行。

6.1.3 三相异步电动机的"Y/△"连接

1)"Y/△"连接的接线方法

一般鼠笼式电动机的接线盒中有6根引出线,标有U_1、V_1、$W_1(Z_1)$、U_2、V_2、$W_2(Z_2)$。其中:U_1/U_2是第一相绕组的两端;V_1/V_2是第二相绕组的两端;$W_1(Z_1)/W_2(Z_2)$是第三相绕组的两端,如图6.10所示。

这6个引出线端在接电源之前,相互间必须正确连接。连接方法有Y连接和△连接两种,如图6.11所示。

在图6.10所示的接线盒中,两台电动机都是△连接法;若要转换成Y连接法,只需将3

片垂直的连接片拨成水平连接即可,如图 6.11(a)所示。

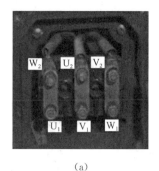 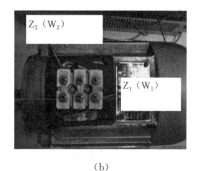

图 6.10 电动机的接线盒

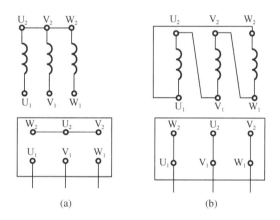

图 6.11 电动机绕组的"Y—△"连接

2)"Y/△"连接的相关计算

(1) △连接

我国生产的系列三相异步电动机,其额定功率在 3 kW 以上的,额定电压为 380 V,绕组为△连接。△连接的线电流等于 $\sqrt{3}$ 倍的相电流,线电压等于相电压。

(2) "Y/△"连接

额定功率在 3 kW 及以下、额定电压为 380/220 V 的,电动机绕组为"Y/△"连接。即电源线电压为 380 V 时,电动机绕组为 Y 连接;电源线电压为 220 V 时,电动机绕组为△连接。Y 连接时,线电压是相电压的 $\sqrt{3}$ 倍,线电流等于相电流。

【例题 6.1】 三相异步电动机的定子三相绕组的电阻均为 40 Ω,先按 Y 连接,后按△连接,分别接到线电压为 380 V 的电源上,求线电流。

【解】 (1) Y 连接时,

$$I_{线} = I_{相}; I_{相} = U_{相}/R; U_{线} = \sqrt{3}U_{相} = 380 \text{ V}$$
$$I_{线} = I_{相} = 380 \div (1.732 \times 40) \approx 5.5 \text{ (A)}$$

(2) △连接时,

$$I_{线} = \sqrt{3}I_{相}; I_{相} = U_{相}/R; U_{相} = U_{线}$$

$$I_{线} = 1.732 \times I_{相} = 1.732 \times (380 \div 40) \approx 16.5 \text{ (A)}$$

从本例题中可以看出,在相同电压的条件下,同一负载做三角形(△)连接的线电流是星形(Y)连接的线电流的 3 倍。这就是后续章节中讨论三相异步电动机"Y—△"启动的意义,即限制启动电流。

【想一想】 a. 三相异步电动机的铭牌上有哪些常见参数?
b. 如何区分我国生产的系列电动机的连接方式?
c. 三相异步电动机什么时候采用星形连接,什么时候采用三角形连接?

6.2 三相异步电动机的工作原理

6.2 课件

6.2.1 视频

6.2.1 旋转磁场的建立

如图 6.12 所示,用一个简单的实验观察三相异步电动机的工作原理。

当摇动磁铁时,鼠笼式转子跟随转动;如果摇把方向发生改变,鼠笼式转子的方向也会发生变化。故可得出结论:旋转磁场可以拖动鼠笼式转子转动。

三相异步电动机就是利用三相交流电所产生的旋转磁场与转子绕组中的感应电流相互作用,产生电磁转矩而拖动转子转动的。

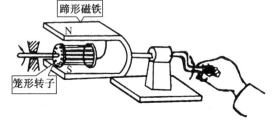

图 6.12 旋转磁场实验

三相异步电动机的工作原理

(1) 旋转磁场的产生

以两极电动机即 $2p=2$ 为例说明,如图 6.13 所示。

对称的三相绕组 U_1/U_2、V_1/V_2、W_1/W_2 假定为集中绕组,三相绕组接成 Y 形连接,如图 6.14 所示。

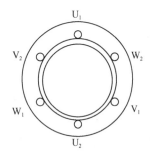

图 6.13 简化的三相绕组分布图

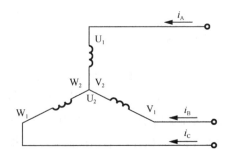

图 6.14 按 Y 形连接的三相绕组接通三相电源

对称的三相绕组 U_1/U_2、V_1/V_2、W_1/W_2 通以三相对称电流 i_A、i_B、i_C,如图 6.15 所示。

当 $\omega t = 0$ 时,$i_A = 0$;i_B 为负值,即 i_B 由末端 V_2 流入,首端 V_1 流出;i_C 为正值,即 i_C 由首端 W_1 流入,末端 W_2 流出。电流流入端用"×"表示,电流流出端用"·"表示。利用右手螺

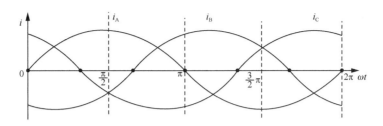

图 6.15 三相对称电流波形图

旋定则可确定在 $\omega t=0$ 瞬间由三相电流所产生的合成磁场方向,如图 6.16 所示。可见合成磁场是一对磁极,磁场方向与纵轴线方向一致,上方是北极(N),下方是南极(S)。

当 $\omega t=\pi/2$ 时,i_A 为最大值,即 i_A 由首端 U_1 流入,末端 U_2 流出;i_B 为负值,即 i_B 由末端 V_2 流入,首端 V_1 流出;i_C 为负值,即 i_C 由末端 W_2 流入,首端 W_1 流出。其合成磁场方向,如图 6.17 所示,可见合成磁场方向为 $\omega t=0$ 时按顺时针方向转过 90°。当 $\omega t=\pi$ 时的合成磁场,如图 6.18 所示。当

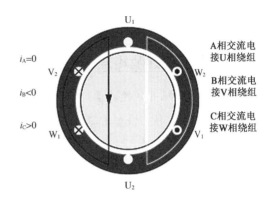

图 6.16 当 $\omega t=0$ 时

$\omega t=3\pi/2$ 时的合成磁场,如图 6.19 所示。当 $\omega t=2\pi$ 时的合成磁场,如图 6.20 所示。

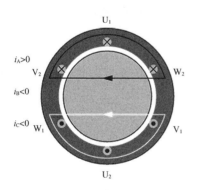

图 6.17 当 $\omega t=\pi/2$ 时

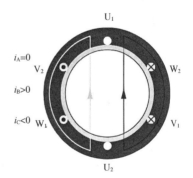

图 6.18 当 $\omega t=\pi$ 时

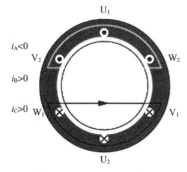

图 6.19 当 $\omega t=3\pi/2$ 时

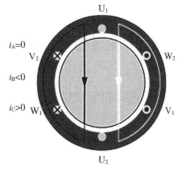

图 6.20 当 $\omega t=2\pi$ 时

由此可以看出,磁场的方向逐步按顺时针方向旋转,共转过 360°,即旋转一周。综上所述,在三相交流电动机定子上布置有结构完全相同且在空间位置各相差 120°的三相绕组,分别通入三相交流电,则在定子与转子的空气隙间产生合成磁场,该磁场是沿定子内圆旋转的,故称旋转磁场。

(2)旋转磁场的旋转方向

旋转磁场的旋转方向决定于通入定子绕组中的三相交流电源的相序。只要任意调换电动机两相绕组所接交流电源的相序,旋转磁场即反转。

【想一想】 a. 三相异步电动机的旋转磁场是如何产生的?
b. 三相异步电动机旋转磁场的转向和转速各由什么因素决定?

6.2.2 同步转速及转差率

1)旋转磁场的旋转速度

当三相异步电动机定子绕组为 p 对磁极时,旋转磁场的转速为:

$$n_1 = \frac{60 f_1}{p} \tag{6.1}$$

6.2.2 视频

式中,n_1——旋转磁场转速(又称同步转速),r/min;

f_1——三相交流电源的频率,Hz;

p——磁极对数。

2)转差率

分析三相异步电动机转子转速 n 和定子旋转磁场转速 n_1 间的关系:

(1)当 $n=0$ 时,转子切割旋转磁场的相对转速 $n_1 - n = n_1$ 为最大,故转子中的感应电动势和电流最大。

(2)当转子转速 n 增加时,则 $n_1 - n$ 开始下降,故转子中的感应电动势和电流下降。

(3)当 $n = n_1$ 时,则 $n_1 - n = 0$,此时转子导体不切割定子旋转磁场,转子中就没有感应电动势及电流,也就不产生转矩。

转子转速在一般情况下不可能等于旋转磁场的转速,n 和 n_1 的差异是异步电动机能够产生电磁转矩的必要条件,故异步电动机由此得名。将同步转速 n_1 与转子转速 n 之差对同步转速 n_1 之比称为转差率,用 s 表示,即:

$$s = \frac{n_1 - n}{n_1} \times 100\% \tag{6.2}$$

6.2.3 三相异步电动机的运行分析

1)空载运行

三相异步电动机空载运行时,转速非常接近于同步转速,$n \approx n_1$,$s \approx 0$,可以近似认为转子导体不切割旋转磁场,因而转子导体中的电动势近似为零。则定子每相绕组的感应电动势近似等于定子每相绕组上所施加的电压,即:

$$U_1 \approx E_1 = 4.44 f_1 N_1 K_{N_1} \Phi_1 \tag{6.3}$$

式中,f_1——电源频率;

N_1——线圈匝数;

K_{N_1}——定子绕组系数;

Φ_1——通过每相绕组的磁通最大值。

2) 负载运行

三相异步电动机的转子带上负载后运行,转子转速降低,转差率增大,导致转子的各个物理量发生变化。

如图 6.21 所示,当 $n_1>n>0$ 时,为电动机运行状态;反之,当 $n>n_1$ 时,电动机处于发电运行状态。异步电动机绝大多数都是作为电动机运行的。在这个运行状态中,电动机实现了机电能量的转换。此过程中也必然会产生各种损耗,因此,应当分析三相异步电动机的工作特性,以考核电动机的性能。

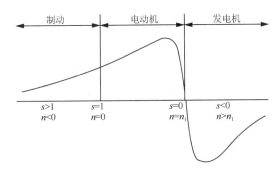

图 6.21 电动机运行状态

3) 工作特性

在额定电压和额定频率下,电动机的转速(或转差率)、电磁转矩、定子电流、功率因数、效率与输出功率的关系称为异步电动机的工作特性。

(1) 输入功率

输入功率表达式为:

$$P_1=\sqrt{3}U_1I_1\cos\varphi_1 \tag{6.4}$$

式中 U_1,I_1——定子绕组的线电压和线电流;

$\cos\varphi_1$——功率因数。

(2) 输出功率

输出功率为输入功率与总损耗之差,即:

$$P_2=P_1-\sum P \tag{6.5}$$

式中,$\sum P$——总损耗,为定子和转子的铜损耗、铁芯损耗、机械损耗以及附加损耗的总和。

(3) 负载转矩

负载转矩的表达式为:

$$T_2=9.55\frac{P_2}{n}=9.55\frac{P_N}{n_N} \tag{6.6}$$

(4) 异步电动机的工作特性

① 转速特性:随着输出功率 P_2 的增大,转速 n 稍有下降。

② 效率特性：随着输出功率 P_2 的增大，效率 η 也增加。

③ 功率因数特性：随着输出功率 P_2 的增大，功率因数 $\cos\varphi_1$ 也增大；接近额定负载时，功率因数最高。

④ 定子电流特性：随着输出功率 P_2 的增大，线电流 I_1 也增加。

⑤ 电磁转矩特性：随着输出功率 P_2 的增大，电磁转矩 T 也成正比增加。

【例题 6.2】 三相异步电动机在额定情况下运行，若电源电压突然下降，而负载转矩不变，试分析下述各量的变化与原因：

① 旋转磁场的转速；② 主磁通；③ 转子转速。

【解】 旋转磁场的转速 $n_1 = \dfrac{60f_1}{p}$，与电源电压无关，故不变。

因为 $U_1 \approx E_1 = 4.44 f_1 N_1 K_{N_1} \Phi_1$，故主磁通 Φ_1 减少。

因为电磁转矩 $T \propto U_1^2$，该转矩随着电源电压下降而下降，而电动机轴上负载转矩不变，从而迫使转子的转速 n 下降。

6.3 三相异步电动机的启动

6.3 课件

电动机的启动是指电动机接通电源后，由静止状态加速到稳定运行状态的过程。一般情况下，电力拖动系统对异步电动机的启动性能的要求是：启动电流要小，以减小对电网的冲击；启动转矩要大，以加速启动过程，缩短启动时间；同时启动设备尽可能简单、经济、操作方便。

三相笼形异步电动机的启动方法有：直接启动、降压启动和软启动三种启动方法。下面分别进行介绍。

6.3.1 直接启动

利用刀开关或接触器将电动机定子绕组直接接到额定电压的电网上，这种启动方法称为直接启动，也称全压启动。直接启动是一种最简单的启动方法，不需要复杂的启动设备。但是，它的启动电流大，因为启动时 $n=0$，$s=1$，转子电动势很大，所以转子电流很大，根据磁动势平衡关系，定子电流也必然很大。对于普通笼形异步电动机，启动电流 I_{st} 可达额定电流 I_N 的 4~7 倍。

对于经常启动的电动机，其过大的启动电流会给电网电压及电动机本身带来不利影响，因此，直接启动一般只在小容量电动机中使用，一般 7.5 kW 以下的电动机可采用直接启动。如果电网容量很大，就可允许容量较大的电动机直接启动。若电动机的启动电流倍数 k_i 满足电动机容量与电网容量的经验公式：

$$k_i = \frac{I_{st}}{I_N} \leq \frac{1}{4}\left[3 + \frac{\text{电网容量}(kV \cdot A)}{\text{电动机容量}(kW)}\right] \tag{6.7}$$

则电动机便可直接启动，否则应采用降压启动方法，通过降压，将启动电流限制在允许的范围内。

6.3.2 降压启动

6.3.2 视频

降压启动是指电动机在启动时降低加在定子绕组上的电压,待电动机转速上升到一定数值时,再使电动机承受额定电压,保证电动机在额定电压下稳定工作。降压启动虽然能降低电动机启动电流,但由于启动转矩与电压的平方成正比,因此降压启动时电动机的启动转矩减小较多,所以降压启动只适用于电动机空载或轻载启动。下面介绍几种常见的降压启动方法及其控制线路。

1) 定子绕组串电阻或电抗器的降压启动

电动机启动时在定子绕组中串接电阻,使定子绕组的电压降低,从而限制启动电流。待电动机转速接近额定转速时,再将串接电阻短接,使电动机在额定电压下正常运行。这种启动方式由于不受电动机接线形式的限制,结构简单、经济,故得到了广泛应用。

定子所串电阻一般采用由电阻丝绕制的板式电阻或铸铁电阻,它的阻值小、功率大,允许通过较大的电流。采用定子串电阻降压启动的方法虽然设备简单,但能量损耗较大。为了节省能量可采用电抗器代替电阻,但其成本较高,它的控制线路与电动机定子串电阻的控制线路相同。

2) 星形—三角形降压启动

对于正常运行时定子绕组接成三角形的三相笼形电动机,可采用星形—三角形降压启动方法来达到限制启动电流的目的。Y 系列的笼形异步电动机容量在 4.0 kW 以上者均为三角形连接,都可以采用星形—三角形启动的方法。

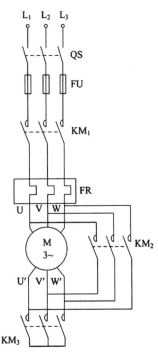

如图 6.22 所示,在启动时,KM_1 和 KM_3 接通,先将电动机定子绕组接成星形,使电动机每相绕组承受的电压为电源的相电压,是额定电压的 $1/\sqrt{3}$,启动电流为三角形直接启动时电流的 $1/3$。当转速上升到接近额定转速时,再将 KM_3 断开,KM_2 接通,此时定子绕组接线方式由星形改接成三角形,电动机就可以进入全电压正常运行状态。

图 6.22 所示的控制线路适用于电动机容量较大(一般为 13 kW 以上)的场合。当电动机的容量较小(4~13 kW)时,通常采用 KM_2 的辅助常闭触点代替 KM_3 的主触点,即 KM_1、KM_2 两个接触器的星形—三角形降压启动控制线路。

三相笼形异步电动机星形—三角形降压启动具有投资少、线路简单的优点。但是,在限制启动电流的同时,启动转矩也为三角形直接启动时转矩的 $1/3$。因此,它只适用于空载或轻载启动的场合。

图 6.22 三接触器式星形—三角形降压启动主电路

3) 自耦变压器降压启动

电动机在启动时,先经自耦变压器降压,限制启动电流,当转速接近额定转速时,切除自耦变压器转入全压运行。

（1）自耦变压器降压启动的工作原理

启动时将电动机定子绕组接到自耦变压器的二次侧。这样，电动机定子绕组得到的电压即为自耦变压器的二次电压，改变自耦变压器抽头的位置可以获得不同的启动电压。由电动机原理可知：当利用自耦变压器将启动电压降为额定电压的 $1/K$ 时，启动电流减小到 $1/K$，同时，启动转矩也降为直接启动的 $1/K$。因此，自耦变压器降压启动常用于空载或轻载启动。

在实际应用中，自耦变压器一般有 65%、85% 等抽头。当启动完毕时，自耦变压器被切除，额定电压（即自耦变压器的一次电压）直接加到电动机的定子绕组上，电动机进入全电压正常运行状态。

（2）自耦变压器降压启动的控制线路

图 6.23 为自耦变压器降压启动的主线路。其中，自耦变压器按星形连接，KM_1、KM_2 为降压接触器，KM_3 为正常运行接触器。

合上电源开关 QS，按下启动按钮，KM_1、KM_2 的主触点将自耦变压器接入，电动机定子绕组经自耦变压器供电进行降压启动。当电动机转速上升到接近额定转速时，断开 KM_1、KM_2，将自耦变压器切除，KM_3 主触点接通电动机主电路，电动机在全电压下运行。

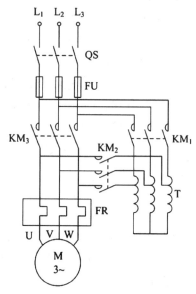

图 6.23 自耦变压器降压启动主电路

由以上分析可知，自耦变压器降压启动方法适用于电动机容量较大、正常工作时接成星形或三角形的电动机。启动转矩可以通过改变抽头的连接位置进行改变。它的缺点是自耦变压器的价格较贵，而且不允许频繁启动。

6.3.3 软启动

前面介绍的几种减压启动方法都属于有级启动，启动的平滑性不高。软启动是指电动机在启动过程中，装置的输出电压按一定规律上升，被控电动机电压由起始电压平滑地升到全电压，其转速随控制电压的变化而发生相应的软性变化，即由零平滑地加速至额定转速的全过程，称为软启动。软启动器是一种集电机软启动、软停车、轻载节能和多种保护功能于一体的新型电动机控制装置，国外称为 SoftStarter。应用软启动器可以实现笼形异步电动机的无级平滑启动。软启动器可分为磁控式与电子式两种。磁控式软启动器现已被先进的电子软启动器取代。

6.4 三相异步电动机的调速

根据异步电动机的转速公式：

$$n = n_1(1-s) = \frac{60f_1}{p}(1-s) \qquad (6.8)$$

可知,异步电动机有下列三种基本调速方法:

(1) 变极调速:通过改变定子绕组的极对数来改变同步转速 n_1,以进行调速。
(2) 变频调速:通过改变电源频率 f_1 来改变同步转速 n_1,以进行调速。
(3) 变转差率调速:保持同步转速 n_1 不变,改变转差率 s 进行调速。

6.4.1 变极调速

6.4.1 视频

改变定子绕组的极对数,通常用改变定子绕组的接线方式来实现。由于只有当定子和转子具有相同的极数时,电动机才具有恒定的电磁转矩,才能实现机电能量的转换,因此,在改变定子极数时,必须同时改变转子的极数,因笼形电动机的转子极数能自动地跟随定子极数的变化,所以变极调速只用于笼形电动机。

1) 变极调速的原理

双速电动机的变速是通过改变定子绕组的连接来改变磁极对数,从而实现转速的改变。

如图 6.24 所示为 4/2 极的双速电动机定子绕组的接线示意图。电动机定子绕组有 6 个接线端,分别为 U_1、V_1、W_1、U_2、V_2、W_2。图 6.24(a)是将电动机定子绕组的 U_1、V_1、W_1 3 个接线端接三相交流电源,而将电动机定子绕组的 U_2、V_2、W_2 3 个接线端悬空,三相定子绕组按三角形接线,此时每个绕组中的①、②线圈相互串联,电流方向如图 6.24(a)中的箭头所示,电动机的极数为 4 极。如果将电动机定子绕组的 U_2、V_2、W_2 3 个接线端子接到三相电源上,而将 U_1、V_1、W_1 3 个接线端子短接,则原来三相定子绕组的三角形连接变成双星形连接,此时每相绕组中的①、②线圈相互并联,电流方向如图 6.24(b)中箭头所示,于是电动机的极数变为 2 极。注意观察两种情况下各绕组的电流方向。

注意:在定子绕组改变极数后,其相序方向和原来的相序相反。所以,在变极调速时,必须把电动机的任意两个出线端对调,以保持高速和低速时的转向相同。

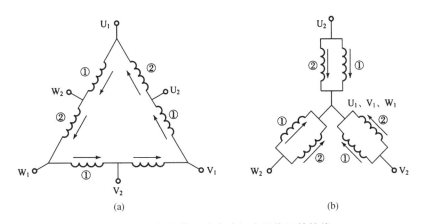

图 6.24 4/2 极的双速电动机定子绕组的接线

2) 双速电动机控制线路

4/2 极双速异步电动机的主电路如图 6.25 所示。

该线路可以手动进行高低速转换。当电动机低速运行时，接触器 KM_3 的主触点闭合，将定子绕组的接线端 U_1、V_1、W_1 接到三相电源上，而此时由于 KM_1、KM_2 的动合触点不闭合，所以电动机定子绕组按三角形接线，电动机低速运行。

当电动机高速运行时，先是接触器 KM_3 主触点闭合，将电动机接成三角形做低速启动。经过一段时间后，KM_3 触点复位，KM_2 的主触点闭合将 U_1、V_1、W_1 连接在一起，同时 KM_1 的主触点闭合，使电动机以双星形连接高速运行。在变极时，将电动机的两个出线端 U_2、W_2 对调。

本线路可以实现对变极调速电动机的控制，在实际应用中，首先必须正确识别电动机的各接线端子，这一点是很重要的。变极多速电动机主要用于驱动某些不需要平

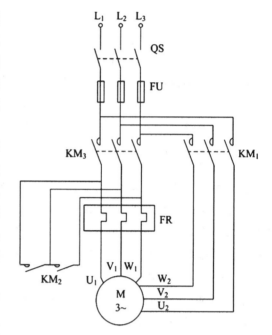

图 6.25 4/2 极双速异步电动机的控制线路

滑调速的生产机械，如冷拔拉管机、金属切削机床、通风机、水泵和升降机等。在某些机床上，采用变极调速与齿轮箱调速相配合，可以较好地满足生产机械对调速的要求。

6.4.2 变频调速

变频调速的原理是将电网电压提供的恒压恒频交流电转换为变压变频的交流电，它是通过平滑改变异步电动机的供电频率 f 来调节异步电动机的同步转速 n_0，从而实现异步电动机的无级调速。这种调节同步转速 n_0 的方法，可以由高速到低速保持有限的转差率，效率高、调速范围大、精度高，是交流电动机一种比较理想的调速方法。

根据转速公式可知，当转差率 s 变化不大时，连续调节电源频率，就可以平滑地改变电动机的转速。但是在工程实践中，仅仅改变电源频率，不能得到满意的调速特性，其原因可分析如下。

电动机正常运行时，若忽略定子的漏磁阻抗压降，则：

$$U_1 \approx E_1 = 4.44 f_1 N_1 K_{w_1} \Phi_1 \tag{6.9}$$

若端电压 U_1 不变，则当电源频率 f_1 减小时，主磁通 Φ_1 将增加，使磁路过分饱和，励磁电流增大，铁芯损耗增大，效率降低，功率因数减小，使电动机不能正常工作；当电源频率 f_1 增大时，Φ_1 将减小，电磁转矩及最大转矩减小，过载能力降低，电动机的容量得不到充分利用。

因此，为了使电动机能保持较好的运行性能，要求在调节 f_1 的同时，也成比例地减小电源电压，保持 U_1/f_1=常数，使 Φ_1 基本恒定。当电源频率 f_1 增大时，由于电源电压不能大于电动机的额定电压，因此电压 U_1 不能随频率成比例增加，只能保持额定值不变，这样使得电

源频率 f_1 增加时，主磁通 Φ_1 将减小，相当于电动机弱磁调速。

变频调速时，U_1 与 f_1 的调节规律是和负载性质有关的，通常分为恒转矩变频调速和恒功率变频调速两种情况。

以电动机的额定频率 f_1 为基准频率，变频调速时电压随频率的调节规律以基频为分界线，可分以下两种情况：

1）在基频以下调速

保持 U_1/f_1 为常数，即恒转矩调速。当 f_1 减小时，最大转矩 T_m 不变，启动转矩 T_{st} 增大，临界点转速降 Δn_m 不变。因此，机械特性随频率的降低而向下平移，如图 6.26 中虚线所示。实际上，由于定子电阻 r_1 的存在，随着 f_1 降低，T_m 将减小，当 f_1 很低时，T_m 减小很多，如图 6.27 中实线所示。

为保证电动机在低速时有足够大的 T_m 值，U_1 应比 f_1 降低的比例小一些，使 U_1/f_1 的值随 f_1 的降低而增加，这样才能获得图 6.27 中虚线所示的机械特性。

2）在基频以上调速

频率从 f_1 向上增大，但电压 U_1 却不能增加得比额定电压 U_1 还大，最多只能保持 $U_1 = U_{1N}$，T_m 和 T_{st} 均随频率 f_1 的增大而减小，Δn_m 保持不变，其机械特性如图 6.26 所示。这种调速近似为恒功率调速，相当于直流电动机弱磁调速的情况。

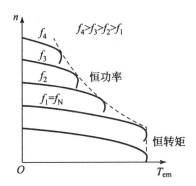

图 6.26 恒转矩和恒功率变频调速的机械特性

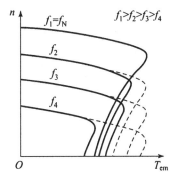

图 6.27 在基频以下变频调速时的机械特性

6.4.3 变转差率调速

异步电动机的变转差率调速包括绕线转子异步电动机的转子串接电阻调速、串级调速及异步电动机的定子调压调速等。这些调速方法的共同特点是：在调速过程中转差率 s 增大，转差功率 sP_{em} 也增大。除串级调速外，这些转差功率均消耗在转子电路的电阻上，使转子发热，效率降低，调速的经济性较差。

6.4.3 视频

1）绕线转子电动机的转子回路串接电阻调速

绕线转子电动机的转子回路串接对称电阻调速的机械特性如图 6.28 所示。

当电动机转子电路不串附加电阻，拖动恒转矩负载 $T_L = T_N$ 时，电动机稳定运行在 A 点，转速为 n_A。若转子电路串入 R_{p_1} 时，串电阻的瞬间，转子转速不变，转子电流 I_2 减小，电磁转矩也减小，因此电动机开始减速，转差率增大，使转子电动势、转子电流和电磁转矩均增大,直到 B 点满足 $T_{em}=T_L$ 为止,此时电动机将以转速 n_B 稳定运行,显然 $n_B < n_A$。若转子电路所串电阻增大到 R_{p2} 和 R_{p3} 时,电动机将分别以转速 n_C 和 n_D 稳定运行。显然,转子电路所串电阻越大,稳定运行转速越低,机械特性越软。

转子回路串接电阻调速方法的优点是:设备简单、易于实现。缺点是:调速是有级的,不平滑;低速时转差率较大,造成转子铜损耗增大,运行效率降低,机械特性变软,当负载转矩波动时将引起较大的转速变化,所以低速时静差率较大。

这种调速方法多应用在起重机一类对调速性能要求不高的恒转矩负载上。

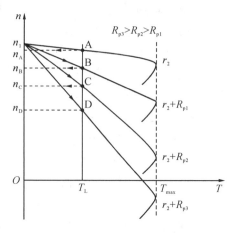

图 6.28 串接电阻调速的机械特性

2) 绕线转子电动机的串级调速

在负载转矩不变的条件下,异步电动机的电磁功率 $P_{em}=T_{em}\Omega_1=$ 常数,转子铜损耗 $P_{p2}=sP_{em}$ 与转差率成正比,所以转子铜损耗又称为转差功率。转子串接电阻调速时,转速调得越低,转差功率越大、输出功率越小、效率就越低,所以转子串接电阻调速很不经济。

如果在转子回路中不串接电阻,而是串接一个与转子电动势 E_{2s} 同频率的附加电动势 $\dot{E}_{ad}$(见图 6.29),通过改变 $\dot{E}_{ad}$ 的幅值和相位,同样也可以实现调速。这种在绕线转子异步电动机转子回路中串接附加电动势的调速方法称为串级调速。

串级调速完全克服了转子串电阻调速的缺点,它具有高效率、无级平滑调速、较硬的低速机械特性等优点。

串级调速时的机械特性如图 6.30 所示。由图可见,当 $\dot{E}_{ad}$ 与 E_{2s} 同相位时,机械特性基本上是向右上方移动;当 $\dot{E}_{ad}$ 与 E_{2s} 反相位时,机械特性基本上是向左下方移动。因此机械特性的硬度基本不变,但低速时的最大转矩和过载能力降低,启动转矩也减小。

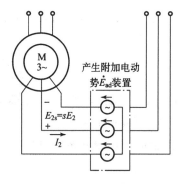

图 6.29 串级调速的原理图

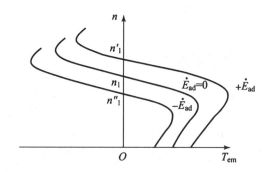

图 6.30 串级调速时的机械特性

串级调速的调速性能比较好,但获得附加电动势 $\dot{E}_{ad}$ 的装置比较复杂,成本较高,且在低速时电动机的过载能力较低,因此串级调速适合用于调速范围不太大(一般为 2~4 倍)的场合,如通风机和提升机等。

3) 调压调速

改变定子电压时的异步电动机机械特性如图 6.31 所示。当定子电压降低时,电动机的同步转速 n_1 和临界转差率 s_m 均不变,但电动机的最大电磁转矩和启动转矩均随着电压平方关系减小。对于通风机负载(图 6.31 中特性 1),电动机在全段机械特性上都能稳定运行。

在不同电压下的稳定工作点分别为 a_1、b_1、c_1,所以,改变定子电压可以获得较低的稳定运行速度。对于恒转矩负载(图 6.31 中特性 2),电动机只能在机械特性的线性段($0 < s < s_m$)稳定运行,在不同电压时的稳定工作点分别为 a_2、b_2、c_2,显然电动机的调速范围很窄。

异步电动机的调压调速通常应用在专门设计的具有较大转子电阻的高转差率异步电动机上,这种电动机的机械特性如图 6.32 所示。由图可见,即使恒转矩负载,改变电压也能获得较宽的调速范围。但是,这种电动机在低速时的机械特性太软,其静差率和运行稳定性往往不能满足生产工艺的要求。因此,现代的调压调速系统通常采用速度反馈的闭环控制,以提高低速时机械特性的硬度,从而在满足一定的静差率条件下,获得较宽的调速范围,同时保证电动机具有一定的过载能力。

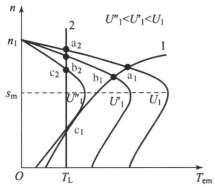

图 6.31 改变定子电压时的机械特性

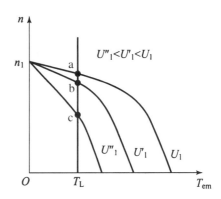

图 6.32 高转差率电动机改变定子电压时的机械特性

调压调速既非恒转矩调速,也非恒功率调速,它最适用于转矩随转速降低而减小的负载(如通风机负载),也可用于恒转矩负载,最不适用于恒功率负载。

6.5 三相异步电动机的制动

6.5 课件

三相异步电动机除了运行于电动状态外,还时常运行于制动状态。运行于电动状态时,T_{em} 与 n 方向相同,T_{em} 是驱动转矩,电动机从电网吸收电能并转换成机械能从轴上输出,其机械特性位于第一或第三象限。运行于制动状态时,T_{em} 与 n 方向相反,T_{em} 是制动转矩,电动机从轴上吸收机械能并转换成电能,该电能或消耗在电机内部,或反馈回电网,其机械特性位于第二或第四象限。

异步电动机制动的目的是使电力拖动系统快速停车或者使拖动系统尽快减速,对于位能性负载,制动运行可获得稳定的下降速度。

异步电动机制动的方法有能耗制动、反接制动和回馈制动三种。

6.5.1 能耗制动

异步电动机的能耗制动接线图如图 6.33(a) 所示。制动时,接触器触点 S_1 断开,电动机脱离电网,同时触点 S_2 闭合,在定子绕组中通入直流电流(称为直流励磁电流),于是定子绕组便产生一个恒定的磁场。转子因惯性而继续旋转并切割该恒定磁场,转子导体中便产生感应电动势及感应电流。由图 6.33(b) 可以判定,转子感应电流与恒定磁场作用产生的电磁转矩为制动转矩,因此转速迅速下降,当转速下降至零时,转子的感应电动势和感应电流均为零,制动过程结束。此制动方法是将电动机旋转的动能转变为电能,消耗在转子回路电阻上,故称为能耗制动。

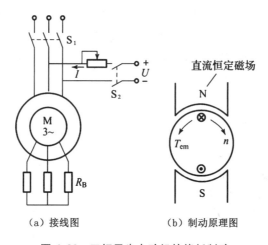

(a) 接线图　　　　　(b) 制动原理图

图 6.33　三相异步电动机的能耗制动

6.5.2 反接制动

当异步电动机转子的旋转方向与定子磁场的旋转方向相反时,电动机便处于反接制动状态。它有两种情况,一是在电动状态下突然将电源的任意两相反接,使定子旋转磁场的方向反向,这种制动称为电源反接制动;二是保持定子磁场的转向不变,而转子在位能负载作用下进入倒拉反转,这种制动称为倒拉反接制动。

1) 电源反接制动

实现电源反接制动的方法是将三相异步电动机任意两相定子绕组的电源进线对调。这种制动类似于他励直流电动机的电压反接制动。

反接制动前,设电动机处于正向电动状态,以速度 n 逆时针旋转,拖动负载运行于固有特性曲线上的 A 点,如图 6.34(b) 所示。当把定子两相绕组出线端对调时如图 6.34(a) 所示,由于改变了定子电压的相序,所以定子旋转磁场方向变为顺时针方向,电磁转矩方向也随之改变,变为制动性质,其机械特性曲线变为图 6.34(b) 中曲线 2,其对应的理想空载转速为 n_1。

在定子两相反接瞬间,转速来不及变化,工作点由 A 点平移到 B 点,这时系统在制动的电磁转矩和负载转矩共同作用下迅速减速,工作点沿曲线 2 移动,当到达 C 点时,转速为零,制动过程结束。如要停车,则应立即切断电源,否则电动机将反向启动。

对于绕线转子异步电动机,为了限制制动瞬间电流以及增大电磁制动转矩,通常在定子两相反接的同时,在转子回路中串接制动电阻 R_B,这时对应的机械特性如图 6.34(b)中的曲线 3 所示。定子两相反接的反接制动是指从反接开始至转速为零这一段制动过程,即图 6.34(b)中曲线 2 的 BC 段或曲线 3 的 B′C′ 段。

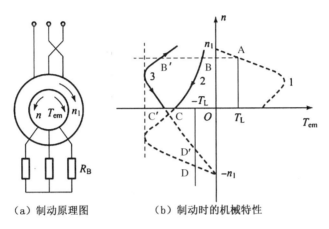

(a) 制动原理图　　(b) 制动时的机械特性

图 6.34　异步电动机的电源反接制动

2) 倒拉反接制动

倒拉反接制动适用于绕线转子异步电动机拖动位能性负载的情况,它能够使重物获得稳定的下放速度。实现倒拉反接制动的方法是在转子电路中串入足够大的电阻。这种制动类似于直流电动机的倒拉反接制动。下面以起重机为例来说明。

绕线转子异步电动机倒拉反接制动时的原理图及其机械特性如图 6.35 所示。设电动机原来工作在固有特性曲线上的 A 点提升重物,当在转子回路中串入足够大的电阻 R_B 时,其机械特性变为曲线 2。串入 R_B 的瞬间,转速来不及变化,工作点由 A 平移到 B 点,此时电动机的提升转矩 T_B 小于位能负载转矩 T_L,所以提升速度减小,工作点沿曲线 2 由 B 点向 C 点移动。在减速过程中,电机仍运行在电动状态。当工作点到达 C 点时,转速降至零,对应

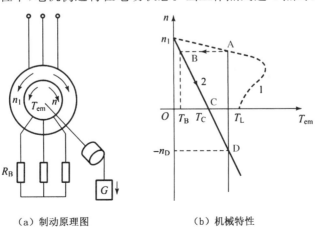

(a) 制动原理图　　(b) 机械特性

图 6.35　异步电动机的倒拉反接制动

的电磁转矩 T_D 仍小于负载转矩 T_L，重物将倒拉电动机的转子反向旋转，并加速到 D 点，这时 $T_D=T_L$，拖动系统将以较低的转速 n_D 匀速下放重物。在 D 点，$T_{em}=T_D>0$，$n=-n_D<0$，负载转矩成为拖动转矩，拉着电动机反转，而电磁转矩起制动作用，如图 6.35(a) 所示，故称为倒拉反接制动。

6.5.3 回馈制动

6.5.3 视频

若异步电动机在电动状态下运行时，由于某种原因，使电动机的转速超过了同步转速（转向不变），这时电动机便处于回馈制动状态。

当电动机转子的转速超过同步转速（$n>n_1$）时，转差率 $s<0$，转子电流的有功分量（$I'_2\cos\varphi_2$）为负值，故电磁转矩 $T_{em}=C_T\Phi I'_2\cos\varphi_2$ 也为负值，与转子的旋转方向相反，说明电动机处于制动状态。而转子电流的无功分量为正，说明回馈制动时，电动机仍需要从电网吸取励磁电流建立磁场。

回馈制动时，实际上电动机是向电网输出电能的，气隙主磁通传递能量是由转子到定子，即功率传递是由轴上输入，经转子、定子到电网，好似一台发电机，因此回馈制动也称为再生回馈制动。

要产生回馈制动，转子必须在外力矩的作用下，即转轴上必须输入机械能。因此回馈制动状态实际上就是将轴上的机械能转变成电能并回馈到电网的异步电机的发电运行状态。

回馈制动时，$n>n_1$，T_{em} 与 n 反方向，所以其机械特性是第一象限正向电动状态特性曲线在第二象限的延伸，如图 6.36 中的曲线 1；或是第三象限反向电动状态特性曲线在第四象限的延伸，如图 6.36 中曲线 2、3 所示。

以上介绍了三相异步电动机的三种制动方法，为了便于掌握，现将这三种制动方法及其能量关系、优缺点、应用场合做一个比较，如表 6.2 所示。

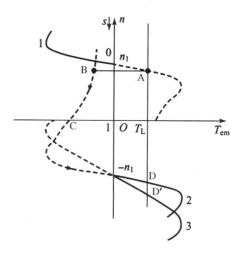

图 6.36 异步电动机回馈制动时的机械特性

表 6.2 三相异步电动机各种制动方法的比较

项目	能耗制动	反接制动		回馈制动
		定子两相反接	倒拉反转	
方法条件	断开交流电源的同时，在定子两相中通入直流电流	突然改变定子电源相序，使定子旋转磁场方向改变	定子按提升方向接通电源，转子串入较大电阻，电动机被重物拖动反转	在某一转矩作用下，使电动机转速超过同步转速
能量关系	吸收机械系统储存的动能并转化成电能，消耗在转子电路的电阻上	吸收机械系统储存的动能作为轴的输入机械功率并转化成电能后，连同定子传递给转子的电磁功率一起，消耗在转子电路电阻上		轴上输入机械功率并转换成电功率，由定子回馈给电网

续表

项目	能耗制动	反接制动		回馈制动
		定子两相反接	倒拉反转	
优点	制动平稳,便于实现准确停车	制动强烈,停车迅速	能使位能负载在 $n<n_1$ 时稳定下放	能向电网回馈电能,比较经济
缺点	制动较慢,需要一套直流电源	能量损耗大,控制较复杂,不易实现准确停车	能量损耗大	在 $n<n_1$ 时不能实现回馈制动
应用场合	要求平稳准确停车的场合;限制位能负载的下降速度	要求迅速停车需要反转的场合	限制位能负载的下放速度,并在 $n<n_1$ 的情况下采用	限制位能负载的下放速度,并在 $n>n_1$ 的情况下采用

【想一想】 a. 三相异步电动机的启动控制方法有哪些?
b. 三相异步电动机的调速控制方法有哪些?
c. 三相异步电动机的制动方式有哪些?

思考与练习

2.1 判断题

(1) 三相异步电动机的变极调速只能用在笼形转子异步电动机上。 ( )

(2) 三相绕线转子异步电动机的转子回路串入电阻可以增大启动转矩,串入电阻值越大,启动转矩也越大。 ( )

(3) 由公式 $T_{em}=C_T\varphi I_2'\cos\varphi_2$ 可知,电磁转矩与转子电流成正比,因为直接启动时的启动电流很大,所以启动转矩也很大。 ( )

(4) 三相异步电动机的变极调速属于无级调速。 ( )

(5) 电动机进行能耗制动时,直流励磁电流越大,则初始制动转矩越大。 ( )

(6) 只要是笼形异步电动机就可以用 Y—△方式降压启动。 ( )

(7) 自耦变压器降压启动的方法适用于频繁启动的场合。 ( )

(8) 采用频敏变阻器可以使启动平稳,避免产生不必要的机械冲击力。 ( )

(9) 电动机为了平稳停机应采用反接制动。 ( )

(10) 变频器有统一的产品型号。 ( )

2.2 选择题

(1) 三相异步电动机反接制动时,采用对称制电阻接法,可以在限制制动转矩的同时,限制( )。

A. 制动电流　　B. 启动电流　　C. 制动电压　　D. 启动电压

(2) 三相异步电动机启动瞬间,转差率为( )。

A. $s=0$　　　　　　　　　　　B. $s=0.01\sim0.07$

C. $s=1$　　　　　　　　　　　D. $s>1$

(3) 常用的绕线式异步电动机降压启动方法是( )。

A. 定子串电阻降压启动　　　　　　B. Y—△降压启动
C. 自耦变压器降压启动　　　　　　D. 频敏变阻器启动

(4) 在星形—三角形降压启动控制线路中,启动电流是正常工作电流的(　　)。

A. $1/3$　　　B. $1/\sqrt{3}$　　　C. $2/3$　　　D. $2/\sqrt{3}$

(5) 电动机拖动恒转矩负载,当进行变极调速时,应采用的连接方式是(　　)。

A. Y—YY　　　　　　　　　　　　B. D—YY
C. 顺串 Y—反串 Y　　　　　　　　D. D—Y

2.3　简答题

(1) 三相异步电动机的旋转磁场是怎样产生的？旋转磁场的转向和转速各由什么因素决定？

(2) 试述三相异步电动机的转动原理,并解释"异步"的含义。

(3) 什么是异步电动机的转差率？如何根据转差率来判断异步电动机的运行状态？

(4) 简述三相异步电动机的基本结构和各部分的主要功能。

(5) 简述三相异步电动机能耗制动的原理。

(6) 什么是三相异步电动机的回馈制动？有何优缺点？

(7) 三相异步电动机的反接制动有哪两种方法？各有何特点？

2.4　分析题

如图 6.37 所示,是电动机反接制动主电路,分析其反接制动的工作过程。

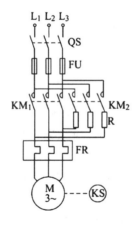

图 6.37　习题 2.4 图

第7章 继电器接触器控制电路

任务引入

低压电器是电力拖动与自动控制系统的基本组成元件。由按钮、继电器、接触器等低压控制电器组成的电气控制线路,具有线路简单、维修方便、便于掌握、价格低廉等优点,多年来在各种生产机械的电气控制中,获得了广泛的应用。大多数生产机械都是由电动机拖动的,控制电动机就间接地实现了对生产机械的控制。虽然各种生产机械的电气控制线路不同,但一般会遵循一定的原则和规律,掌握其规律,就能够阅读和设计控制线路。因此,掌握基本的电气控制线路,对整个电气控制系统工作原理的分析以及系统维修有着重要的意义。

任务导航

◆掌握常用低压电器的结构、基本工作原理和作用;
◆掌握常用低压电器的主要技术参数和典型产品及其应用场合;
◆了解电气控制的基本知识;
◆掌握三相异步电动机的启停、点动、连续运行、正反转控制线路的原理和基本规律;
◆熟悉三相异步电动机的行程、顺序控制电路的原理和基本规律;
◆掌握电气控制系统图的识读和绘制。

7.1 常用电压电器

7.1 课件

电器是指对电能的生产、输送、分配和应用能起到切换、控制、调节、检测以及保护等作用的电工器械。低压电器通常是指在交流 1 200 V 及以下、直流 1 500 V 及以下的电路中使用的电器。机床电气控制线路中使用的电器多数属于低压电器。

在电动机的运行控制电路中常用的低压电器有按钮、刀开关、熔断器、交流接触器、热继电器、低压断路器等。

7.1.1 开关与断路器

1) 刀开关

刀开关是一种手动电器,在低压电路中用于不频繁地接通和分断电路,或用于隔离电源,故又称"隔离开关"。

根据极数刀开关可分为单极、双极和三极 3 种,是手动电器中构造最简单的开关,如图 7.1 所示。当推动手柄后,刀极便紧紧插入静刀夹中,电路即被接通。

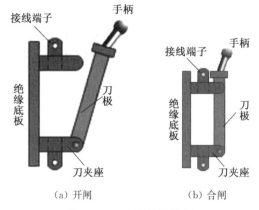

图 7.1 刀开关的结构图

刀开关触头分断速度慢,主要用做小容量电流下的电源开关。若用刀开关切断较大电流的电路或电感性负载(电动机)时,在刀极和刀夹座分开的瞬间,两者的间隙处会产生强烈的电弧。为了防止刀极和静刀夹的接触部分被电弧烧坏,大电流的刀开关多装有速断刀刃或采用耐弧触头,有的还带有灭弧罩。

刀开关的外形如图 7.2 所示。

  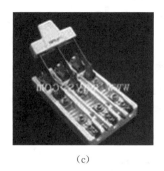

图 7.2 刀开关的外形图

刀开关的型号含义和电气符号如图 7.3 所示。

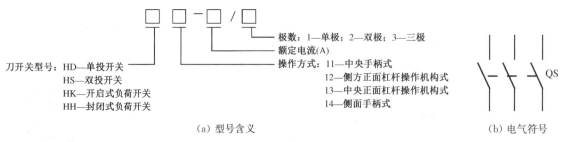

图 7.3 刀开关的型号含义和电气符号

刀开关的选择原则:对于普通负载,可根据额定电流来选择刀开关;而对于电动机等感性负载,开关的额定电流可选为电动机额定电流的 3 倍左右。

2) 组合开关

组合开关与刀开关不同,其操作是左右旋转的平面操作,所以又称为转换开关。组合开关有单极、双极、多极之分,额定电流有 10 A、15 A、20 A、40 A、60 A 等几个等级。

组合开关由装在同一根方形转轴上的单个或多个单极旋转开关叠装在一起组成,所以,组合开关实际上是一个多触头、多位置、可控制多个回路的开关电器,外形如图 7.4 所示。

(a) (b) (c) (d)

图 7.4　组合开关外形图

普通类型的组合开关,各极是同时接通或同时分断的。在机床控制电路中,这种组合开关主要作为电源引入开关,有时也用来启动那些不经常启/停的小型电动机(不大于 5 kW),如小型砂轮机、冷却泵电动机或小型通风机等。

3) 低压断路器

低压断路器又称为自动空气开关、自动空气断路器。其功能是刀开关、熔断器、热继电器、欠电压继电器的组合,常用作低压(550 V 以下)配电的总电源开关,具有同时对电动机进行短路、过流、欠压、失压保护的作用。

(1) 低压断路器的结构和工作原理

低压断路器主要由触头、灭弧装置、操动机构和保护装置等组成。断路器的保护装置由各种脱扣器来实现。断路器的脱扣器形式有:欠压脱扣器、过电流脱扣器、分励脱扣器等。如图 7.5 所示,断路器的主触头靠操作机构手动或电动合闸,并由自动脱扣机构将主触头锁定在合闸位置。

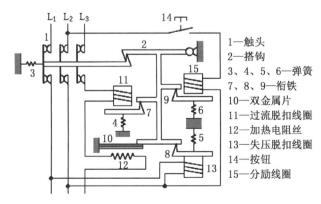

图 7.5　低压断路器的工作原理图

当电路发生短路或严重过载时,过流脱扣线圈 11 吸合衔铁 7;当电路长时间过载时,加热电阻丝 12 加热双金属片 10 使其向上弯曲;当电路失压或欠压时,失压脱扣线圈 13 吸力不足,衔铁 8 在弹簧力作用下向上运动;三者都会导致搭钩向上转动,主触头在弹簧 3 的作用下断开电路。按钮 14 和分励线圈 15、衔铁 9、弹簧 6 构成远程分断控制。

断路器的型号含义和电气符号如图 7.6 所示。

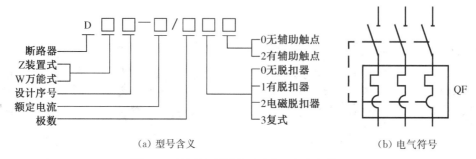

(a) 型号含义　　　　　　　　　　(b) 电气符号

图 7.6　低压断路器的型号含义和电气符号

(2) 低压断路器的分类

按结构形式分:万能式(DW15、DW16、CW 系列)和塑壳装置式(C45N 系列、DZ 系列);

按灭弧介质分:空气式和真空式;

按操作方式分:手动操作、电动操作和弹簧储能机械操作;

按极数分:单极式、二极式、三极式和四极式;

按安装方式分:固定式、插入式、抽屉式和嵌入式等;

DZ 系列(装置式)断路器外形如图 7.7 所示。选用时其额定电压、额定电流应不小于电路正常工作时的电压和电流,热脱扣器和过流脱扣器的整定电流与负载额定电流一致。

(3) 低压断路器的选用

低压断路器的主要参数有额定电压、额定电流和允许切断的极限电流。选用低压断路器时要注意以下要点:

图 7.7　DZ 系列断路器

① 极限分断能力要大于或等于电路最大短路电流;

② 额定电压和额定电流应不小于电路正常工作时的电压和电流;

③ 热脱扣器的整定电流应与负载额定电流相等;

④ 电磁脱扣器的瞬时脱扣整定电流应大于正常工作时的冲击电流。

7.1.2　主令电器

7.1.2 视频

主令电器是用作接通、分断及转换控制电路,以发出指令或用于程序控制的开关电器。常用的主令电器有按钮、行程开关、万能转换开关、主令控制器等。

1) 按钮

按钮是机床电气设备中常用的一类手动电器。由于这类电器主要用来下达电气控制的"命令",以控制其他电器的动作,所以,又称为主令电器。其外形和结构如图 7.8 所示。

动作原理:按下按钮帽,人力克服弹簧反力,使动触桥带动动触点向下移动,常闭触点断开而常开触点闭合。当手离开按钮帽后,人力消失,在复位弹簧的作用下,动触桥带动动触点返回原来位置,则常开触点断开,常闭触点恢复闭合。

(a) 外形　　　　　　　　　　　　　　(b) 结构

图 7.8　按钮结构及触点系统

控制按钮的型号含义和电气符号如图 7.9 所示。按钮的主要技术指标有:规格、结构形式、触点对数和颜色等,通常选用的规格为交流额定电压 500 V,允许持续电流 5 A。常用的按钮型号有 LA10、LA20、LA18、LA19、LA25 等,在机床上常用 LA10 系列。

结构形式代号:K—开启、J—紧急、H—保护、Y—钥匙、X—旋钮、D—指示灯。

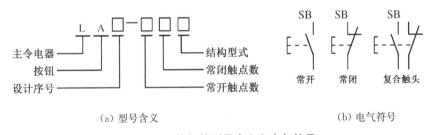

(a) 型号含义　　　　　　　　　　　　(b) 电气符号

图 7.9　按钮的型号含义和电气符号

按钮必须有金属防护挡圈,且挡圈必须高于按钮帽,这样可防止意外触动按钮帽时产生误动作。由于安装按钮的按钮板或按钮盒必须是金属的,所以,按钮的外壳必须与机械设备的接地线相连。

2) 行程开关

依据生产机械的行程发出命令以控制其运行方向或行程长短的主令电器,称为行程开关。若将行程开关安装于生产机械行程终点处,以限制其行程,则称为限位开关或终点开关。按其结构可分为直动式、滚轮式、微动式和组合式。

(1) 直动式行程开关

直动式行程开关的外形和结构如图 7.10 所示。其作用原理与按钮相同,只是它用运动部件上的挡铁碰压行程开关的推杆。这种开关不宜

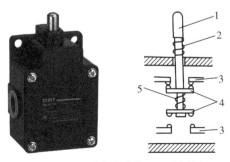

1—按钮帽;2—自复位弹簧;3—固定触点;
4—移动触点;5—触点弹簧

图 7.10　直动式行程开关的外形和结构图

用在碰块移动速度小于 0.4 m/min 的场合。

(2) 滚轮式行程开关

滚轮式行程开关的外形和结构如图 7.11 所示。为了克服直动式行程开关的缺点,可采用能瞬时动作的滚轮式行程开关。

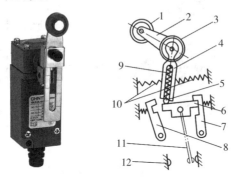

1—滚轮;2—上转臂;3—盘形弹簧;4—推杆;5—小滚轮;6—擒纵件;
7,8—压板;9,10—弹簧;11—动触点;12—静触点

图 7.11 滚轮式行程开关的外形和结构图

(3) 微动式行程开关

微动式行程开关是行程非常小的瞬时动作开关,其特点是操作力小和操作行程短。其外形和结构如图 7.12 所示,当推杆被压下时,弓簧片变形存储能量,当推杆被压下一定距离时,弹簧瞬时动作,使其触点快速切换,当外力消失后,推杆在弓簧的作用下迅速复位,触点也复位,常用的有 LXW 系列产品。

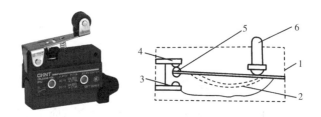

1—壳体;2—弓簧片;3—动合触点;4—动断触点;5—动触点;6—推杆

图 7.12 微动式行程开关的外形和结构图

(4) 行程开关的型号和符号

行程开关的型号标志组成及其含义如图 7.13 所示。

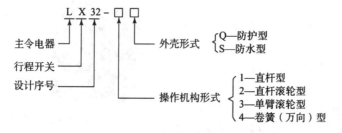

图 7.13 行程开关的型号标志组成及其含义

行程开关的图形符号及文字符号如图 7.14 所示。

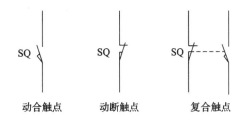

图 7.14 行程开关的图形、文字符号

7.1.3 视频

7.1.3 电磁式接触器

接触器是一种控制电器,主要用于远距离较频繁地接通和分断交、直流电路。常用于控制电动机、电焊机、电热设备、电容器组等设备的交流电源,并具有欠压保护功能。

按主触头通过电流的种类,接触器可分为交流接触器和直流接触器两大类。机床电气控制中交流接触器应用得更广一些。

1) 交流接触器的组成

交流接触器常用于远距离接通或断开电压至 1 140 V、电流至 630 A 的交流电路,以及频繁控制交流电动机。如图 7.15 所示,接触器一般由电磁系统、触头系统、灭弧装置、弹簧和支架底座等部分组成。

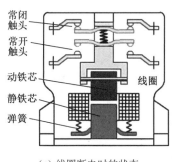

(a) 线圈断电时的状态

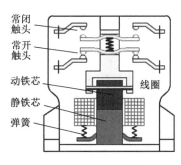

(b) 线圈通电时的状态

图 7.15 交流接触器的结构

(1) 电磁系统

交流接触器的电磁系统采用交流电磁机构。当线圈通电后,衔铁在电磁吸力的作用下克服复位弹簧的反力与铁芯吸合,带动触头动作,从而接通或断开相应电路。线圈断电后,衔铁及触头恢复常态。

(2) 触头系统

主触头:用于通断电流较大的主电路,一般由三对动合触点组成。

辅助触头:用于通断小电流的控制电路,由成对的动合、动断触头组成。

(3) 灭弧装置

接触器通常用于通断大电流,因此,有效地灭弧是十分重要的。交流接触器通常采用电动力灭弧和栅片灭弧。

163

（4）其他部分

包括复位弹簧、缓冲弹簧、触头压力弹簧、传动机构、接线柱和外壳等。

2）交流接触器的工作原理

如图 7.16 所示,当接触器线圈 1 通电后,在铁芯 2 中产生磁通及电磁吸力。此电磁吸力克服弹簧反力使得衔铁 3 吸合,带动触点机构 4 和 5 动作,常闭触点打开,常开触点闭合,互锁或接通线路。线圈失电或线圈两端电压显著降低时,电磁吸力小于弹簧反力,使得衔铁释放,触点机构复位,断开线路或解除互锁。

3）接触器的主要技术参数及型号

（1）接触器的主要技术参数

额定电压：长期工作主触点能够承受的最高电压；

额定电流：长期工作主触点允许通过的最大电流；

吸引线圈额定电压：吸引线圈正常工作的最大电压；

额定操作频率（次/小时）：接触器每小时允许的操作次数,一般为 600 次/h。

（2）常用的交流接触器型号

国内有 CJ10X、CJ12、CJ20、CJX1、CJX2、NC3（CJ46）等系列；引进国外技术生产的有 B 系列、3TB、3TD、LC.D 等系列,外形如图 7.17 所示。

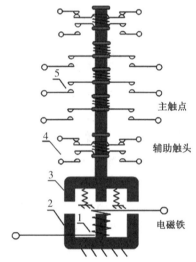

1—线圈；2—铁芯；3—衔铁；4、5—触点机构

图 7.16 交流接触器的原理结构图

图 7.17 接触器外形

接触器的型号含义及电气符号,如图 7.18 所示。

(a) 型号含义　　　　　　　　　　　　(b) 电气符号

图 7.18 接触器的型号含义及电气符号

4）交流接触器的选用

交流接触器的选择主要考虑主触点的额定电流、额定电压和线圈电压等。主触头的额定电压U_e应大于等于负载额定工作电压U_{ea}，主触头的额定电流可根据下面的经验公式进行选择，即：

$$I_e = \frac{P_{ed} \times 10^3}{KU_{ed}}$$

式中：I_e——接触器主触点额定电流，A；

K——比例系数，一般取1～1.4；

P_{ed}——被控电动机额定功率，kW；

U_{ed}——被控电动机额定线电压，V。

为保证安全，一般接触器吸引线圈选择较低的电压。但如果在控制线路比较简单的情况下，为了省去变压器，可选用380 V电压。值得注意的是，接触器的产品系列是按使用类别设计的，所以要根据接触器负担的工作任务来选用相应的产品系列，交流接触器使用类别有AC-0～AC-4五大类。

5）直流接触器

直流接触器主要用来远距离接通或断开电压至440 V、电流至630 A的直流电路，其组成部分和工作原理与交流接触器基本相同，只是采用了直流电磁机构（为了保证铁芯的可靠释放，常在磁路中夹有非磁性垫片以减小剩磁的影响）。目前，常用的直流接触器型号有CZ0、CZ18等系列。

由于直流接触器的线圈通以直流电，所以，没有冲击的启动电流，也不会产生铁芯猛烈撞击的现象，因而它的寿命长，更适用于频繁启动、制动的场合。

7.1.4 继电器

继电器是根据一定的信号（如电流、电压、时间和速度等物理量）的变化来接通或分断小电流电路和电器的自动控制电器。

7.1.4视频

1）电磁式继电器

继电器一般由3个基本部分组成：检测机构、中间机构和执行机构。

低压控制系统中的控制继电器大部分为电磁式结构。图7.19为电磁式继电器的典型结构示意图。电磁式继电器由电磁机构和触点系统两个主要部分组成。

电磁机构由线圈5、铁芯1、衔铁4组成。

由于其触点都接在控制电路中，且电流小，故不装设灭弧装置。它的触点一般为桥式触点，有动合和动断两种形式。另外，为了实现继电器动作参数的改变，继电器一般还有调节弹簧3。

当通过线圈5的电流超过某一定值时，电磁吸力大于反作用弹簧力，衔铁4吸合并带动绝缘支架动作，使动断触点7断开，动合触点6闭合。通过调节弹簧3来调节反作用力的大小，即调节继电器的动作参数值。

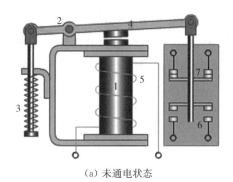 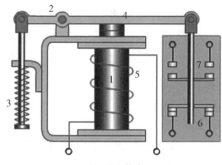

(a) 未通电状态　　　　　　　　　(b) 通电状态

1—铁芯；2—连杆；3—弹簧；4—衔铁；5—线圈；6—动合触点；7—动断触点

图 7.19　电磁式继电器的结构

继电器的主要特性是输入/输出特性，又称继电特性，继电器的特性曲线如图 7.20 所示。当继电器输入量 X 由零增至 X_0 以前，继电器输出量 Y 为零。当输入量 X 增加到 X_0 时，继电器吸合，输出量为 Y_1；若 X 继续增大，Y 保持不变。当 X 减小到 X_r 时，继电器释放，输出量由 Y_1 变为零，若 X 继续减小，Y 值均为零。

2）电流继电器

电流继电器主要用于过载及短路保护。使用时将电流继电器的线圈串联接入主电路，用来感测主电路的电流，触点接于控制电路。

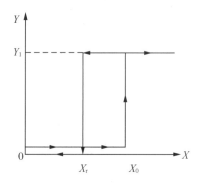

图 7.20　继电器的特性曲线

特点：线圈匝数少、导线粗、阻抗小。

电流继电器反映的是电流信号，常用的电流继电器有欠电流继电器和过电流继电器两种。

欠电流继电器用于欠电流保护，在电路正常工作时，欠电流继电器的衔铁是吸合的，其动合触点（常开触点）闭合，动断触点（常闭触点）断开。只有当电流降低到某一整定值时，衔铁释放，控制电路失电，从而控制接触器及时分断电路。

过电流继电器在电路正常工作时不动作，整定范围通常为额定电流的 1.1～3.5 倍。当被保护线路的电流高于额定值，并达到过电流继电器的整定值时，衔铁吸合，触点机构动作，控制电路失电，从而控制接触器及时分断电路，对电路起过流保护作用。两种电流继电器的外形如图 7.21 所示。

(a) 欠流继电器　　　　　　　　　(b) 过流继电器

图 7.21　电流继电器的外形

3) 电压继电器

电压继电器反映的是电压信号,主要用于线路的过压保护。使用时将电压继电器的线圈并联在被测电路两端。

特点:线圈匝数多、导线细、阻抗大。

按吸合电压的大小,电压继电器可分为过电压继电器和欠电压继电器。

过电压继电器用于线路的过电压保护,当被保护的电路电压正常时衔铁不动作,当被保护电路的电压高于额定值,达到过电压继电器的整定值时,衔铁吸合,触点机构动作,控制电路失电,控制接触器及时分断被保护电路。

欠电压继电器用于电路的欠电压保护,其释放整定值为电路额定电压的 0.1~0.6 倍。当被保护电路的电压正常时衔铁可靠吸合,当被保护电路的电压降至欠电压继电器的释放整定值时衔铁释放;触点机构复位,控制接触器及时分断被保护电路。

4) 中间继电器

中间继电器实质上是一种电压继电器。它的特点是触点数目较多,电流容量可增大,主要起中间放大(触点数目和电流容量)的作用,故得名为中间继电器。其外形如图 7.22 所示。

图 7.22 中间继电器外形图

继电器的型号含义和电气符号如图 7.23 所示。

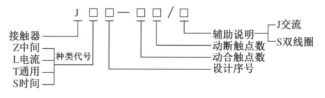

(a) 型号含义

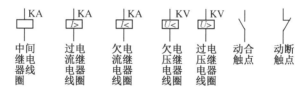

(b) 电气符号

图 7.23 继电器的型号含义和电气符号

7.1.5 熔断器

熔断器是一种结构简单、使用方便、价格低廉、控制有效的短路保护电器。

1) 熔断器的结构和工作原理

熔断器主要由熔丝(俗称保险丝)和安装熔丝的熔管(或熔座)组成。熔丝允许长期通过 1.2 倍额定电流。但当电路发生短路及严重过载时,熔丝中产生的热量与通过电

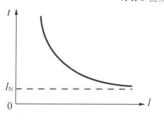

图 7.24 熔断器的安秒特性

流的平方及通过电流的时间成正比,即通过电流越大,熔丝熔断的时间越短。这一特性称为熔断器的保护特性,又称安秒特性,如图 7.24 所示。

熔断器的类型很多,按结构形式可分为插入式熔断器、螺旋式熔断器、封闭管式熔断器、快速熔断器和自复式熔断器等,机床电气回路中常用的是 RL1 系列(螺旋式熔断器)和 RC1 系列(瓷插式熔断器)。熔断器的外形如图 7.25 所示。

(a) 螺旋式熔断器　　　　(b) 圆筒形帽熔断器　　　　(c) 螺栓连接熔断器

图 7.25　熔断器的外形图

熔断器的型号含义和电气符号如图 7.26 所示。

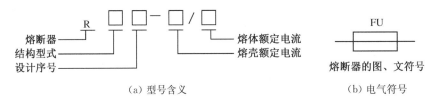

(a) 型号含义　　　　　　　　　　　　(b) 电气符号

图 7.26　熔断器的型号含义和电气符号

结构形式代号:C 为插入式,L 为螺旋式,M 为无填料封闭式,T 为有填料封闭式;S 为快速式。

2) 熔断器的选择

选择原则:电路正常工作时,熔丝不应熔断;出现短路或严重过载时,熔丝应熔断。

选择步骤:根据保护任务的性质确定熔断器型号,根据负载电流选择熔丝额定电流 I_{FN},再选择熔断器额定电流 I_{FUN}。

选择熔断器时,主要考虑以下几个技术参数。

(1) 熔丝额定电流 I_{FN}:是指熔丝长期通电而不会熔断的最大电流,根据经验为
$$I_{FN}=(1.5\sim 2.5)I_{MN}$$
式中,I_{MN} 为电动机额定电流(工程上一般取 I_{MN} 为电动机额定电流的 2 倍);系数(1.5~2.5)是考虑电动机启动电流的影响,电动机容量小、空载或轻载启动时,系数取小,否则取大些。

(2) 熔断器额定电流 I_{FUN}:是熔断器长期工作所允许的由温升决定的电流值,要求 $I_{FUN}\geqslant I_{FN}$。

(3) 极限分断能力:极限分断能力是指熔断器所能分断的最大短路电流值。它取决于熔

断器的灭弧能力,与熔丝的额定电流大小无关。一般有填料的熔断器分断能力较大,可大至数十到数百千安。若带有较重要的负载或距离变压器较近时,应选用分断能力较大的熔断器。

7.2 典型电气控制线路

7.2 课件

任何复杂的控制线路,都是由一些基本控制线路构成的,就像搭积木游戏一样,可以通过基本的几何图形,组合成各种复杂的图案。基本的电气控制线路包括启动控制、正反转控制、顺序控制、多地控制、行程控制等。下面将逐一进行介绍。

7.2.1 三相异步电动机的启动控制

1) 点动控制

7.2.1 视频

点动控制是指按下按钮电动机得电启动运转,松开按钮电动机失电直至停转。图 7.27 是电动机的点动控制线路的原理图,由主电路和控制电路两部分组成。

主电路刀开关 QS 起隔离作用,熔断器 FU 对主电路进行短路保护,接触器 KM 的主触点控制电动机的启动、运行和停止,M 为笼形异步电动机。

线路动作原理:

合上刀开关 QS 后,因没有按下点动按钮 SB,接触器 KM 线圈没有得电,KM 的主触点断开,电动机 M 不得电,所以不会启动。

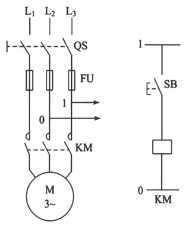

图 7.27 三相异步电动机点动控制线路

按下点动按钮 SB 后,控制回路中接触器 KM 线圈得电,其主回路中的动合触点闭合,电动机得电启动运行。

松开按钮 SB,按钮在复位弹簧作用下自动复位,断开控制电路 KM 线圈,主电路中 KM 触点恢复原来断开的状态,电动机断电直至停止转动。

控制过程也可以用符号来表示,其方法规定为:各种电器在没有外力作用或未通电的状态在符号右上角记为"－",电器在受到外力作用或通电的状态在符号右上角记为"＋",并将它们的相互关系用线段"－－"表示,线段的左边符号表示原因,线段的右边符号表示结果,自锁状态用在接触器符号右下角写"自"表示。那么,三相异步电动机直接启动控制线路的控制过程就可表示如下:

启动过程:$SB^+--KM^+--M^+$(启动);

停止过程:$SB^---KM^---M^-$(停止)。

其中,SB^+ 表示按下,SB^- 表示松开。

2) 连续运行控制

在实际生产中往往要求电动机实现长时间连续转动,即连续运行控制。连续运行是指按下按钮后,电动机通电启动运转,松开按钮后,电动机仍继续运行,只有按下停止按钮,电动机才失电直至停转。

(1) 连续运行控制线路

连续运行控制线路如图 7.28 所示。主电路刀开关 QS 起隔离作用,熔断器 FU 对主电路进行短路保护,接触器 KM 的主触点控制电动机的启动、运行和停车,热继电器 FR 用作过载保护,M 为笼形异步电动机。控制电路中 SB_1 为停止按钮,SB_2 为启动按钮。

启动控制:合上刀开关 QS 引入三相电源→按下启动按钮 SB_2→KM 线圈通电→KM 的衔铁吸合,主触点和动合辅助触点闭合→电动机接通电源运转;松开启动按钮 SB_2,利用接通的 KM 动合辅助触点自锁,电动机 M 连续运转。

停车控制:按下停止按钮 SB_1→接触器 KM 线圈断电→主触点和辅助动合触点均断开→电动机脱离电源停止运转。

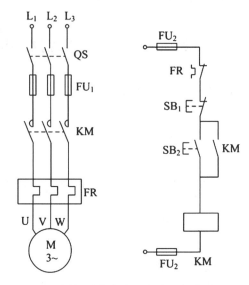

图 7.28 三相异步电动机连续运行控制线路

所谓"自锁",是依靠接触器自身的辅助动合触点来保证线圈继续通电的现象,也称为自保持控制。这个起自锁作用的辅助触点,称为自锁触点。连续运行与点动主要区别在于:连续运行控制具有自锁功能,实现电动机连续运转,而点动控制没有。

控制过程用符号来表示为:合上刀开关 QS;

启动:$SB_2^{\pm}$——$KM_{自}^{+}$——M^{+}(启动);

停止:$SB_1^{\pm}$——KM^{-}——M^{-}(停止)。

其中,$SB_2^{\pm}$ 表示先按下,后松开;$KM_{自}^{+}$ 则表示"自锁"。

(2) 连续运行与点动控制线路

在实际应用中,有些生产机械需要点动控制,还有些生产机械常常要求既能连续运转(即连续运行),又要求调整时能实现点动控制。如图 7.29 所示为具有连续运行与点动控制的几种典型线路,主电路与图 7.28 所示相同。

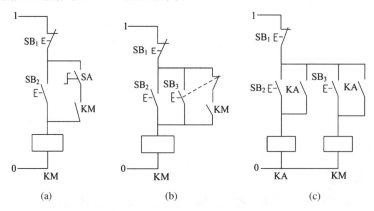

图 7.29 三相异步电动机点动与连续运行控制线路

如图 7.29(a)所示为利用开关控制的既能连续运行又能点动的控制线路。图中 SA 为选择开关,当需要点动控制时将 SA 断开,即自锁回路断开;当需要连续运行控制时将 SA 闭合,即自锁触点接入,实现连续运行控制。线路动作原理为:

点动(SA 断开):SB_2^+ーーKM^+ーーM^+(启动);

$\qquad\qquad\quad SB_2^-$ーーKM^-ーーM^-(停止)。

连续运行(SA 闭合):$SB_2^\pm$ーー$KM_{自}^\pm$ーーM^+(启动);

$\qquad\qquad\qquad\quad SB_1^\pm$ーー$KM^-$ーー$M^-$(停止)。

如图 7.29(b)所示为利用复合按钮控制的既能连续运行又能点动的控制线路。图中 SB_2 为连续运行启动按钮。复合按钮 SB_3 为点动控制按钮,按下 SB_3 时,其动断触点使自锁回路断开,从而实现点动控制。线路动作原理为:

连续运行:$SB_2^\pm$ーー$KM_{自}^\pm$ーーM^+(启动);

$\qquad$点动:$SB_3^\pm$ーー$KM^\pm$ーー$M^\pm$(启动、停车)。

如图 7.29(c)所示为利用中间继电器控制的既能连续运行又能点动的控制线路。图中的 KA 为中间继电器。

连续运行长动:$SB_2^\pm$ーー$KA_{自}^\pm$ーーKM^+ーーM^+(启动);

$\qquad$点动:$SB_3^\pm$ーー$KM^\pm$ーー$M^\pm$(启动、停止)

综上所述,电动机连续运行和点动控制关键环节是自锁触点是否接入。若能实现自锁,则电动机连续运转;若自锁回路断电,则电动机实现点动控制,即点动控制时不能接通自锁回路。

7.2.2 三相异步电动机的多地控制

能在两地或多地控制同一台电动机的控制方式称为电动机的多地控制。例如,X62W 型万能铣床在操作台的正面及侧面均能对铣床的工作状态进行操作控制。

如图 7.30 所示为三相笼形异步电动机单方向旋转的两地控制线路。其中 SB_1、SB_3 为安装在甲地的启动按钮和停止按钮,SB_2、SB_4 为安装在乙地的启动按钮和停止按钮。

1) 线路工作原理

在图 7.30 中,启动按钮 SB_3、SB_4 是并联的,即当任一处按下启动按钮,接触器线圈都能通电并自锁;停止按钮 SB_1、SB_2 是串联的,即当任一处按下停止按钮后,都能使接触器线圈断电,电动机停转。

2) 多地控制的规律

对电动机进行多地控制时,所有的启动按钮全部并联在自锁触点两端,按下任意一处的启动按钮都可以启动电动机;所有的停止按钮全部串联接在接触器线圈回路,按下任意一处的停止按钮都可以停止电动机的工作。

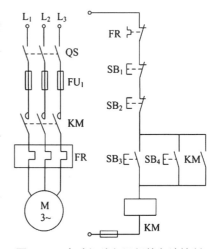

图 7.30 电动机单向运行的多地控制

7.2.3 三相异步电动机的正反转控制

7.2.3 视频

电动机由于生产的要求，经常要正、反转。反映在生产实际中，就是要前进、后退、向上、向下或向左、向右。对于三相笼形异步电动机来说，实现正、反转控制只要改变其电源相序，即将主回路中的三相电源线任意两相对调即可。

正反运行控制线路实质上是两个方向的单向运行线路的组合，如图7.31所示为正、反转控制线路，图中 KM_1、KM_2 分别为正、反转接触器，它们的主触点接线的相序不同，KM_1 按 U—V—W 相序接线，KM_2 按 V—U—W 相序接线，即将 U、V 两相对调，所以两个接触器分别工作时，电动机的旋转方向不一样，可实现电动机的正反运转。

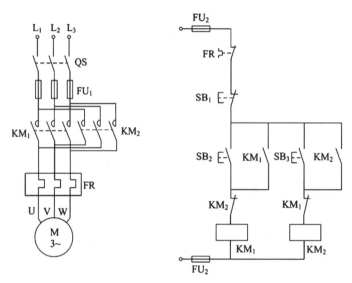

图 7.31 接触器控制正反转线路图

正转控制：合上刀开关 QS→按下正向启动按钮 SB_2→KM_1 线圈通电→KM_1 的衔铁吸合，主触点和自锁触点闭合→电动机 M 正转。

反转控制：合上刀开关 QS→按下反向启动按钮 SB_3→KM_2 线圈通电→KM_2 的衔铁吸合，主触点和自锁触点闭合→电动机 M 反转。

停止控制：按下停止按钮 SB_1→接触器 KM_1（或 KM_2）线圈断电→主触点和辅助动合触点均断开→电动机脱离电源停止运转。

控制过程用符号来表示为：合上刀开关 QS；

正转：$SB_2^{\pm}$ ——$KM_{1自}^+$ ——M^+（正转）；

停止：$SB_1^{\pm}$ ——KM^- ——M^-（停车）；

反转：$SB_3^{\pm}$ ——$KM_{2自}^+$ ——M^+（反转）。

图7.31所示的接触器控制正、反转线路也有一个缺点，即从一个转向过渡到另一个转向时，要先按停止按钮 SB_1，不能直接过渡，只能实现电动机的"正—停—反"，有时这样操作是不方便的。

若在按下正转启动按钮 SB_2 后又按下反转启动按钮 SB_3，为了避免 KM_1 和 KM_2 同时接通而引起主电路电源短路事故,要求保证图 7.31 中的两个接触器不能同时工作。这种在同一时间里两个接触器只允许一个工作的控制称为联锁或互锁。互锁控制主要是通过在正、反转接触器 KM_1 和 KM_2 线圈支路中都分别串联对方的动断触点来实现,这对动断触点称为互锁触点或联锁触点。由于这种互锁是依靠电气元件来实现的,所以也称为电气联锁。

【想一想】 电动机正反转控制能否直接从正转状态切换为反转状态?这样的电路需要如何设计?

7.2.4 三相异步电动机的顺序控制

在多台电动机拖动的电气设备中,经常要求电动机有顺序地启动。例如,车床的主轴必须在油泵工作以后才能启动;铣床主轴旋转以后,工作台方可移动等,都要求电动机有顺序地启动工作。这种要求一台电动机启动后另一台电动机才能启动的控制方式称为电动机的顺序控制。

如图 7.32 所示为几种电动机顺序控制的典型线路。

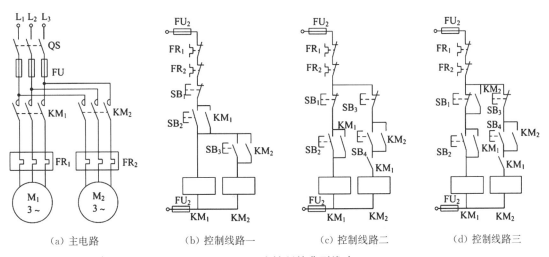

(a) 主电路　　(b) 控制线路一　　(c) 控制线路二　　(d) 控制线路三

图 7.32 顺序控制的典型线路

1) 线路的工作原理

如图 7.32(b)所示电路为电动机顺序启动、同时停止的控制线路。电动机 M_2 的控制电路并联在接触器 KM_1 的线圈两端,再与 KM_1 自锁触点串联,从而保证了只有 KM_1 得电吸合,电动机 M_1 启动后,KM_2 线圈才能得电,M_2 才能启动,以实现 M_1 先启动、M_2 后启动的顺序控制要求。停止时 M_1、M_2 同时停止。

如图 7.32(c)所示电路为电动机顺序启动、同时停止或单独停止的控制线路。在电动机 M_2 的控制电路中串接了接触器 KM_1 的动合辅助触点。只要 KM_1 线圈不得电,M_2 就不能启动,即使按下 SB_4,由于 KM_1 的动合辅助触点未闭合,KM_2 线圈不能得电,从而保证 M_1 启动后,M_2 才能启动的控制要求。停机无顺序要求,按下 SB_1 为同时停机,按下 SB_3 为 M_2 单独停机。

如图 7.32(d)所示电路为电动机顺序启动、逆序停止的控制线路。在电动机 M_2 的控制电路中串接了接触器 KM_1 的动合辅助触点,从而实现 M_1 启动后,M_2 才能启动;在 SB_1 的

两端并联了接触器 KM_2 的动合辅助触点,从而实现 M_2 停转后,M_1 才能停转的控制。

2) 顺序控制的规律

(1) 当要求甲接触器工作后才允许乙接触器工作时,则在乙接触器线圈电路中串入甲接触器的动合触点。

(2) 当要求乙接触器线圈断电后才允许甲接触器线圈断电时,则将乙接触器的动合触点并联在甲接触器的停止按钮两端。

7.2.5 三相异步电动机的行程控制

在生产应用中,有些机械的工作需要自动往复运动,例如,钻床的刀架、万能铣床的工作台等。电动机的正、反转是实现工作台自动往复循环的基本环节。

1) 自动往返运动

自动往返循环运动的示意图如图 7.33 所示。控制线路按照行程控制原则,利用生产机械的行程位置实现控制。SQ_1、SQ_2 为行程开关,将 SQ_1 安装在左端需要进行反向的位置 A 上,SQ_2 安装在右端需要进行反向的位置 B 上,机械挡铁安装在工作台等运动部件上,运动部件由电动机拖动进行运动。

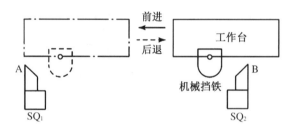

图 7.33 自动往返运动

2) 自动往返循环控制线路

如图 7.34 所示是自动往返循环控制线路,KM_1、KM_2 分别为电动机正、反转接触器。工作过程如下:

合上电源开关 QS→按下启动按钮 SB_2→KM_1 线圈通电并自锁→电动机 M 正转→带动运动部件前进→运动部件运动到左端的位置 A 时,机械挡铁碰到 SQ_1→SQ_1 动断触点断开→切断 KM_1 线圈电路→电动机 M 正转停止,运动部件停止前进。SQ_1 的动合触点闭合→接触器 KM_2 线圈通电并自锁→电动机反转带动运动部件进行反向运动→运动部件运动到右端位置 B 时,机械挡铁碰到 SQ_2→SQ_2 动断触点断开使 KM_2 线圈断电→M 停止后退。SQ_2 的动合触点闭合→KM_1 线圈得电→电动机 M 又正转,运动部件又前进。如此往返循环工作,直至按下停止按钮 SB_1 时,电动机停机。

接线后,要检查电动机的转向与限位开关是否协调。例如,电动机正转(即 KM_1 吸合),运动部件运动到所需要反向的位置时,挡铁应该撞到限位开关 SQ_1 而不应撞到 SQ_2。否则,电动机不会反向运转,即运动部件不会反向运动。如果电动机转向与限位开关不协调,只要将三相异步电动机的三根电源线对调两根即可。

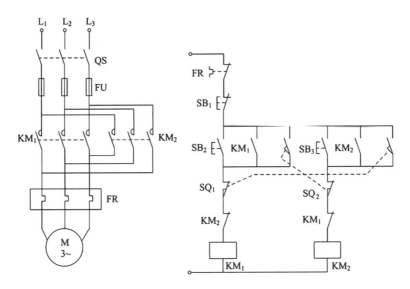

图 7.34 自动往返循环控制电路

7.3 常用电气控制系统图

7.3 课件

用各种电气图形符号绘制的图称为电气图,它是电工技术领域中提供信息的主要方式。电气图的种类很多,其作用各不相同,各种图的命名主要根据其所表达的信息类型及表达方式而定,目前,主要采用的电气图有三种:电气原理图、电气元件布置图和电气安装接线图。

7.3.1 电气原理图

7.3.1 视频

由低压电器,如刀开关、熔断器、接触器、热继电器、短路器、主令电器等,可组成继电控制系统,把系统中所用的各种电器及其导电部件用其电气图形符号代替,并按照一定的控制逻辑要求及通电顺序排列而形成的电路图,称为电气原理图,也称为电气控制线路图。

电气原理图用图形和文字符号表示电路中各个电气元件的连接关系和电气工作原理,它并不反映电气元件的实际大小和安装位置,如图 7.35 所示。

1) 电气原理图的绘制原则

(1) 电气原理图一般分为主电路和辅助电路两部分。主电路指从电源到电动机绕组的大电流通过的路径。辅助电路包括控制电路、照明电路、信号电路及保护电路等,由继电器的线圈和触点、接触器的线圈和辅助触点、按钮、照明灯、信号灯、控制变压器等电气元件组成。通常主电路用粗实线表示,画在左边(或上部);辅助电路用细实线表示,画在右边(或下部)。

(2) 电气原理图中的各电气元件不画实际的外形图,而采用国家规定的统一标准图形符号,文字符号也要符合国家标准的规定。属于同一电器的线圈和触点,都要采用同一文字符号表示。对同类型的电器,在同一电路中的表示可用在文字符号后加注阿拉伯数字序号

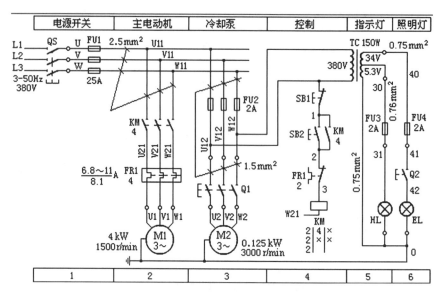

图 7.35 某机床的电气原理图

下角的方法来区分。

(3) 在电气原理图中,各个电气元件和部件在控制线路中的位置,应根据便于阅读的原则安排。同一电气元件的各个部件可以不画在一起。例如,接触器、继电器的线圈和触点可以不画在一起。

(4) 在电气原理图中,元器件和设备的可动部分都按没有通电和没有外力作用时的开闭状态画出。例如,继电器、接触器的触点按吸引线圈不通电状态画;主令控制器、万能转换开关按手柄处于零位时的状态画;按钮、行程开关的触点按不受外力作用时的状态画等。

(5) 电气原理图的绘制应布局合理、排列均匀,为了便于看图,可以水平布置,也可以垂直布置。

(6) 电气元件应按功能布置,并尽可能地按工作顺序排列,其布局顺序应该是从上到下,从左到右。电路垂直布置时,类似项目宜横向对齐;水平布置时,类似项目应纵向对齐。例如,电气原理图中的线圈属于类似项目,由于线路采用垂直布置,所以接触器线圈应横向对齐。

(7) 在电气原理图中,有直接联系的交叉导线连接点,要用黑圆点表示;无直接联系的交叉导线连接点不画黑圆点。

2) 图幅的分区

为了便于确定图上的内容,也为了便于在用图时查找图中各项目的位置,往往需要将图幅分区。图幅分区的方法是:在图的边框处,竖边方向用大写英文字母,横边方向用阿拉伯数字,编号顺序应从左上角开始,总的分格数应是偶数,并应按照图的复杂程度选取分区个数,建议组成分区的长方形的任何边长都应不小于 25 mm、不大于 75 mm。图幅分区的式样如图 7.36 所示。

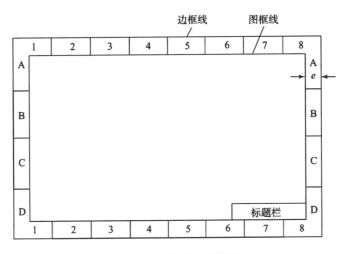

图 7.36　图幅分区示例图

图幅分区以后，相当于在图上建立了一个坐标。项目和连接线的位置可用如下方式表示：

（1）用行的代号（英文字母）表示。

（2）用列的代号（阿拉伯数字）表示。

（3）用区的代号表示，区的代号为字母和数字的组合，且字母在左、数字在右。

在具体使用时，对水平布置的电路，一般只需标明行的标记；对垂直布置的电路，一般只需标明列的标记；复杂的电路需用组合标记标明。例如，在图 7.35 的下部，只标明了列的标记。图区上部的"电源开关"等字样，表明对应区域下方元件或电路的功能，使读者能清楚地知道某个元件或某部分电路的功能，以利于理解整个电路的工作原理。

3）符号位置的索引

符号位置采用图号、页次和图区编号的组合索引法，索引代号的组成如下：

图号　　页次　图区号（行号、列号）

当某图号仅有一页图样时，只写图号和图区的行、列号；在只有一个图号时，则图号可省略。而元件的相关触点只出现在一张图样上时，只标出图区号。

在电气原理图中，接触器和继电器线圈与触点的从属关系应用附图表示。即在电气原理图相应线圈的下方，给出触点的文字符号，并在其下面注明相应触点的索引代号，对未使用的触点用"×"表明，有时也可采用省去触点图形符号的表示法。对接触器 KM，附图中各栏的含义如下：

	KM	
左栏	中栏	右栏
主触点所在图区号	辅助动合触点所在图区号	辅助动断触点所在图区号

7.3.2 电气元件布置图

电气元件布置图主要是用来表明电气控制设备中所有电气元件的实际位置,为电气控制设备的制造、安装提供必要的资料。各电气元件的安装位置是由控制设备的结构和工作要求决定的。例如,电动机要和被拖动的机械部件在一起,行程开关应放在需要取得动作信号的地方,操作元件要放在操纵箱等操作方便的地方,一般电气元件应放在控制柜内。

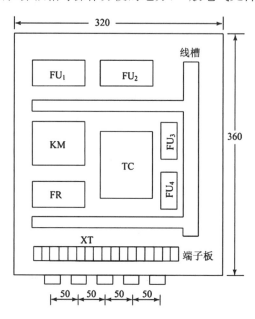

图 7.37　CW6132 型车床的电气元件布置图

下面以图 7.37 所示的 CW6132 型车床的电气元件布置图为例介绍电气布置图的绘制原则、方法以及注意事项。

(1) 体积大和较重的电气元件应安装在电气安装板的下方,而发热元件应安装在电气安装板的上面。如图 7.37 中的变压器较重布置于下方,熔断器熔断时发热,布置于上方。

(2) 强电、弱电应分开,弱电应屏蔽,防止外界干扰。

(3) 需要经常维护、检修、调整的电气元件安装位置不宜过高或过低。

(4) 电气元件的布置应考虑整齐、美观、对称。外形尺寸与结构类似的电气安装在一起,以利于安装和配线。

(5) 电气元件布置不宜过密,应留有一定间距。如用线槽,应加大各排电器间距,以利于布线和维修。

7.3.3 电气安装接线图

电气安装接线图是为安装电气设备和对电气元件进行配线或检修电气故障服务的,为装置、设备或成套装置的安装或布线,提供其中各个项目(包括元件、器件、组件、设备等)之间电气连接的详细信息,包括连接关系、线缆种类和敷设路线等。

根据表达对象和用途不同,接线图有单元接线图、互连接线图和端子接线图等。国家有关标准规定的安装接线图的编制规则主要包括以下内容。

(1) 在安装接线图中,一个元件的所有带电部件均画在一起,并用点画线框起来。

(2) 在安装接线图中,各电气元件的图形符号与文字符号均应以电气原理图为准,并应与国家标准保持一致。

(3) 在安装接线图中,一般都应标出项目的相对位置、项目代号、端子间的电气连接关系、端子号、等线号、等线类型、截面积等。

(4) 同一控制底板内的电气元件可直接连接,而底板内元器件与外部元器件连接时必须通过接线端子板进行。

(5) 互连接线图中的互连关系可用连续线、中断线或线束表示,连接导线应注明导线根数、导线截面积等。一般不表示导线实际走线路径,施工时由操作者根据实际情况选择最佳走线方式。

图 7.38 所示为 CW6132 型车床的电气互连接线图。

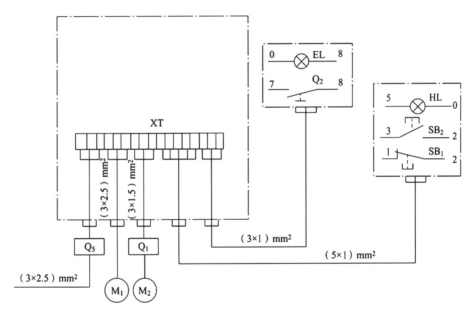

图 7.38 CW6132 型车床的电气互连接线图

思考与练习

7.1 选择题

(1) 甲乙两个接触器,欲实现联锁控制,则应(   )。

A. 在甲接触器的线圈电路中串入乙接触器的动断触点

B. 在乙接触器的线圈电路中串入甲接触器的动断触点

C. 在两接触器的线圈电路中互串入对方的动断触点

D. 在两接触器的线圈电路中互串入对方的动合触点

（2）甲乙两个接触器，若要求甲工作后才允许乙接触器工作，则应（　　）。

A. 在乙接触器的线圈电路中串入甲接触器的动合触点
B. 在乙接触器的线圈电路中串入甲接触器的动断触点
C. 在甲接触器的线圈电路中串入乙接触器的动断触点
D. 在甲接触器的线圈电路中串入乙接触器的动合触点

（3）下列电器中对电动机起短路保护的是（　　）。

A. 熔断器　　　　　　　　　　B. 热继电器
C. 过电流继电器　　　　　　　D. 空气开关

（4）下列电器中对电动机起过载保护的是（　　）。

A. 熔断器　　　　　　　　　　B. 热继电器
C. 过电流继电器　　　　　　　D. 空气开关

7.2 简答题

（1）什么是点动控制？点动控制与长动控制的区别是什么？

（2）什么是多地控制？其控制规律是什么？

（3）什么是互锁控制？

（4）什么是顺序控制？其控制规律是什么？

（5）电气原理图中 QS、FU、KM、KA、KT、FR、SB、SQ 分别代表什么电气元件的文字符号？

（6）在电动机正反转运行的控制线路中，为什么必须采用互锁控制？有的控制电路已采用了机械互锁，为什么还要采用电气互锁？

第8章

Proteus 和斯沃数控仿真软件基础知识

任务引入

随着电子技术和计算机技术的飞速发展,掌握 EDA(电子设计自动化)技术已经成为电类专业的一项基本技能。电子线路的设计人员能在计算机上完成电路的功能设计、逻辑设计、性能分析、时序测试直至印制电路板的自动设计。电子电路仿真的虚拟电子工作平台软件已广泛应用于电路仿真实验与电子课程设计。本章详细介绍了电子仿真软件 Proteus 和斯沃数控仿真软件及它们的使用方法。

任务导航

◆掌握 Proteus 软件的基本操作;
◆熟悉常见元器件的使用方法;
◆会使用 Proteus 软件绘制原理图,进行电路仿真;
◆掌握斯沃数控仿真软件的基本操作;
◆会使用斯沃数控仿真软件进行电路接线和仿真调试。

8.1 Proteus 软件基础知识

8.1.1 Proteus 功能概述

Proteus 是一个基于 ProSPICE 混合模型仿真器的、完整的嵌入式系统软硬件设计仿真平台。它包含 ISIS 和 ARES 两大应用软件。ISIS 是智能原理图输入系统,是系统设计与仿真的基本平台;ARES 是高级 PCB 布线编辑软件。在 Proteus 中,从原理图设计、单片机编程、系统仿真到 PCB 设计可以一气呵成,真正实现了从概念到产品的完整设计。本书以 Proteus 7 Professional 为例,详细介绍 Proteus ISIS 电路设计与仿真平台的使用。

8.1.2 Proteus ISIS 的界面及设置

安装好 Proteus 软件后,点击"开始"程序菜单,单击运行原理图(ISIS 7 Professional)或 PCB(ARES 7 Professional)设计界面。ISIS 7 Professional 在程序中的位置如图 8.1 所示。

图 8.1　ISIS 7 Professional 在程序中的位置

图 8.2 为 ISIS 7 Professional 启动时的界面。

图 8.2　ISIS 7 Professional 启动界面

1) Proteus ISIS 的基本界面

运行 ISIS 7 Professional 的执行程序,进入如图 8.3 所示的基本界面。点状的栅格区域为图形编辑窗口,左上方为预览窗口,左下方为对象选择器窗口。图形编辑窗口用于放置元器件,进行连线,绘制原理图,输出结果等。预览窗口可以显示全部原理图。在预览窗口中有两个框,蓝框(①)表示当前页的边界,绿框(②)表示当前编辑窗口显示的区域。在预览窗口上单击,Proteus ISIS 将会以单击位置为中心刷新编辑窗口。从对象选择器窗口中选取新的对象时,预览窗口可以预览选中的对象。

第8章　Proteus和斯沃数控仿真软件基础知识

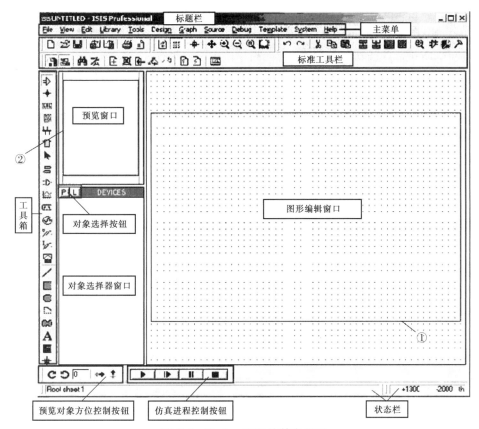

图8.3　Proteus ISIS 的基本界面

（1）主菜单

Proteus ISIS 的主菜单栏包括 File(文件)、View(视图)、Edit(编辑)、Library(库)、Tools(工具)、Design(设计)、Graph(图形)、Source(源)、Debug(调试)、Template(模板)、System(系统)、Help(帮助)，如图8.3所示。单击任一菜单后都将弹出其子菜单项。

① File(文件)菜单：包括常用的文件功能，如新建设计、打开设计、保存设计、导入/导出文件，也可打印、显示设计文档，以及退出 Proteus ISIS 系统等。

② View(视图)菜单：包括是否显示网格、设置格点间距、缩放电路图及显示与隐藏各种工具栏等。

③ Edit(编辑)菜单：包括撤销/恢复操作、查找与编辑元器件、剪切、复制、粘贴对象，以及设置多个对象的层叠关系等。

④ Library(库)菜单：它具有选择元器件及符号、制作元器件及符号、设置封装工具、分解元件、编译库、自动放置库、校验封装和调用库管理器等功能。

⑤ Tools(工具)菜单：它包括实时注解、自动布线、查找并标记、属性分配工具、全局注解、导入文本数据、元器件清单、电气规则检查、编译网络标号、编译模型、将网络标号导入 PCB 以及从 PCB 返回原理设计等工具栏。

⑥ Design(设计)菜单：它具有编辑设计属性，编辑原理图属性，编辑设计说明，配置电源，新建、删除原理图，在层次原理图中总图与子图以及各子图之间互相跳转和设计目录管

理等功能。

⑦ Graph(图形)菜单:它具有编辑仿真图形,添加仿真曲线、仿真图形,查看日志,导出数据,清除数据和一致性分析等功能。

⑧ Source(源)菜单:它具有添加/删除源文件,定义代码生成工具,设置外部文本编辑器和编译等功能。

⑨ Debug(调试)菜单:包括启动调试、执行仿真、单步运行、断点设置和重新排布弹出窗口等功能。

⑩ Template(模板)菜单:包括设置图形格式、文本格式、设计颜色以及连接点和图形等。

⑪ System(系统)菜单:包括设置系统环境、路径、图形尺寸、标注字体、热键及仿真参数和模式等。

⑫ Help(帮助)菜单:包括版权信息、Proteus ISIS 学习教程和示例等。

(2) 标准工具栏

Proteus ISIS 的主工具栏位于主菜单下面两行,以图标形式给出,如图 8.3 所示。包括 File 工具栏、View 工具栏、Edit 工具栏和 Design 工具栏四个部分。工具栏中每一个按钮都对应一个具体的菜单命令,以便快捷而方便地使用命令。主工具栏中的各按钮功能如表 8.1 所示。

表 8.1 主工具栏按钮功能

按钮	对应菜单	功能
	File→New Design	新建设计
	File→Open Design	打开设计
	File→Save Design	保存设计
	File→Import Section	导入部分文件
	File→Export Section	导出部分文件
	File→Print	打印
	File→Set Area	设置区域
	View→Redraw	刷新
	View→Grid	栅格开关
	View→Origin	原点
	View→Pan	选择显示中心
	View→Zoom In	放大

续表

按钮	对应菜单	功能
	View→Zoom Out	缩小
	View→Zoom All	显示全部
	View→Zoom to Area	缩放一个区域
	Edit→Undo	撤销
	Edit→Redo	恢复
	Edit→Cut to clipboard	剪切
	Edit→Copy to clipboard	复制
	Edit→Paste from clipboard	粘贴
	Block Copy	(块)复制
	Block Move	(块)移动
	Block Rotate	(块)旋转
	Block Delete	(块)删除
	Library→Pick Device/Symbol	拾取元器件或符号
	Library→Make Device	制作元件
	Library→Packing Tool	封装工具
	Library→Decompose	分解元器件
	Tools→Wire Auto Router	自动布线器
	Tools→Seach and Tag	查找并标记
	Tools→Property Assignment Tool	属性分配工具
	Design→Design Explorer	设计资源管理器
	Design→New Sheet	新建图纸
	Design→Remove Sheet	移去图纸
	Exit to Parent Sheet	转到主原理图
	View BOM Report	查看元器件清单

续表

按钮	对应菜单	功能
	Tools→Electrical Check	生成电气规则检查报告
ARES	Tools→Netlist to ARES	创建网络表

(3) 工具箱

Proteus ISIS 的工具箱位于界面的左侧,以图标形式给出,如图 8.3 所示。选择相应的工具箱图标按钮,系统将提供不同的操作工具。对象选择器根据选择不同的工具箱图标按钮决定当前状态显示的内容。显示对象的类型包括元器件、终端、引脚、图形符号、标注和图表等。工具箱中各图标按钮对应的操作如下。

① Selection Mode 按钮 :选择模式。

② Component Mode 按钮 :拾取元器件。

③ Junction Dot Mode 按钮 :放置节点。

④ Wire Label Mode 按钮 :标注线段或网络名。

⑤ Text Script Mode 按钮 :输入文本。

⑥ Buses Mode 按钮 :绘制总线。

⑦ Subcircuit Mode 按钮 :绘制子电路块。

⑧ Terminals Mode 按钮 :在对象选择器中列出各种终端(输入、输出、电源和地等)。

⑨ Device Pins Mode 按钮 :在对象选择器中列出各种引脚(如普通引脚、时钟引脚、反电压引脚和短接引脚等)。

⑩ Graph Mode 按钮 :在对象选择器中列出各种仿真分析所需的图表,如图 8.4 所示,其含义如表 8.2 所示。

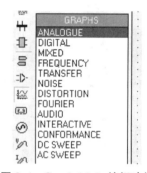

图 8.4 Graph Mode 按钮功能

表 8.2 图表种类

类别名称	含义	类别名称	含义
ANALOGUE	模拟图表	FOURIER	傅里叶分析
DIGITAL	数字图表	AUDIO	音频分析
MIXED	模数混合图表	INTERACTIVE	交互分析
FREQUENCY	频率响应	CONFORMANCE	一致性分析
TRANSFER	转移特性分析	DC SWEEP	直流扫描
NOISE	噪声波形	AC SWEEP	交流扫描
DISTORTION	失真分析		

⑪ Tap Recorder Mode 按钮 :当对设计电路分割仿真时采用此模式。

⑫ Generator Mode 按钮 :在对象选择器中列出各种激励源,如图 8.5 所示,其含义

如表 8.3 所示。

图 8.5　Generator Mode 按钮功能

表 8.3　激励源种类

类别名称	含义	类别名称	含义
DC	直流信号发生器	AUDIO	音频信号发生器
SINE	正弦波信号发生器	DSTATE	数字单稳态逻辑电平发生器
PULSE	脉冲发生器		
EXP	指数脉冲发生器	DEDGE	数字单边沿信号发生器
SFFM	单频率调频发生器	DPULSE	单周期数字脉冲发生器
PWLIN	分段线性激励源	DCLOCK	数字时钟信号发生器
FILE	FILE 信号发生器	DPATTERN	数字模式信号发生器

⑬ Voltage Probe Mode 按钮：可在原理图中添加电压探针。电路进行仿真时可显示各探针处的电压值。

⑭ Current Probe Mode 按钮：可在原理图中添加电流探针。电路进行仿真时可显示各探针处的电流值。

⑮ Virtual Instrument Mode 按钮：在对象选择器中列出各种虚拟仪器，如图 8.6 所示，其含义如表 8.4 所示。

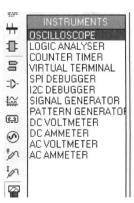

图 8.6　Virtual Instrument Mode 按钮功能

表 8.4 虚拟仪器种类

名称	含义	名称	含义
OSCILLOSCOPE	示波器	SIGNAL GENERATOR	信号发生器
LOGIC ANALYSER	逻辑分析仪	PATTERN GENERATOR	模式发生器
COUNTER TIMER	计数/定时器	DC VOLTMETER	直流电压表
VIRTUAL TERMINAL	虚拟终端	DC AMMETER	直流电流表
SPI DEBUGGER	SPI 调试器	AC VOLTMETER	交流电压表
I2C DEBUGGER	I²C 调试器	AC AMMETER	交流电流表

工具箱除了上述图标按钮外,还提供了 8 个 2D 图形模式图标按钮 ╱ ■ ● ◯ ❀ A ▣ ✤。除此之外,系统还提供了 4 个旋转图标按钮 ↻ ↺ ↔ ↕,以及 4 个仿真进程控制按钮 ▶ ▷ ▮▮ ■。

2) Proteus ISIS 的编辑环境设置

Proteus ISIS 编辑环境的设置主要涉及模板的选择、图纸的选择、图纸的设置和格点的设置。绘制电路图首先要选择模板,模板体现电路图外观的信息,比如图形格式、文本格式、设计颜色、线条连接点大小和图形等。随后设置图纸,如设置纸张的型号、标注的字体等。图纸的格点为放置元器件、连接线路带来很多方便。

(1) 选择模板

① 在 Proteus ISIS 主界面中,选择【File】→【New Design】菜单项,弹出如图 8.7 所示对话框,从对话框中选择合适的模板(通常选择 DEFAULT 模板),单击"OK"按钮,即可创建一个新设计文件。

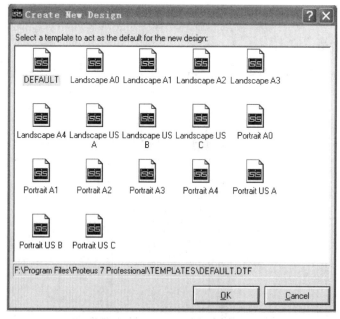

图 8.7 建立新的设计文件

② 选择【Template】→【Set Design Defaults】菜单项,编辑设计的默认选项,弹出如图8.8所示对话框。通过该对话框可以设置纸张、格点等项目的颜色,设置电路仿真时正、负、地、逻辑/高低等项目的颜色,设置隐藏对象的显示与否及颜色,还可以设置编辑环境的默认字体等。

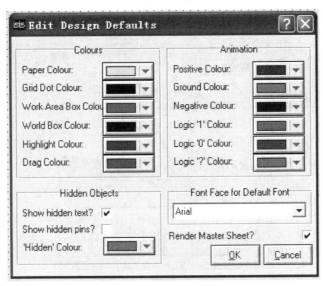

图8.8 设置图纸颜色

③ 选择【Template】→【Set Graph Colours】菜单项,编辑图形颜色,弹出如图8.9所示对话框。通过该对话框可以对Graph Outline(图形轮廓线)、Background(底色)、Graph Titles(图形标题)、Graph Text(图形文本)等按用户期望的颜色进行设置,同时也可对Analogue Traces(模拟跟踪曲线)和不同类型的Digital Traces(数字跟踪曲线)进行设置。

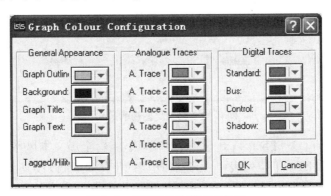

图8.9 设置图纸和背景的颜色

④ 选择【Template】→【Set Graph Styles】菜单项,编辑图形的全局风格,弹出如图8.10所示对话框。通过该对话框可以设置图形的全局风格,如线型、线宽、线的颜色及图形的填充色等。在"Style"下拉列表框中可以选择不同的系统图形风格。单击"New"按钮,将弹出如图8.11所示对话框。在"New style's name"文本框中输入新风格的名称,单击"OK"确定,将出现如图8.12所示对话框,可自定义图形的风格,如颜色、线型等。

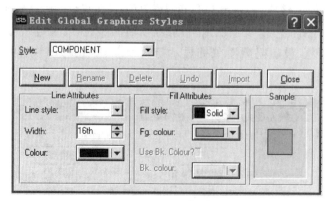

图 8.10　设置图形风格

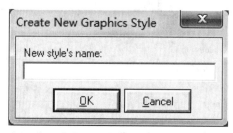

图 8.11　设置风格名称

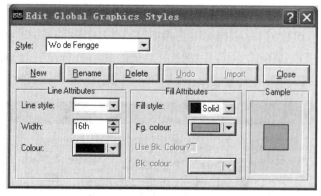

图 8.12　自定义图形的风格

⑤ 选择【Template】→【Set Text Styles】菜单项,编辑全局文本风格,弹出如图 8.13 所示对话框。在"Font face"下拉列表中,可选择期望的字体,还可以设置字体的高度、颜色以及是否加粗、倾斜、加下划线等。在"Sample"区域可以预览设置后的字体风格。同理,单击"New"按钮可以创建新的图形文本风格。

⑥ 选择【Template】→【Set Graphics Text】菜单项,编辑图形字体格式,弹出如图 8.14 所示对话框。在"Font face"列表框中,可选择图形文本的字体类型,在"Text Justification"选项区域可选择字体在文本框中的水平位置、垂直位置,在"Effects"选项区域可选择字体的效果,如加粗、倾斜、加下划线等,而在"Character Sizes"选项区域,可设置字体的高度和宽度。

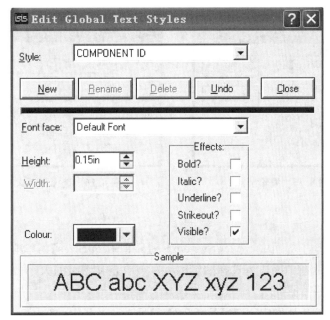

图 8.13 编辑全局文本风格

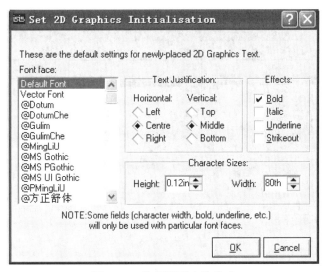

图 8.14 编辑图形字体格式

⑦ 选择【Template】→【Set Junction Dots】菜单项,弹出编辑节点对话框,如图 8.15 所示。在该对话框中可设置节点的大小和形状,单击"OK"按钮,即可完成对节点的设置。

注意:模板的改变只影响当前运行的 Proteus ISIS,尽管这些模板有可能被保存后在别的设计中调用。为了使新建设计时这一改变依然有效,用户必须用保存为模板的命令更新默认的模板。该命令在【Template】→【Save Default Template】菜单中。

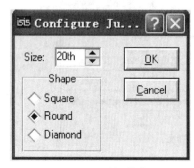
图 8.15 编辑节点

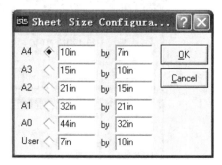
图 8.16 选择图纸大小

（2）选择图纸

在 Proteus ISIS 主界面中，选择【System】→【Set Sheet Sizes】菜单项，弹出如图 8.16 所示对话框。在该对话框中用户可选择图纸的大小或自定义图纸的大小。

（3）设置文本编辑器

在 Proteus ISIS 主界面中，选择【System】→【Set Text Editor】菜单项，弹出如图 8.17 所示对话框。在该对话框中用户可以对文本的字体、字形、大小、效果和颜色等进行设置。

图 8.17 编辑文本

（4）设置格点

在设计电路图时，图纸上的格点既有利于放置元器件和连接线路，也方便元器件的对齐和排列。

① 使用"View"菜单设置格点的显示或隐藏。在主界面中选择【View】→【Grid】菜单项设置编辑窗口中的格点显示与否，如图 8.18 所示。

② 使用"View"菜单设置格点的间距。选择【View】→【Snap 10th】菜单项，或【Snap 50th】、【Snap 0.1in】、【Snap 0.5in】项，可调整格点的间距（默认值为 0.1in）。

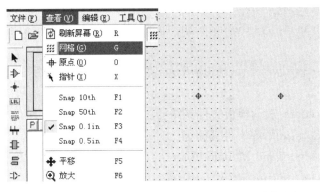

(a) 设置格点显示或隐藏　　(b) 显示格点　　(c) 隐藏格点

图 8.18　设置格点

3) Proteus ISIS 的系统参数设置

在 Proteus ISIS 的主界面中,通过"System"菜单可对系统进行设置。

(1) 设置系统运行环境

在 Proteus ISIS 的主界面中,选择【System】→【Set Environment】菜单项,即可打开系统环境设置对话框,如图 8.19 所示。该对话框主要包括如下设置:

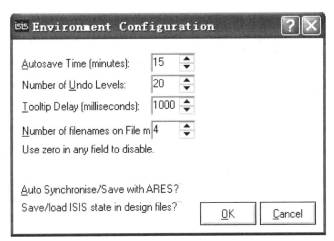

图 8.19　设置系统运行环境

① Autosave Time(minutes):系统自动保存时间设置(单位为 min)。

② Number of Undo Levels:可撤销操作的次数设置。

③ Tooltip Delay(milliseconds):工具提示延时(单位为 ms)。

④ Number of filenames on File Menu:File 菜单项中显示文件名的数量。

⑤ Auto Synchronise/Save with ARES? 是否自动同步/保存 ARES?

⑥ Save/Load ISIS state in design files? 是否在设计文档中加载/保存 Proteus ISIS 的状态?

(2) 设置路径

选择【System】→【Set Paths】菜单项,即可打开路径设置对话框,如图 8.20 所示。该对话框主要包括如下设置:

① Initial folder is taken from Windows：表示从窗口中选择初始文件夹。

② Initial folder is always the same one that was used last：表示初始文件夹为最后一次使用过的文件夹。

③ Initial folder is always the following：表示初始文件夹为下面的文本框中输入的路径。

④ Template folders：表示模板文件夹路径。

⑤ Library folders：表示库文件夹路径。

⑥ Simulation Model and Moudle Folders：表示仿真模型及模块文件夹路径。

⑦ Path to folder for simulation results：表示仿真结果的存放文件夹路径。

⑧ Limit maximum disk space used for simulation result(Kilobytes)：表示仿真结果占用的最大磁盘空间(KB)。

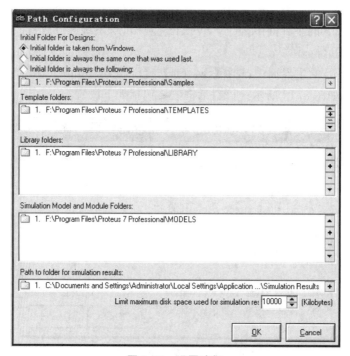

图 8.20　设置路径

(3) 设置键盘快捷方式

选择【System】→【Set Keyboard Mapping】菜单项，即可打开键盘快捷方式设置对话框，如图 8.21 所示。使用该对话框可修改系统所定义的菜单命令的快捷方式。其中，在"Command Groups"下拉列表框中选择相应的选项，在"Available Commands"列表框中选择可用的命令，在该对话框下方的说明栏中显示所选中命令的意义，"Key sequence for selected command"文本框中显示所选中命令的快捷键。使用"Assign"和"Unassign"按钮可查看编辑或删除系统设置的快捷方式。单击"Options"下三角按钮，出现如图 8.21 所示的"Options"选项。选择"重置为默认图"选项，即可恢复系统的默认设置。而选择"导出到文件"选项可将上述键盘快捷方式导出到文件中，选择"从文件导入"选项则为从文件中导入。

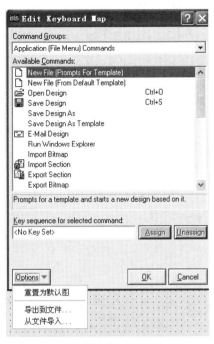

图 8.21 设置键盘快捷方式

(4) 设置 Animation 选项

选择【System】→【Set Animation Options】菜单项,即可打开仿真电路设置对话框,如图 8.22 所示。在该对话框中可以设置仿真速度、电压/电流范围,同时还可设置仿真电路的其他功能:

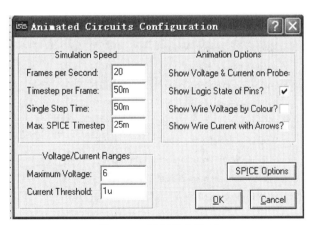

图 8.22 设置仿真选项

① Show Voltage & Current on Probes:是否在探测点显示电压值与电流值。
② Show Logic State of Pins:是否显示引脚的逻辑状态。
③ Show Wire Voltage by Colour:是否用不同颜色表示导线的电压。
④ Show Wire Current With Arrows:是否用箭头表示导线的电流方向。

此外,单击"SPICE Options"按钮,弹出如图 8.23 所示对话框。在该对话框中还可以通过选择不同的选项来进一步对仿真电路进行设置。

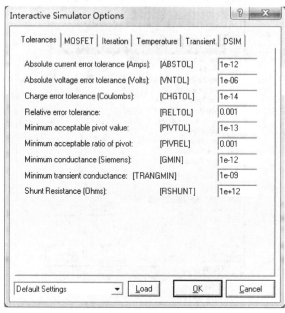

图 8.23　设置仿真选项

（5）设置仿真器选项

选择【System】→【Set Simulator Options】菜单项，即可打开设置仿真器选项对话框，如图 8.24 所示。

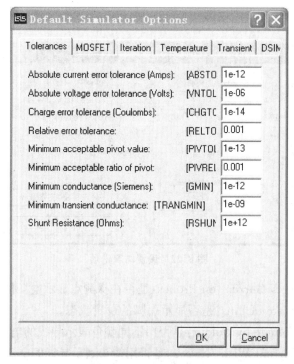

图 8.24　设置仿真电路

8.1.3 电路原理图设计及仿真

1) 电路原理图的设计流程

电路原理图的设计流程如图8.25所示。

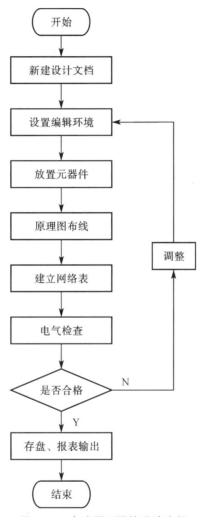

图8.25 电路原理图的设计流程

原理图的具体设计步骤如下：

(1) 新建设计文档。在进入原理图设计之前，首先要构思好原理图，即必须知道所设计的项目需要哪些电路来完成，用何种模板；然后在 Proteus ISIS 编辑界面中画出电路原理图。

(2) 设置工作环境。根据实际电路的复杂程度来设置图纸的大小等。在电路图设计的整个过程中，图纸的大小可以不断地调整。设置合适的图纸大小是完成原理图设计的第一步。

（3）放置元器件。首先从添加元器件对话框中选取需要添加的元器件，将其布置到图纸的合适位置，并对元器件的名称、标注进行设定；再根据元器件之间的走线等联系对元器件在工作平面上的位置进行调整和修改，使得原理图美观、易懂。

（4）对原理图进行布线。根据实际电路的需要，利用 Proteus ISIS 编辑界面中所提供的各种工具、命令进行布线，将工作平面上的元器件用导线连接起来，构成一幅完整的电路原理图。

（5）建立网络表。在完成上述步骤之后，即可看到一张完整的电路图，但要完成印制板电路的设计，还需要生成一个网络表文件。网络表是印制板电路与电路原理图之间的纽带。

（6）原理图的电气规则检查。当完成原理图布线后，利用 Proteus ISIS 编辑界面中所提供的电气规则检查命令对设计进行检查，并根据系统提示的错误检查报告修改原理图。

（7）调整。如果原理图已通过电气规则检查，那么原理图的设计就完成了，但是对于一般电路设计而言，尤其是较大的项目，通常需要对电路进行多次修改才能通过电气规则检查。

（8）存盘和输出报表。Proteus ISIS 提供了多种报表输出格式，同时可以对设计好的原理图和报表进行存盘和输出打印。

2）电路原理图的设计方法和步骤

下面以图 8.26 所示电路为例，直观地介绍电路原理图的设计方法和步骤。

（1）创建一个新的设计文件

首先进入 Proteus ISIS 编辑界面。选择【File】→【New Design】菜单项，在弹出的模板对话框中选择 DEFAULT 模板，并将新建的设计保存在 E 盘根目录下，保存文件名为"example"。

（2）设置工作环境

打开【Template】菜单，对工作环境进行设置。在本例中，仅对图纸进行设置，其他项目使用系统默认的设置。选择【System】→【Set Sheet Sizes】菜单项，在出现的对话框中选择 A4 复选框，单击"OK"按钮确认，即可完成页面设置。

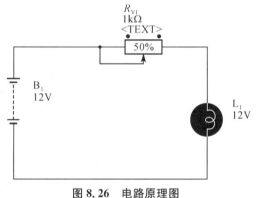

图 8.26　电路原理图

（3）拾取元器件

查找元器件的操作步骤如下：

① 选择【Library】→【Pick Devices/Symbol】菜单项，出现如图 8.27 所示对话框。在类列表中选择"Optoelectronics"类，并在子类列表中选择"Lamps"子类，则在元器件列表区域将出现期望的元器件，如图 8.28 所示。

图 8.27 选择设备/符号

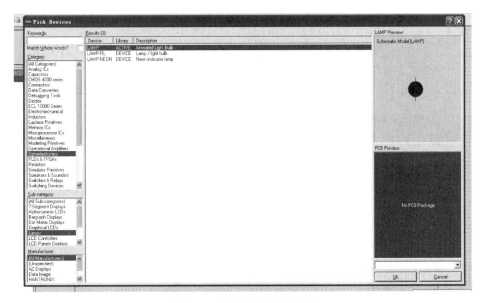

图 8.28 元件拾取后的界面

② 单击"OK"按钮,或在元器件列表区域双击元器件名称,即可完成对该元器件的添加。添加的元器件将出现在对象选择器列表中,如图 8.29 所示。

③ 在完成了对元器件 LAMP 的查找后,可以按照图 8.26 所示的原理图,依次找到其他元器件。其他元器件的名称、所属类、子类如表 8.5 所列。

图 8.29　拾取元件后的界面

表 8.5　元件清单

元件名称	所属类	所属子类
LAMP	Optoelectronics	Lamps
BATTERY	Miscellaneous	——
POT-HG	Resistors	Variable

(4) 在原理图中放置元器件

在当前设计文档的对象选择器中添加元器件后,就要在原理图中放置元器件。下面以放置 LAMP 为例说明具体步骤。

① 选择对象选择器中的 LAMP 元器件,在 Proteus ISIS 编辑主界面的预览窗口将出现 LAMP 的图标。

② 在编辑窗口双击鼠标左键,元器件 LAMP 被放置到原理图中。

③ 按照上述步骤,分别将 BATTERY、POT-HG 元器件放置到原理图中。

④ 将光标指向编辑窗口的元器件,并单击该对象使其高亮显示。

⑤ 拖动该对象到合适的位置。

⑥ 调整好所有元器件后,选择【View】→【Redraw】菜单项,刷新屏幕,此时图纸上有了全部元器件,如图 8.30 所示。

(5) 编辑元器件

放置好元器件后,双击相应的元器件,即可打开该元器件的编辑对话框。下面以 LAMP 的编辑对话框为例,详细介绍元器件的编辑方式。

① 单击 LAMP 元器件,LAMP 高亮显示。

② 再次单击 LAMP 元器件,弹出如图 8.31 所示对话框,编辑该元器件。

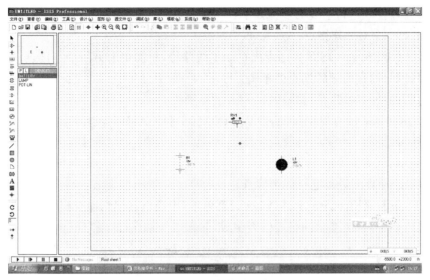

图 8.30 元器件放置后的界面

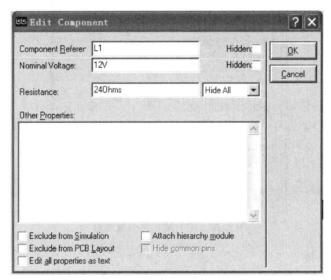

图 8.31 LAMP 的参数设置

图 8.31 中包含如下项目：

- Component Reference：元器件在原理图中的参考号。
- Hidden：选择元器件参考是否出现在原理图中。
- Nominal Voltage：LAMP 电压标称值。
- Resistance：LAMP 阻抗。

③ 单击"OK"按钮，结束元器件的编辑。

按照上述步骤，分别编辑 BATTERY 的参考号为 B1，电压值为 12 V，POT-HG 的电阻值为 200 Ω，LAMP 的参考号为 BL1。

（6）原理图布线

Proteus ISIS 具有智能化特点，在想要画线的时候能进行自动检测。

在两个元器件间进行连线的步骤如下：

① 单击第一个对象连接点。

② 如果想让 Proteus ISIS 自动定出自动走线路径，只需单击另一个连接点；如果想自己决定走线路径，只需在希望的拐点处单击。

在此过程的任一阶段，都可以按"Esc"键放弃画线。

按照上述步骤，分别将 BATTERY、POT-HG 和 LAMP 连线。连接后的原理图如图 8.26 所示。

注意：上述 5 和 6 的步骤可以互换。

（7）对电路原理图进行电气规则检查

选择【Tools】→【Electrical Rule Check】菜单项，出现电气规则检查报告单，如图 8.32 所示。在该报告单中，系统提示网络表已经生成，并无电气错误，即用户可执行下一步操作。

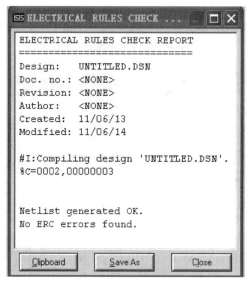

图 8.32　电气规则检查报告单

（8）存盘及输出报表

将设计好的原理图文件存盘。同时，可使用【Tools】→【Bill of Materials】菜单项输出 BOM 文档。

至此，一个简单的原理图设计完成。

（9）原理图仿真

原理图设计好后，可选取电流探针、电压探针实时测量电流值和电压值。对图 8.26 所示的原理图添加电流探针和电压探针后，原理图如图 8.33 所示。

点击运行按钮，对原理图仿真，仿真结果如图 8.34 所示。初始情况下，滑动变阻器在最左端，滑动变阻器阻值最大，流经灯泡的电流很小，灯泡两端的压降很小，灯泡没有点亮。

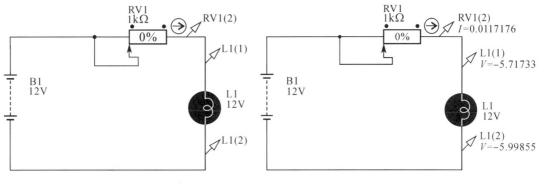

图 8.33　电路原理图　　　　　图 8.34　电路原理图仿真(一)

点击滑动变阻器右端箭头,减小滑动变阻器的阻值,流经灯泡的电流逐渐增大,当灯泡两端的压降达到一定值时,灯泡点亮,如图 8.35 所示。

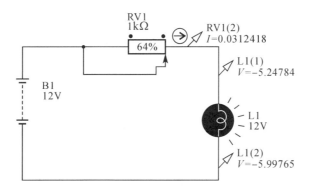

图 8.35　电路原理图仿真(二)

8.1.4　Proteus ISIS 的库元件

Proteus ISIS 的库元件都是以英文来命名的,下面对 Proteus ISIS 的库元件按类进行详细的介绍,使读者能够对这些元件的名称、位置和使用有一定的了解。

1) **库元件的分类**

Proteus ISIS 的库元件按类存放,即类→子类(或生产厂家)→元件。对于比较常用的元件需要记住它的名称,通过直接输入名称来拾取。至于哪些是常用元件,是因人而异的,根据需要而定。另外一种元件拾取方法是按类查询,也非常方便。

(1) 大类(Category)

元件拾取对话框如图 8.28 所示。在左侧的"Category"中,共列出了以下几个大类,其含义如表 8.6 所示。当要从库中拾取一个元件时,首先要弄清楚它的分类是位于表 8.6 中的哪一类,然后在打开的元件拾取对话框中,选中"Category"中相应的大类。

表 8.6　Category 的分类

Category(类)	含义	Category(类)	含义
Analog ICs	模拟集成器件	PLDs and FPGAs	可编程逻辑器件和现场可编程门阵列
Capacitors	电容	Resistors	电阻
CMOS 4000 series	CMOS 4000 系列	Simulator Primitives	仿真源
Connectors	接头	Speakers and Sounders	扬声器和声响
Data Converters	数据转换器	Switches and Relays	开关和继电器
Debugging Tools	调试工具	Switching Devices	开关器件
Diodes	二极管	Thermionic Valves	热离子真空管
ECL 10000 series	ECL 10000 系列	Transducers	传感器
Electromechanical	电机	Transistors	晶体管
Inductors	电感	TTL 74 Series	标准 TTL 系列
Laplace Primitives	拉普拉斯模型	TTL 74ALS Series	先进的低功耗肖特基 TTL 系列
Memory ICs	存储器芯片	TTL 74AS Series	先进的肖特基 TTL 系列
Microprocessor ICs	微处理器芯片	TTL 74F Series	快速 TTL 系列
Miscellaneous	混杂器件	TTL 74HC Series	高速 CMOS 系列
Modelling Primitives	建模源	TTL 74HCT Series	与 TTL 兼容的高速 CMOS 系列
Operational Amplifiers	运算放大器	TTL 74LS Series	低功耗肖特基 TTL 系列
Optoelectronics	光电器件	TTL 74S Series	肖特基 TTL 系列

(2) 子类(Sub——category)

选取元件所在的大类(Category)后,再选子类(Sub——category),也可以直接选生产厂家(Manufacturer),这样会在元件拾取对话框中间部分的查找结果(Results)中显示符合条件的列表。从中找到所需的元件,双击该元件名称,元件即被拾取到对象选择器中去了。如果要继续拾取其他元件,最好使用双击元件名称的办法,对话框不会关闭。如果只选取一个元件,可以单击元件名称后再单击"OK"按钮,关闭对话框。如果选取大类后,没有选取子类或生产厂家,则在元件拾取对话框中的查询结果中,会把此大类下的所有元件按元件名称首字母的升序排列出来。

2) 各子类的介绍

下面对 Proteus ISIS 库元件的各子类进行逐一介绍。

(1) Analog ICs

模拟集成器件共有 8 个子类,如表 8.7 所示。

表 8.7　Analog ICs 子类介绍

子类	含义	子类	含义
Amplifier	放大器	Miscellaneous	混杂器件
Comparators	比较器	Regulators	三端稳压器
Display Drivers	显示驱动器	Timers	555 定时器
Filters	滤波器	Voltage References	参考电压

（2）Capacitors

电容共有 23 个分类，如表 8.8 所示。

表 8.8 电容子类介绍

子类	含义	子类	含义
Animated	可显示充放电电荷电容	Miniture Electrolytic	微型电解电容
Audio Grade Axial	音响专用电容	Multilayer Metallised Polyester Film	多层金属聚酯膜电容
Axial Lead polypropene	径向轴引线聚丙烯电容	Mylar Film	聚酯薄膜电容
Axial Lead polystyrene	径向轴引线聚苯乙烯电容	Nickel Barrier	镍栅电容
Ceramic Disc	陶瓷圆片电容	Non Polarised	无极性电容
Decoupling Disc	解耦圆片电容	Polyester Layer	聚酯层电容
Generic	普通电容	Radial Electrolytic	径向电解电容
High Temp Radial	高温径向电容	Resin Dipped	树脂蚀刻电容
High Temp Axial Electrolytic	高温径向电解电容	Tantalum Bead	钽电容
Metallised Polyester Film	金属聚酯膜电容	Variable	可变电容
Metallised polypropene	金属聚丙烯电容	VX Axial Electrolytic	VX 轴电解电容
Metallised polypropene Film	金属聚丙烯膜电容		

（3）CMOS 4000 series

CMOS 4000 系列数字电路共有 16 个分类，如表 8.9 所示。

表 8.9 CMOS 4000 系列子类介绍

子类	含义	子类	含义
Adders	加法器	Gates & Inverters	门电路和反相器
Buffers & Drivers	缓冲和驱动器	Memory	存储器
Comparators	比较器	Misc. Logic	混杂逻辑电路
Counters	计数器	Multiplexers	数据选择器
Decoders	译码器	Multivibrators	多谐振荡器
Encoders	编码器	Phase-locked Loops(PLL)	锁相环
Flip-Flop & Latches	触发器和锁存器	Registers	寄存器
Frequency Dividers & Timer	分频和定时器	Signal Switcher	信号开关

（4）Connectors

接头共有 9 个分类，如表 8.10 所示。

表 8.10 接头子类介绍

子类	含义	子类	含义
Audio	音频接头	PCB Transfer	PCB 传输接头
D-Type	D 型接头	SIL	单排插座
DIL	双排插座	Ribbon Cable	蛇皮电缆
Header Blocks	插头	Terminal Blocks	接线端子台
Miscellaneous	各种接头		

(5) Data Converters

数据转换器共有 4 个分类,如表 8.11 所示。

表 8.11 数据转换器子类介绍

子类	含义	子类	含义
A/D Converters	模数转换器	Sample & Hold	采样保持器
D/A Converters	数模转换器	Temperature Sensors	温度传感器

(6) Debugging Tools

调试工具数据共有 3 个分类,如表 8.12 所示。

表 8.12 调试工具子类介绍

子类	含义	子类	含义
Breakpoint Triggers	断点触发器	Logic Stimuli	逻辑状态输入
Logic Probes	逻辑输出探针		

(7) Diodes

二极管共有 8 个分类,如表 8.13 所示。

表 8.13 二极管子类介绍

子类	含义	子类	含义
Bridge Rectifiers	整流桥	Switching	开关二极管
Generic	普通二极管	Tunnel	隧道二极管
Rectifiers	整流二极管	Varicap	变容二极管
Schottky	肖特基二极管	Zener	稳压二极管

(8) Inductors

电感共有 3 个分类,如表 8.14 所示。

表 8.14 电感子类介绍

子类	含义	子类	含义
Generic	普通电感	Transformers	变压器
SMT Inductors	表面安装技术电感		

(9) Laplace Primitives

拉普拉斯模型共有 7 个分类,如表 8.15 所示。

表 8.15 电感子类介绍

子类	含义	子类	含义
1st Order	一阶模型	Operators	算子
2nd Order	二阶模型	Poles/Zeros	极点/零点
Controllers	控制器	Symbols	符号
Non-Linear	非线性模型		

(10) Memory ICs

存储器芯片共有 7 个分类,如表 8.16 所示。

表 8.16 存储器芯片子类介绍

子类	含义	子类	含义
Dynamic RAM	动态数据存储器	Memory Cards	存储卡
EEPROM	电可擦除程序存储器	SPI Memories	SPI 总线存储器
EPROM	可擦除程序存储器	Static RAM	静态数据存储器
I2C Memories	I^{2}C 总线存储器		

(11) Microprocessor ICs

微处理器芯片共有 13 个分类,如表 8.17 所示。

表 8.17 微处理器芯片子类介绍

子类	含义	子类	含义
68000 Family	68000 系列	PIC 10 Family	PIC 10 系列
8051 Family	8051 系列	PIC 12 Family	PIC 12 系列
ARM Family	ARM 系列	PIC 16 Family	PIC 16 系列
AVR Family	AVR 系列	PIC 18 Family	PIC 18 系列
BASIC Stamp Modules	Parallax 公司微处理器	PIC 24 Family	PIC 24 系列
HC11 Family	HC11 系列	Z80 Family	Z80 系列
Peripherals	CPU 外设		

(12) Modelling Primitives

建模源共有 9 个分类,如表 8.18 所示。

表 8.18 建模源子类介绍

子类	含义	子类	含义
Analog(SPICE)	模拟(仿真分析)	Mixed Mode	混合模式
Digital(Buffers & Gates)	数字(缓冲器和门电路)	PLD Elements	可编程逻辑器单元
Digital(Combinational)	数字(组合电路)		
Digital(Miscellaneous)	数字(混杂)	Realtime(Actuators)	实时激励源
Digital(Sequential)	数字(时序电路)	Realtime(Indictors)	实时指示器

(13) Operational Amplifiers

运算放大器共有 7 个分类,如表 8.19 所示。

表 8.19 运算放大器子类介绍

子类	含义	子类	含义
Dual	双运放	Quad	四运放
Ideal	理想运放	Single	单运放
Macromodel	大量使用的运放	Triple	三运放
Octal	八运放		

(14) Optoelectronics

光电器件共有 11 个分类,如表 8.20 所示。

表 8.20 光电器件子类介绍

子类	含义	子类	含义
7-segment Displays	7 段显示	LCD Controllers	液晶控制器
Alphanumeric LCDs	液晶数码显示	LCD Panels Displays	液晶面板显示
Bargraph Displays	条形显示	LEDs	发光二极管
Dot Matrix Displays	点阵显示	Optocouplers	光电耦合
Graphical LCDs	液晶图形显示	Serial LCDs	串行液晶显示
Lamps	灯		

(15) Resistors

电阻共有 11 个分类,如表 8.21 所示。

表 8.21 电阻子类介绍

子类	含义	子类	含义
0.6W Metal Film	0.6 瓦金属膜电阻	High Voltage	高压电阻
10 Watt Wirewound	10 瓦绕线电阻	NTC	负温度系数热敏电阻
2 W Metal Film	2 瓦金属膜电阻		
3 Watt Wirewound	3 瓦绕线电阻	Resistor Packs	排阻
7 Watt Wirewound	7 瓦绕线电阻	Variable	滑动变阻器
Generic	普通电阻	Varisitors	可变电阻

(16) Simulator Primitives

仿真源共有 3 个分类,如表 8.22 所示。

表 8.22 仿真源子类介绍

子类	含义	子类	含义
Flip-Flops	触发器	Sources	电源
Gates	门电路		

(17) Switches and Relays

开关和继电器共有 4 个分类,如表 8.23 所示。

表 8.23 开关和继电器子类介绍

子类	含义	子类	含义
Key pads	键盘	Relays(Specific)	专用继电器
Relays(Generic)	普通继电器	Switches	开关

(18) Switching Devices

开关器件共有 4 个分类,如表 8.24 所示。

表 8.24 开关器件子类介绍

子类	含义	子类	含义
DIACs	两端交流开关	SCRs	可控硅
Generic	普通开关元件	TRIACs	三端双向可控硅

(19) Thermionic Valves

热离子真空管共有 4 个分类,如表 8.25 所示。

表 8.25 热离子真空管子类介绍

子类	含义	子类	含义
Diodes	二极管	Tetrodes	四极管
Pentodes	五极真空管	Triodes	三极管

(20) Transducers

传感器共有两个分类,如表 8.26 所示。

表 8.26 传感器子类介绍

子类	含义	子类	含义
Pressure	压力传感器	Temperature	温度传感器

(21) Transistors

晶体管共有 8 个分类,如表 8.27 所示。

表 8.27 晶体管子类介绍

子类	含义	子类	含义
Bipolar	双极性晶体管	MOSFET	金属氧化物效应管
Generic	普通晶体管	RF power LDMOS	射频功率 LDMOS 管
IGBT	绝缘栅双极晶体管	RF power VDMOS	射频功率 VDMOS 管
JFET	结型场效应管	Unijunction	单结晶体管

74 系列的数字集成芯片的子类示意可以参考 CMOS 4000 系列。

8.2 斯沃数控仿真软件基础知识

8.2.1 斯沃数控仿真软件简介

斯沃数控仿真软件是由南京斯沃软件技术有限公司开发的,该软件根据前沿专业原理采用最先进的计算机仿真技术,对数控机床的电气装配、调试、排故等过程进行模拟,是一款经济、可靠、高效的培训软件。通过该软件可以大大减少昂贵的实验设备投入,又能够使用户达到操作训练的目的。

斯沃数控仿真软件具有以下功能特点:

(1) 对于学电气设计的用户,该软件能使其对机床电气控制有更深入的学习与了解,也可以帮助科研技术人员进一步了解数控机床的电气结构,进行数控系统的二次开发。用户在进行电气设计时,可以通过斯沃数控仿真软件的电气布局功能亲自进行电气结构的布局,如每一个电器元件摆放的位置,使用什么样的电器元件,电气需要什么样的保护。用户可以检查其设计是否合理,是否存在缺陷,这样用户就能一目了然地看到自己设计出的机床电气的正确性、合理性。电气设计好之后再与数控系统和机床本体连接。通过斯沃数控仿真软件的逻辑联系功能,让数控系统发出信号,电器元件相对应的动作,让数控机床做出所需要的运动。如果电气设计得不合理或有错误,那就可以及时地调整设计,做到事半功倍。

(2) 通过斯沃数控仿真软件可以让用户进一步了解掌握 PLC 控制。现在的数控技术都结合了 NC 和 PLC 技术,PLC 编程是个关键,PLC 控制了数控机床的辅助功能,用户根据数控机床的技术要求,来编写 PLC 的程序,输入到斯沃数控仿真软件里,如果所编的 PLC 程序是正确的,那么数控机床的辅助功能都能正常运行,如果 PLC 程序出错了,那斯沃数控仿真软件就会提示出错以及出错的原因,用户根据软件的提示来修改 PLC 程序,直到 PLC 程序完全正确为止。斯沃数控仿真软件提供了多种系统,系统不同,PLC 程序也不一样,用户通过仿真软件的学习,可以学到不同的 PLC 程序以及数控系统与 PLC 之间的逻辑联系。

(3) 斯沃数控仿真软件提供了多种数控系统,有西门子、法兰克、三菱等。每个数控系统都要进行系统参数的设置,像回参考点的参数设置、数控机床轴参数设置、工作台进给速度的参数设置、螺距补偿参数设置等等。用户根据斯沃数控仿真软件提供的数控系统可以进行各种数控系统参数的调试练习,还可以学习一种系统在数控车床、数控铣床以及加工中心里的不同的参数调试,让用户轻易就能动手调试数控系统。

(4) 变频器调试的学习。斯沃数控仿真软件里有多种变频器,像东元、三菱、富士等一些主流变频器。变频器是用来控制数控机床主轴转速的,让数控机床实现无级变速。变频器若要实现这个功能需进行变频器的参数设置,斯沃数控仿真软件提供了很多种变频器,用户可以很扎实的学习这些参数的设置,了解每个参数的作用。当用户输入错误的变频器参数后,变频器将不能够做出正确的动作,但会给出出错提示,帮助用户学习。

(5) 驱动控制调试的学习。驱动分为步进和交流伺服两种,交流伺服又可分成很多品种,像西门子、法兰克、三菱等。对于步进驱动器来说主要是根据步进电机的细分学习到波段开关的拨法,以及数控系统到步进驱动的信号线的接法,步进驱动到步进电机的接线。交流伺服驱动要进行参数的设置,让用户了解每个参数的作用,输入错误的参数会有什么后果。交流伺服驱动器接线比较复杂,斯沃数控仿真软件从系统到交流伺服驱动、交流伺服驱动到交流伺服电机、交流伺服电机到数控系统的接线,对每根信号线的含义都有详细的说明和例子,可提高用户的动手能力。

(6) 电器元件的知识学习。斯沃数控仿真软件的电器库里提供了各种常用低压电器元件图和电器符号图、电器元件的技术参数、各种机床基本控制线路、典型普通机床控制线路、典型数控机床控制线路等。电器元件都做成了真实的照片显示,可以极大地提高用户的学习兴趣。

(7) 数控机床电气布局与装配的学习。用户根据斯沃数控仿真软件提供的各种数控机床的电气图来进行电器元件的布局,机床不同、电气图不同,那它的布局也不一样,通过仿真用户就可以了解这方面的知识。布局好以后就可以进行电器元件的装配和接线。根据数控机床的电气图进行手工的接线,有数控系统与信号模块的接线,信号模块与低压电器的接线,低压电器之间的接线,刀架接线,主轴电机接线,水泵电机接线,各个接近开关接线,还有机床照明灯、风扇的接线等。在接错线时系统不提示出错,但是在线全部接好后,斯沃数控仿真软件里的机床将不会有任何动作,用户就需要自己动手排查什么地方出了问题,并解决问题。

(8) 数控机床故障诊断、排查和维修的学习。当用户接好线,各种参数也全部设置好,数控机床能正确运动以后,管理者可以通过网络在用户的数控仿真上进行各种数控机床的设置,让用户自己排查并把问题解决掉。不同的数控系统、不同的变频器、不同的驱动、不同的电器元件、不同的机床都会有不同的故障。用户根据故障找出问题在什么地方,如果用户无法解决问题,管理者可以通过网络把正确的答案发给用户。管理者也可以通过网络监视用户是如何排查故障的,做到管理者和用户的互动。斯沃数控仿真软件提供的故障都是根据实际的数控机床的故障来设置的,做到完全的真实性。管理者通过不断的设置各种不同故障,使用户的动手能力得到大幅度提高。

(9) 各种检测工具的使用。斯沃数控仿真软件提供了各种检测工具,有电笔、万用表、示波器、摇表、激光干涉仪等,当故障发生时,用户可以用这些检测工具来排查故障。

(10) 数控机床机械结构的学习。斯沃数控仿真软件还提供了机械方面的知识,像主轴的结构,主轴电机的安装位置,编码器的位置,刀架的结构,丝杠的形状和位置,润滑系统,各个接近开关的位置等等,让用户既能掌握数控机床的电气原理也能了解数控机床的机械结构,做到全面发展。

综上所述,斯沃数控仿真软件可以提高用户的学习兴趣,加强用户的实际动手能力,为用户打下一个坚实的基础。对于继电器接触器控制系统,以及数控机床控制系统的电气仿真接线和调试的练习很有帮助。

8.2.2 斯沃数控仿真软件的应用模块

安装好斯沃数控仿真软件后,点击"开始"程序菜单,单击程序中的"斯沃数控机床仿真",如图 8.36 所示,运行该软件。

图 8.36 斯沃数控仿真软件的运行界面

斯沃数控仿真软件运行后,有三个模块,分别是"机床模型"、"电气"和"故障设置与诊断",如图 8.37 所示。

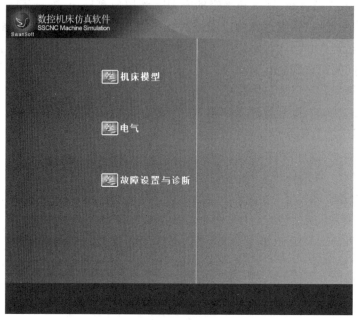

图 8.37 斯沃数控仿真软件的应用模块

其中,"机床模型"模块通过三维造型的方式展示了数控机床的主轴结构、进给结构,以及数控铣床和数控车床的整机结构等,图 8.38 所示是数控车床的整机结构。

图 8.38 机床模型模块中的数控车床整机结构

"电气"模块包括普通电器实验、变频器实验、伺服实验等子模块,如图 8.39 所示。"故障设置与诊断"包括西门子、法兰克等数控系统的故障设置与诊断练习。

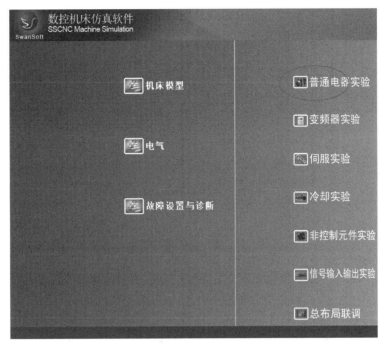

图 8.39 "电气"模块组成

点击图 8.39 所示的"电气"模块中的"普通电器实验",可以根据右边的电气原理图进行仿真接线练习,如图 8.40 所示。

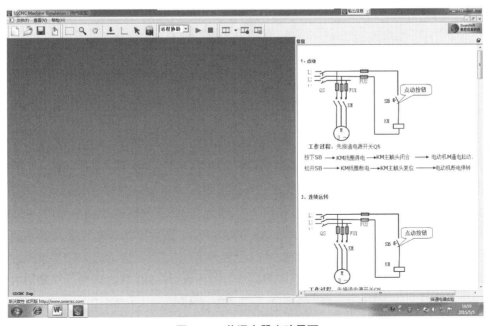

图 8.40 普通电器实验界面

利用"普通电器实验"子模块可以进行三相异步电动机典型电气线路的分析、仿真接线和调试等实验。仿真接线和调试可以分为以下三大步进行：

（1）放置元件

根据电气原理图，首先放置所需要的电器元件，例如按钮、接触器、电动机等。点击斯沃仿真软件中的"放置元件"图标，打开电器元件库，如图 8.41 所示。先选择所需要的电器元件分类，如继电器、断路器、附件等。再通过分类的下拉箭头选择具体的电器元件或者电器元件的型号，放置到显示区。

图 8.41　电器元件库

（2）连线

放置好所需的电器元件后，可以开始仿真接线。点击斯沃仿真软件中的"连线"图标，打开连线对话框，如图 8.42 所示。通过连线对话框，可以选择导线的类型、导线的线径和导线的颜色，图 8.42 选择的是 2.50 mm² 红色导线。根据实际情况，主电路和控制电路可以选择不同的导线线径和颜色进行连线。

（3）仿真调试

完成电气线路的仿真接线后，可以开始仿真调试。点击斯沃仿真软件中的"拾取"图标，在连接好的电路上，可以进行仿真调试。如图 8.43 所示，是数控铣床整机联调的仿真调试界面。合上总电源开关和相应的断路器，可以看到机床灯点亮、风扇旋转。如果调试过程中出现故障，可以重新点击斯沃仿真软件中的"连线"图标进行接线，修改完电气线路后再次点击斯沃仿真软件中的"拾取"图标进行调试，直至调试成功。

第8章　Proteus和斯沃数控仿真软件基础知识

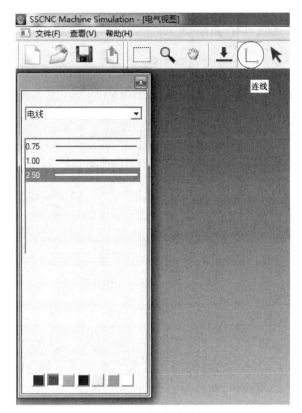

图 8.42　连线对话框

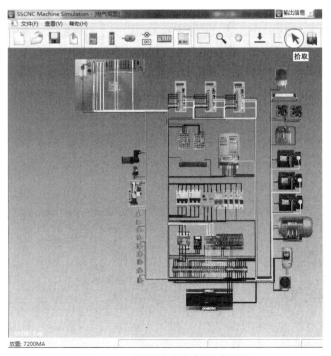

图 8.43　数控铣床仿真调试界面

8.2.3 斯沃数控仿真软件仿真接线实例

下面以三相异步电动机点动控制线路为例,说明斯沃数控仿真软件仿真接线和调试的步骤。

1) 放置电器元件

根据点动控制的电气原理图,如图 8.44 所示,所需要的电器元件如表 8.28 所示。

表 8.28 电器元件明细表

序号	电器名称	数量(个)	备注
1	电源开关	1	
2	熔断器	5	斯沃软件仿真时,用断路器替代
3	接触器	1	
4	按钮	1	绿色
5	端子排	1	
6	三相异步电动机	1	星形接法

放置电器元件的基本规则是:(1) 体积大和较重的电器元件(如电动机、变压器等)应安装在电器安装板的下方;(2) 电器元件的布置应考虑整齐、美观、对称,外形尺寸与结构类似的电器安装在一起,以便安装和配线;(3) 控制柜内的电器元件与柜外的电器元件连接时,应该经过接线端子排。根据上述电器元件的放置规则,点击斯沃仿真软件中的"放置元件"图标,在电器元件库中选择所需的电器元件进行放置。点动控制线路的电器元件放置可以如图 8.44 所示。

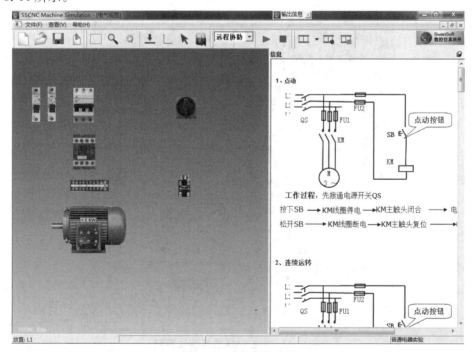

图 8.44 放置电器元件

2）选择导线、连接线路

可以先选择主电路导线的线型和颜色，根据电气原理图进行主电路线路的接线；再选择控制电路导线的线型和颜色，根据电气原理图进行控制电路线路的接线。点击斯沃仿真软件中的"连线"图标，本实例选择的主电路导线是 2.5 mm^2、红色；控制电路的导线是 1.0 mm^2、蓝色。连接好的电气线路如图 8.45 所示。

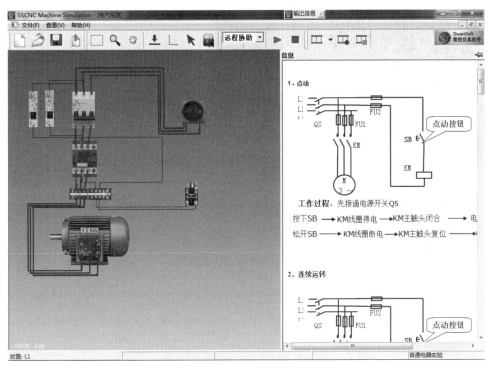

图 8.45 点动电气接线图

3）进行仿真调试

在图 8.45 所示的点动控制线路上，先点击斯沃仿真软件中的"拾取"图标，再合上电源总开关以及各个断路器。按下绿色按钮，观察三相异步电动机是否运行。当按钮复位后，观察电动机是否停止运行。如果能正确动作，仿真调试成功；如果不能完全正确动作，查看和修改线路的连接情况，重新调试。三相异步电动机点动控制正确运行的仿真效果如图 8.46 所示。

电工技术基础与技能

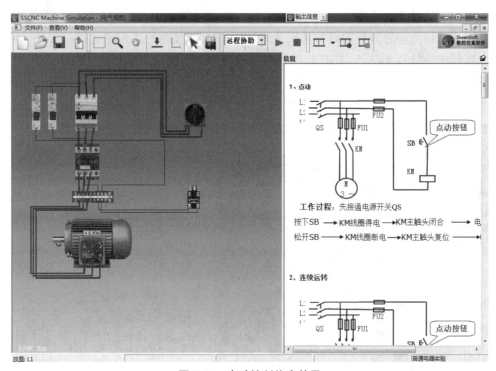

图 8.46 点动控制仿真效果

电工技术基础与技能

第 2 部分

电 工 技 能

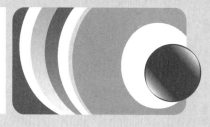

本部分主要介绍实践技能,包括电路元件的直流特性、基尔霍夫定律、叠加定理、戴维南定理 4 个直流实训项目;单相交流电源及电路元件的交流特性、日光灯功率因数的提高和三相交流电源及三相负载工作特征 3 个交流实训项目;三相异步电动机的长动控制和三相异步电动机的正反转控制两个电机控制电路项目以及 C650 车床电路安装与调试综合实训项目。每一个项目的实施有方案设计、电路搭建、测量过程以及现象数据记录和分析。除此之外,还介绍了常用电工工具及电工仪表的使用与维护知识,以及 Proteus 常用仪器中英文对照表,以便仿真时快速查找。

第9章 电工基础实验

9.1 实验一 电路元件的直流特性

9.1.1 实验目的

(1) 认识常用电路元件电阻、电感、电容,掌握常用电路元件在直流电路中的特性。

(2) 熟悉直流电源的使用以及万用表(或电压表、电流表)等常用电工仪表在直流电路中的测量方法。

(3) 掌握电路的设计技巧、实验现象的观察方法以及各元件物理量的测量和分析技能。

9.1.2 理论知识

(1) 电压表、电流表的使用方法

电压表在测量元件电压时,应与被测元件并联。电流表在测量元件电流时,应与被测元件一起串联在电路中。在电压表和电流表的使用过程中,应正确选择量程,一般情况下,在无法估计合适的量程时,应先选用仪表的高量程来测试,然后根据测试数据首位不为零的原则,逐步降低到适当量程进行最终测量。

(2) 电阻的伏安特性

电阻元件伏安特性是指被测电阻两端电压 U 与通过它的电流 I 之间的函数关系,这种函数关系也称为外部特性。

线性电阻的伏安特性是一条通过原点的直线,该直线的斜率等于该电阻阻值的倒数,如图 9.1 中 a 线所示。

非线性电阻的伏安特性是一条通过原点的曲线,如白炽灯属于非线性电阻,在工作时,通过白炽灯的电流越大,温度越高,其灯丝阻值随着温度的升高会有所增大。灯丝伏安特性曲线如图 9.1 中 b 线所示。

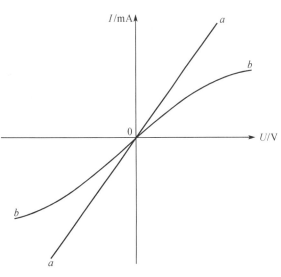

图 9.1 电阻元件的 U-I 特性

(3) 电感的直流特性

在直流电路中电感类似于导线,也就是电感对直流电无阻碍作用,不论电感大或小,只要电路稳定,电感充满"电"后,电流都可以正常流过电感,而不会影响电路中其他元件的工作状态。

另一方面,电感在直流电路中完成的是自身磁能的储存,这一部分储存的能量可以再次释放给其他外电路元件使其工作,也就是电感本身是不耗能的,它是储能元件,电感 L 越大,储存的能量就越多,储能所需时间就越长。

(4) 电容的直流特性

在直流电路中电容相当于断路,也就是电容对直流电有隔绝作用,不论电容大或小,只要电路稳定,电容充满电后,电路中的电流就不再有变化,于是电容在直流电路中起到断开电路的作用。

另一方面,电容在直流电路中完成的是自身电能的储存,这一部分储存的能量可以再次释放给其他外电路元件使其工作,也就是电容本身是不耗能的,它是储能元件,电容 C 越大,储存的能量就越多,储能所需时间就越长。

9.1.3 Proteus 软件仿真内容和步骤

1) 测定线性电阻的伏安特性

(1) 选取元件

打开 Proteus ISIS 程序,按表 9.1 所列的清单添加元件。

表 9.1 电阻特性测试元器件清单

序号	元件名称	含义	所属类	所属子类
1	CELL	电池	Miscellaneous	—
2	RES	电阻	Resistors	Generic
3	SWITCH	开关	Switches & Relays	Switches

(2) 电路原理图

电阻测试电路原理图如图 9.2 所示,该电路包含电源 U(可修改电压值)、开关 K 和电阻 R(设置为 $1\,\text{k}\Omega$),按图 9.2 所示连接电路。

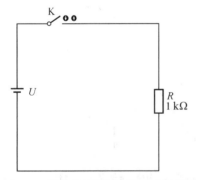

图 9.2 线性电阻伏安特性测试原理图

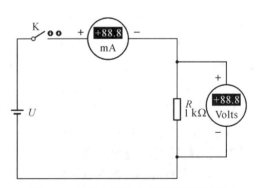

图 9.3 线性电阻伏安特性仿真测试图

(3) 仿真

按照图 9.3 所示,在电阻两端并联直流电压表,并设置电压表的量程为 Volts;在电路中串入直流电流表,并设置电流表的量程为 Milliamps。

设置电源 U 的数值为 1 V,点击仿真按钮"Play",闭合开关 K,将电流表和电压表的数据记入表 9.2 中。

依次修改 U 的数值为 3 V、5 V、10 V、20 V 和 50 V,重新仿真,并将测量的数据填入表格 9.2 中。

表 9.2 线性电阻伏安特性测试数据表

电源电压 U/V	1	3	5	10	20	50
I/mA 测量值						
U_R/V 测量值						

2) 测定电感的特性

(1) 选取元件

打开 Proteus ISIS 程序,按表 9.3 所列的清单添加元件。

表 9.3 电感特性测试元器件清单

序号	元件名称	含义	所属类	所属子类
1	CELL	电池	Miscellaneous	—
2	INDUCTOR	电感	Inductors	Generic
3	SW-SPDT-MOM	单刀双掷开关	Switches & Relays	Switches
4	LAMP	灯泡	Optoelectronics	Lamps

(2) 电路原理图

电感测试电路原理图如图 9.4 所示,该电路包含电源 U(设置为 12 V)、单刀双掷开关 SW、电感 L(可修改电感值)、两个灯泡 L_1 和 L_2(额定电压为 12 V),按图 9.4 所示连接电路。

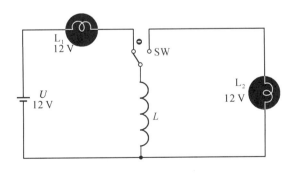

图 9.4 电感特性测试原理图

（3）仿真

按照图9.5所示，在两个灯泡 L_1 和 L_2 两端分别并联直流电压表，并设置电压表的量程为 Volts；在两个灯泡 L_1 和 L_2 电路中分别串入直流电流表，并设置电流表的量程为 Milliamps。

设置电感 L 的数值为 1 mH，单刀双掷开关 SW 拨到左侧电路，点击仿真按钮"Play"，左侧电路工作，灯泡 L_1 点亮，将电流表1和电压表1稳定时的数据记入表9.4中。接着，将单刀双掷开关 SW 拨到右侧电路，观察灯泡 L_2、电流表2和电压表2的状态并将数据记入表9.4中。

依次修改电感 L 的数值为 5 mH、10 mH、100 mH、1 H、10 H 和 20 H，重新仿真，并将测量的数据记入表9.4中。

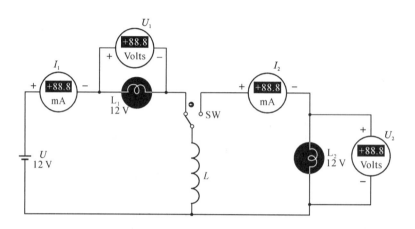

图 9.5　电感特性仿真测试图

表 9.4　电感特性测试数据表

电感 L/mH	1	5	10	100	1 H	10 H	20 H
I_1/A 测量值							
U_1/V 测量值							
I_2（有无数据）							
U_2（有无数据）							
灯泡 L_2（有无点亮）							

3）测定电容的特性

（1）选取元件

打开 Proteus ISIS 程序，按表9.5所列的清单添加元件。

表 9.5　电容特性测试元器件清单

序号	元件名称	含义	所属类	所属子类
1	CELL	电池	Miscellaneous	—
2	CAPACITOR	电容	Capacitors	—
3	SW-SPDT-MOM	单刀双掷开关	Switches & Relays	Switches
4	LAMP	灯泡	Optoelectronics	Lamps

(2) 电路原理图

电容测试电路原理图如图9.6所示,该电路包含电源U(设置为12 V)、单刀双掷开关SW、电容C(可修改电容值)、两个灯泡L_1和L_2(额定电压为12 V),按图9.6所示连接电路。

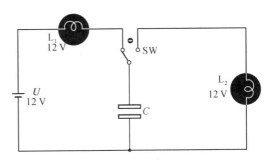

图9.6 电容特性测试原理图

(3) 仿真

按照图9.7,在两个灯泡L_1和L_2两端分别并联直流电压表,并设置电压表的量程为Volts;在两个灯泡L_1和L_2电路中分别串入直流电流表,并设置电流表的量程为Milliamps。

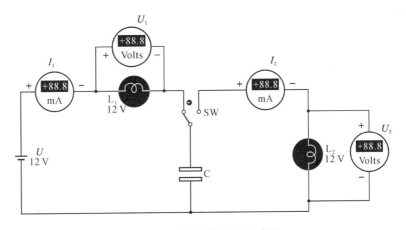

图9.7 电容特性仿真测试图

设置电容C的数值为1 mF,单刀双掷开关SW拨到左侧电路,点击仿真按钮"Play",左侧电路工作,观察电路稳定时灯泡L_1的状态、电流表1和电压表1的数据并填入表9.6中。接着,将单刀双掷开关SW拨到右侧电路,观察灯泡L_2、电流表2和电压表2的状态并填入表9.6中。

表9.6 电容特性测试数据表

电容C/mF	1	5	10	50	100	200	500
灯泡L_1(最后亮/灭)							
I_1/A 测量值							
U_1/V 测量值							
I_2(有无数据)							
U_2(有无数据)							
灯泡L_2(有无点亮)							

依次修改电容C的数值为5 mF、10 mF、50 mF、100 mF、200 mF、500 mF,重新仿真,并将测量的数据记入表9.6中。

9.1.4 报告要求

(1) 根据要求完成实验中相关数据的记录。

(2) 根据表 9.2 中实验测量结果,在坐标纸上按比例绘出电阻元件的伏安特性曲线,并进行误差分析。

(3) 根据表 9.4 和 9.6 中实验测量数据以及现象观察结果,分析总结电感和电容元件在直流电路工作中的特征。

9.2 实验二 基尔霍夫定律

9.2.1 实验目的

(1) 学会正确使用直流电流表、直流电压表和万用表。

(2) 理解电流参考方向、电压参考方向以及它们与自身实际方向的关系。

(3) 验证基尔霍夫定律,强化对电路定律的应用。

9.2.2 理论知识

(1) 电流、电压参考方向与实际方向

在电路分析中,往往很难事先判断电流、电压的实际方向。因此,先假设某一个方向作为电流或电压的方向,即为"参考方向"。如果电流(电压)值为正,电流(电压)的实际方向与参考方向相同;如果电流(电压)值为负,电流(电压)的实际方向与参考方向相反。

(2) 基尔霍夫定律

基尔霍夫电流定律(KCL):在任何时刻,流入电路中任一节点的电流之和等于流出该节点的电流之和。

基尔霍夫电压定律(KVL):在任何时刻,电路中任一闭合回路内,各段电路电压的代数和恒等于零。

9.2.3 Proteus 软件仿真内容和步骤

1) 选取元件

打开 Proteus ISIS 程序,按表 9.7 所列的清单添加元件。

表 9.7 元器件清单

序号	元件名称	含义	所属类	所属子类
1	CELL	电池	Miscellaneous	——
2	RES	电阻	Resistors	Generic

2) 电路原理图

按图 9.8 原理图连接电路,设置 R_1、R_2、R_3 阻值分别为 100 Ω、200 Ω、300 Ω,调整 E_1 和

E_2 的数值都为 11 V。

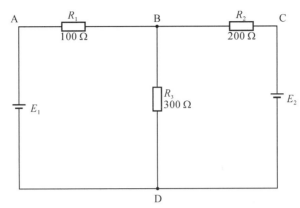

图 9.8　验证基尔霍夫定律的电路原理图

3) 仿真

按图 9.9 所示添加直流电压表和直流电流表,并设置电压表的量程为 Volts,电流表的量程为 Milliamps。点击仿真按钮"Play",将各电表的数据记入表 9.8 和表 9.9 中。停止仿真,再次调整 E_1 和 E_2 的数值分别为 12 V 和 10 V,以及 10 V 和 12 V,重新仿真并将数据填入表 9.8 和 9.9 中。

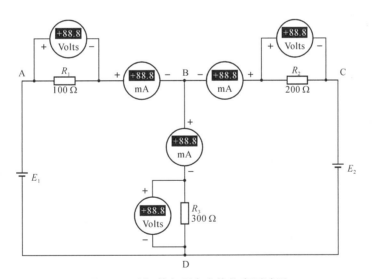

图 9.9　验证基尔霍夫定律仿真测试图

表 9.8　验证基尔霍夫电压定律的测量数据表

E_1/V	E_2/V	U_{AB}/V	U_{BC}/V	U_{BD}/V	回路 ABDA$\sum U$/V	回路 BCDB$\sum U$/V	回路 ABCDA$\sum U$/V
11	11						
12	10						
10	12						

表 9.9 验证基尔霍夫电流定律的测量数据表

E_1/V	E_2/V	I_1/mA	I_2/mA	I_3/mA	节点 B $\sum I$/mA
11	11				
12	10				
10	12				

9.2.4 报告要求

(1) 计算表 9.8 中各回路电压代数和 $\sum U$，回路 ABDA $\sum U = U_{AB} + U_{BD} + U_{DA}$，回路 BCDB $\sum U = U_{BC} + U_{CD} + U_{DB}$，回路 ABCDA $\sum U = U_{AB} + U_{BC} + U_{CD} + U_{DA}$，以及表 9.9 中节点 B 处电流的代数和 $\sum I = I_1 + I_2 - I_3$，并将数据填入相应的表格中。

(2) 把计算结果与理论数据进行比较，如有误差，分析原因。

9.3 实验三 叠加定理

9.3.1 实验目的

(1) 进一步掌握电工仪表的使用，以及电流、电压的测量方法。
(2) 加深对电路中电流参考方向、电压参考方向的理解。
(3) 验证叠加定理，并了解其适用范围。
(4) 提高检查、分析电路故障的能力。

9.3.2 理论知识

1) 叠加定理

在线性电路中，当有两个或两个以上的独立电源(电压源或电流源)作用时，则任一支路的电流或电压，都可以是电路中各个独立电源单独作用时在该支路中产生的各电流分量或电压分量的代数和。

2) 注意事项

(1) 叠加定理只适用于线性电路，对非线性电路不适用。
(2) 叠加定理只适用于电路的电流、电压计算，对功率计算不适用。
(3) 当一个电源单独作用时，其他电源应去除，但要保留其内阻。对于电压源，将其理想电压源用短接线替代，而保留与其串联的内阻；对于电流源，则将其理想电流源支路断开，而保留与其并联的内阻。
(4) 在将每个电源独立作用下产生的电流或电压进行叠加时，应注意各分量的实际方向与所选的参考方向是否一致，一致的取正号，不一致的取负号。

9.3.3 Proteus软件仿真内容和步骤

1) 选取元件

打开 Proteus ISIS 程序,按表 9.10 所列的清单添加元件。

表 9.10 元器件清单

序号	元件名称	含义	所属类	所属子类
1	CELL	电池	Miscellaneous	—
2	RES	电阻	Resistors	Generic
3	SW-SPDT	单刀双掷	Switches & Relays	Switches

2) 电路原理图

按图 9.10 连接电路图,设置 R_1、R_2、R_3 的阻值分别为 150 Ω,150 Ω 和 100 Ω,调整 E_1 和 E_2 的数值分别为 10 V 和 5 V。

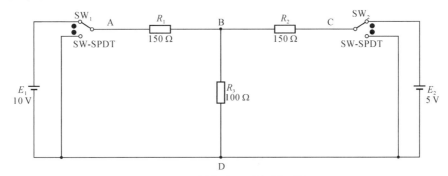

图 9.10 叠加定理验证原理图

3) 仿真

按图 9.11 添加直流电压表和直流电流表,设置电压表的量程为 Volts,电流表的量程为 Milliamps。检查 SW_1(上挡位)和 SW_2(上挡位)的状态,保证 E_1 和 E_2 都接入电路中,点击仿真按钮"Play",记录 E_1 和 E_2 共同作用时各电表的数据,并填入表 9.11 和表 9.12 中。

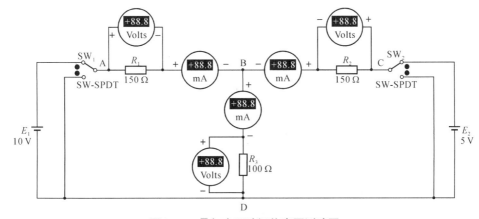

图 9.11 叠加定理验证仿真图测试图

表9.11 叠加定理实验测量电流数据表

电路类型	测量项目		
	R_1的电流/mA	R_2的电流/mA	R_3的电流/mA
E_1和E_2共同作用	$I_1=$	$I_2=$	$I_3=$
E_1单独作用	$I_{11}=$	$I_{21}=$	$I_{31}=$
E_2单独作用	$I_{12}=$	$I_{22}=$	$I_{32}=$

表9.12 叠加定理实验测量电压数据表

电路类型	测量项目		
	R_1的电压/V	R_2的电压/V	R_3的电压/V
E_1和E_2共同作用	$U_{AB}=$	$U_{BC}=$	$U_{BD}=$
E_1单独作用	$U_{AB1}=$	$U_{BC1}=$	$U_{BD1}=$
E_2单独作用	$U_{AB2}=$	$U_{BC2}=$	$U_{BD2}=$

点击单刀双掷开关SW_2(下挡位),去掉电源E_2,用短接线替代,记录E_1单独作用时各电表的数据,并填入表9.11和9.12中。

点击单刀双掷开关SW_2(上挡位),重新接上电源E_2,点击单刀双掷开关SW_1(下挡位),去掉电源E_1,用短接线替代,让E_2单独作用,重新记录各电表的数据并填入表9.11和9.12中。

9.3.4 报告要求

(1) 根据表9.11和9.12中的测量值,验证叠加定理,注意各分量叠加时的正、负号。

(2) 根据电路参数计算表9.11和表9.12中的电流和电压理论值,并把计算结果与表9.11和表9.12中的测量值进行比较,如有误差,分析原因。

9.4 实验四 戴维南定理

9.4.1 实验目的

(1) 学习测量线性有源二端网络等效参数的方法。
(2) 掌握戴维南定理的验证方法,加深对戴维南定理的理解。
(3) 理解"等效"的概念,学会灵活运用"等效"简化复杂线性电路的分析。
(4) 进一步学习和掌握常用直流仪器仪表的使用方法。

9.4.2 理论知识

(1) 线性有源网络

对于任何一个复杂的线性有源网络,如果仅研究其中一条支路的电压和电流,则可以将电路的其余部分看作一个有源二端网络,如图9.12所示,用一个简单的等效电路替代原有源二端网络。

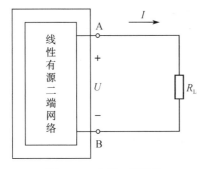
图 9.12 有源二端网络

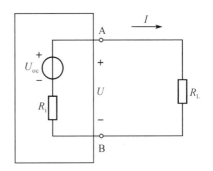
图 9.13 戴维南等效电路

(2) 戴维南定理

任何一个线性有源二端网络,对外电路来说,总可以用一个理想电压源与电阻串联的模型来代替。电压源的电压等于有源二端网络的开路电压 U_{oc},电阻等于该网络中所有独立电源都等于零(即理想电压源短接,理想电流源断开)时的二端口的等效电阻 R_i。线性有源二端网络由理想电压源 U_{oc} 和等效电阻 R_i 串联的等效电路称为戴维南等效电路,如图 9.13 所示。

(3) 有源二端网络等效参数的测量方法(即开路电压—短路电流法)

开路电压 U_{oc}:在有源二端网络的输出端口接入电压表,直接测量电压,如图 9.14 所示。
短路电流 I_{sc}:在有源二端网络的输出端口接入电流表,直接测量电流,如图 9.15 所示。
等效电阻 R_i:根据 $R_i = U_{oc}/I_{sc}$ 可计算出等效电阻 R_i。

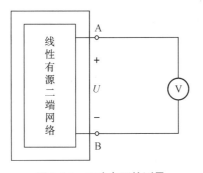
图 9.14 开路电压的测量

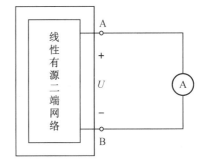
图 9.15 短路电流的测量

9.4.3 Proteus 软件仿真内容和步骤

1) 测量线性有源二端网络等效参数

(1) 选取元件

运行 Proteus ISIS 程序,按表 9.13 所列的清单添加元件。

(2) 电路原理图

按图 9.16 连接电路,设置电源电压 E_1 为 14 V;R_1、R_2、R_3、R_4 阻值分别为 100 Ω,100 Ω,200 Ω 和 200 Ω;添加直流电压表和直流电流表,设置电压表的量程为 Volts,电流表的量程为 Milliamps。

表 9.13　元器件清单

序号	元件名称	含义	所属类	所属子类
1	CELL	电池	Miscellaneous	—
2	RES	电阻	Resistors	Generic
3	SW-SPDT	单刀双掷	Switches & Relays	Switches

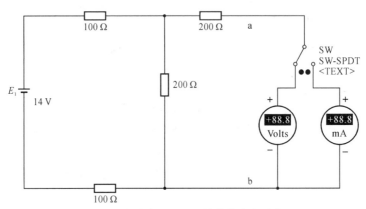

图 9.16　测量线性有源二端网络等效参数仿真原理图

(3) 仿真

点击仿真按钮"Play",将开关 SW 拨到左侧,测量开路电压 U_{oc};将开关拨到右侧,测量短路电流 I_{sc},并计算等效电阻 R_i,将数据填入表格 9.14 中。

表 9.14　有源二端网络的等效参数表

项目	U_{oc}/V	I_{sc}/mA	R_i/Ω
理论值			
测量值			

2) 测量有源二端网络带负载的外特性

(1) 选取元件

运行 Proteus ISIS 程序,按表 9.15 所列的清单添加元件。

表 9.15　元器件清单

序号	元件名称	含义	所属类	所属子类
1	CELL	电池	Miscellaneous	—
2	RES	电阻	Resistors	Generic
3	POT-HG	滑动变阻	Resistors	Variable

(2) 电路原理图

按图 9.17 连接电路图,将电源电压 E_1 设置为 14 V;R_1、R_2、R_3、R_4 阻值分别为 100 Ω,100 Ω,200 Ω 和 200 Ω,滑动变阻器最大阻值设成 1 kΩ,当前调至最小阻值 0(即 0%);添加直流电压表和直流电流表,设置电压表的量程为 Volts,电流表的量程为 Milliamps。

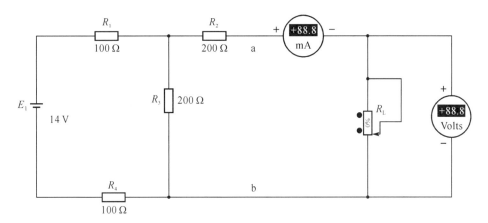

图 9.17 测量有源二端网络带负载的外特性仿真原理图

(3) 仿真

点击仿真按钮"Play",读出电压表、电流表的数值,并填入表 9.16 相关空格内,移动滑动变阻器调整阻值分别为 47 Ω、100 Ω、150 Ω、200 Ω 和 300 Ω,将得到的电压表和电流表的数值记入表 9.16 中。

表 9.16 有源二端网络和戴维南等效电路带负载的外特性测量表

项目		R_L					
		0	47 Ω	100 Ω	150 Ω	200 Ω	300 Ω
有源二端网络	U_1/V						
	I_1/mA						
戴维南等效电路	U_2/V						
	I_2/mA						

3) 测量戴维南等效电路带负载的外特性

(1) 选取元件

运行 Proteus ISIS 程序,按表 9.15 所列的清单添加元件。

(2) 电路原理图

按图 9.18 连接电路图,电源电压设置为表 9.14 中有源二端网络等效参数测量的开路电压 U_{oc};R_i 设置为计算得到的等效电阻值,滑动变阻器最大阻值设成 1 kΩ,当前调至最小阻值 0(即 0%);添加直流电压表和直流电流表,设置电压表的量程为 Volts,电流表的量程为 Milliamps。

(3) 仿真

点击仿真按钮"Play",读出电压表、电流表的数值,并填入表 9.16 相应空格内,移动滑动变阻器调整阻值分别为 47 Ω、100 Ω、150 Ω、200 Ω 和 300 Ω,将得到的电压表和电流表的数值记入表 9.16 中。

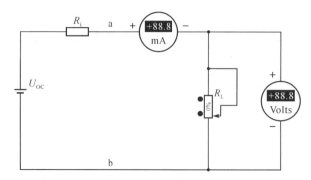

图 9.18 测量戴维南等效电路带负载的外特性仿真原理图

9.4.4 报告要求

(1) 计算图 9.16 中线性有源二端网络的等效参数 U_{oc}、I_{sc} 和 R_i，将数据填入表 9.14 中，并把计算值和测量值进行比较，如有误差，试分析误差产生的原因。

(2) 根据表 9.16 测量的数据在图 9.19 的 I-U 平面内绘出 I_1-U_1 和 I_2-U_2 的关系曲线，比较有源二端网络和戴维南等效电路带负载的外特性，验证它们的等效性，并分析误差产生的原因。

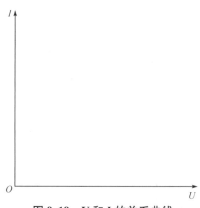

图 9.19 U 和 I 的关系曲线

9.5 实验五 单相交流电源及电路元件的交流特性

9.5.1 实验目的

(1) 熟悉单相交流电源的特征和使用方法。

(2) 掌握示波器的使用以及万用表（或电压表、电流表）等常用电工仪表在交流电路中的测量方法。

(3) 掌握常用电路元件电阻、电感、电容在交流电路中的交流特性。

(4) 掌握电路的设计方案、实验现象的观察方法以及各元件物理量的测量和分析技能。

9.5.2 理论知识

(1) 单相交流电源

随时间按正弦规律变化的电流或电压(式 9.1 和式 9.2),统称为正弦交流电,通常所说的交流电也就是指正弦交流电,其中 3 个常数 $I_m(U_m)$、ω、$\Psi_i(\Psi_u)$ 称为正弦量的三要素,当这 3 个量确定以后,交流波形就被唯一确定了。单相交流电压波形如图 9.20 所示。

$$i = I_m \sin(\omega t + \Psi_i) \qquad (9.1)$$

$$u = U_m \sin(\omega t + \Psi_u) \qquad (9.2)$$

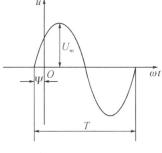

图 9.20　单相交流电压波形图

(2) 交流电的测量

示波器测波形:在交流电路中,将电路中的某点直接接入示波器某个通道中,在示波器显示屏幕上就可以观察到该点对地(或负极)的交流电压输出波形,包括看到幅值、频率以及初相三个要素,如图 9.21 所示,改变交流输出电压三要素中任一要素时,示波器显示的波形即刻随之发生变化,做到了动态地监测交流信号。

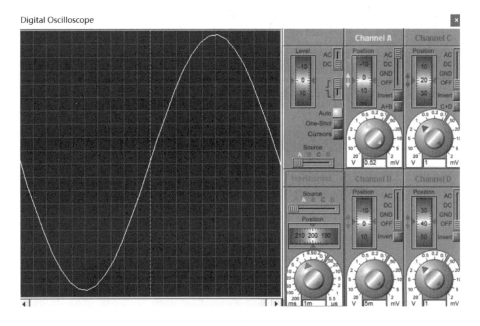

图 9.21　示波器运行面板

如图 9.21 所示,在示波器面板上 Channel A~D 区域内均设有旋钮,可以通过改变粗调/微调旋钮指示值或文本框输入值设置显示屏中波形纵向每一个格子表示的电压值;改变 Position 标尺可以在纵向移动显示屏中的波形;还设有 A+B(或 C+D)按钮,可以进行多通道电压波形叠加输出显示;"Invert"按钮,可以对所接通道电压波形取反显示;也可以利用"OFF"挡关闭该通道波形显示。

如图 9.21 所示,在示波器面板上 Horizontal(水平显示)区域内设有旋钮,可以通过改变粗调/微调旋钮指示值或文本框输入值设置显示屏中波形横向一个格子所表示的时间,改变 Position 标尺可以在横向移动显示屏中的波形。

如图 9.22 所示,示波器面板上 Trigger 区域内的"Cursors"按钮(变红)被按下,可以在波形上用鼠标点击一个点作为测算起点,沿纵向或水平方向拉到另一个点,然后松开鼠标,将得到的点作为测算终点,可以直接估算显示纵向的电压值或水平方向的时间值。(鼠标右键可删除不需要的测算数据)

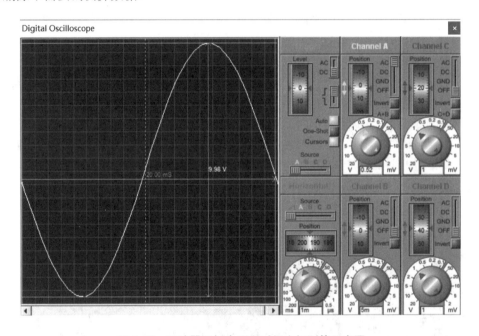

图 9.22 示波器面板电压和时间坐标测算示意图

电流表测电流:测量交流电流应采用交流电流表。测量时,将交流电流表串联在被测电路中。交流电流表无"+""-"之分,接线时无须考虑被测电流的实际方向,电流表显示的读数值是被测电流的有效值。

电压表测电压:测量交流电压应采用交流电压表。测量时,将交流电压表并联在被测电路两端。交流电压表无"+""-"之分,接线时无须考虑被测电压的实际方向,电压表显示的读数值是被测电压的有效值。

(3) R、L、C 元件的交流特性

电阻元件阻碍作用的大小用阻值 R 表示,其与电路中交流信号本身无关;根据 $U=IR$,在电阻 R 一定的情况下,电压有效值 U 与电流有效值 I 成正比;根据 $\dot{U}=\dot{I}R$,电阻 R 上的电压与电流是同相的,特殊情况,如果电阻为 $1\ \Omega$ 时,电压与电流相量相等,瞬时值相等,波形完全重合。

电感元件阻碍作用的大小用感抗 X_L 表示($X_L=2\pi fL$),其与电路中交流信号频率 f 相关,在电感量 L 一定的情况下,f 越大,X_L 越大,f 越小,X_L 越小;根据 $U=IX_L$,只有在感抗 X_L 一定的情况下,电压有效值 U 与电流有效值 I 成正比;根据 $\dot{U}=\mathrm{j}\dot{I}X_L$ 可知,电感 L 上的

电压波形超前电流波形 90°。

电容元件阻碍作用的大小用容抗 X_C 表示 $\left(X_C=\dfrac{1}{2\pi fC}\right)$，其与电路中交流信号频率 f 相关，在电容量 C 一定的情况下，f 越大，X_C 越小，f 越小，X_C 越大；根据 $U=IX_C$，只有在容抗 X_C 一定的情况下，电压有效值 U 与电流有效值 I 成正比；根据 $\dot{U}=-j\dot{I}X_C$ 可知，电容 C 上的电压波形滞后电流波形 90°。

9.5.3　Proteus 软件仿真内容和步骤

1）单相交流电源的测试

（1）选取元件

运行 Proteus ISIS 程序，单击虚拟仪器按钮 ![icon]（Virtual Instruments Mode），在对象选择元件窗口先后选择元件信号发生器（SIGNAL GENERATOR）和示波器（OSCILLO-SCOPE），分别在编辑窗口放置信号发生器和示波器；单击终端按钮 ![icon]（Terminals Mode），在对象选择窗口选择元件接地（GROUND），并在编辑窗口放置接地标志。

（2）电路原理图

按图 9.23 所示连接电路，将信号发生器产生的单相交流信号送入示波器通道 A 中。

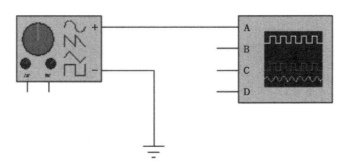

图 9.23　单相交流电源的仿真测试原理图

（3）仿真

点击仿真运行按钮"Play"，显示信号发生器运行面板如图 9.24 所示，默认产生波形（Waveform）为正弦波，调整面板第一个旋钮指向 5，第二个旋钮指向 10，并将数据记录到表 9.17 中；调整面板第三个旋钮指向 10，第四个旋钮指向 1，并将数据记录到表 9.17 中。

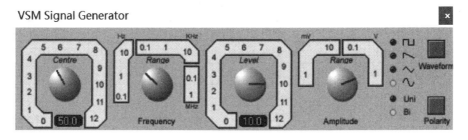

图 9.24　信号发生器运行面板

表 9.17　信号发生器参数测试表

项目	第一旋钮	第二旋钮	电压频率(计算值)	第三旋钮	第四旋钮	电压峰峰值(计算值)
面板示数						

仿真显示的示波器运行面板如图 9.21 所示,将 Channel B～D 通道拨到"OFF"挡关闭显示,调整 Channel A 区域内粗调/微调旋钮和 Position 标尺,使得显示屏纵向上正好显示一个完整的波峰波谷波形,记录纵向一个格子所表示的电压值和波峰到波谷的格子数并将数据填入表 9.18 中。

表 9.18　示波器参数测试表

项目	纵向每一格表示的电压值	波峰波谷纵向格子数	电压峰峰值(计算值)	电压峰峰值(坐标测算)	
面板示数					
项目	横向每一格表示的时间	1个周期内横向格子数	电压周期(计算值)	电压周期(坐标测算)	电压频率(计算值)
面板示数					

调整 Horizontal(水平显示)区域内粗调/微调旋钮和 Position 标尺,使得显示屏水平方向上正好显示一个周期的波形,记录水平方向一个格子所表示的时间和一个周期所占的格子数并将数据填入表 9.18 中。

如图 9.22 所示,按下 Trigger 区域内的"Cursors"按钮(变红),用鼠标点击波峰作为测算起点,向下拉到波谷松开鼠标,将得到的点作为测算终点,直接估算显示波峰波谷之间的电压值,记录坐标测算的电压峰峰值数据并填入表 9.18 中;重新用鼠标点击波形为 0 值(或峰值)的点作为测算起点,沿水平方向拉到一个周期末的另一个 0 值(或峰值)点松开鼠标,将得到的点作为测算终点,直接估算显示一个周期的时间,记录坐标测算的电压周期数据并填入表 9.18 中。

2) R、L、C 电压电流有效值的测量

(1) 选取元件

运行 Proteus ISIS 程序,按表 9.19 所列的清单添加元件;单击虚拟仪器按钮 (Virtual Instruments Mode),在对象选择窗口选择元件信号发生器(SIGNAL GENERATOR),并在编辑窗口放置信号发生器;单击终端按钮 (Terminals Mode),在对象选择窗口选择元件接地(GROUND),并在编辑窗口放置接地标志。

表 9.19　元器件清单

序号	元件名称	含义	所属类	所属子类
1	RES	电阻	Resistors	Generic
2	INDUCTOR	电感	Inductors	Generic
3	CAP	电容	Capacitors	Generic
4	POT-HG	滑动变阻器	Resistor	Variable
5	SW-ROT-3	单刀三掷开关	Switches & Relays	Switches

(2) 电路原理图

按图 9.25 连接电路图,设置电阻为 100 Ω、电感为 1 H、电容为 1 mF 和滑动变阻器最大值电阻为 100 Ω;添加交流电压表选择 Volts 量程,交流电流表选择 Milliamps 量程。

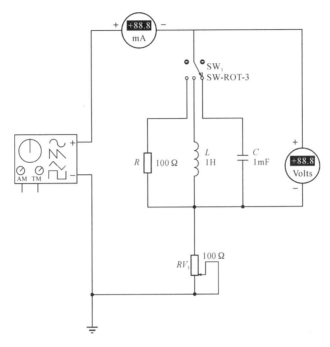

图 9.25 R、L、C 电压电流有效值的仿真测量原理图

(3) 仿真

开关 SW_1 拨到最左侧,接入电阻,调节滑动变阻器阻值为任意值,点击仿真运行按钮"Play",在信号发生器运行面板上设置交流电源电压峰峰值为 5 V,频率为 20 Hz,读出交流电压表和电流表的数值,并将数值填入表格 9.20 中;将开关 SW_1 向右拨一挡,接入电感,重新记录交流电压表和电流表的数值,并将数值填入表格 9.21 中;将开关 SW_1 拨到最右侧,接入电容,重新记录交流电压表和电流表的数值,并将数值填入表格 9.22 中。

依次改变电源电压频率为 50 Hz、100 Hz,电压峰峰值为 10 V,频率为 20 Hz、50 Hz、100 Hz,重复上述各电压和电流的测量和记录,并将数据填入表格 9.20、9.21 和 9.22 中。

表 9.20 电阻 R 交流参数测量表

项目		测量值		计算值
电源电压峰峰值/V	电源电压频率/Hz	电阻电压有效值 U_R/V	电阻电流有效值 I_R/A	$R=U_R/I_R$
5	20			
	50			
	100			
10	20			
	50			
	100			

表9.21 电感 L 交流参数测量表

项目		测量值		计算值	
电源电压有效值 /V	电源电压频率 /Hz	电感电压有效值 U_L/V	电感电流有效值 I_L/A	$X_L=U_L/I_L$	$X_L=2\pi fL$
5	20				
	50				
	100				
10	20				
	50				
	100				

表9.22 电容 C 交流参数测量表

项目		测量值		计算值	
电源电压有效值 /V	电源电压频率 /Hz	电容电压有效值 U_C/V	电容电流有效值 I_C/A	$X_C=U_C/I_C$	$X_C=1/2\pi fC$
5	20				
	50				
	100				
10	20				
	50				
	100				

3）R、L、C 电压电流相位的测试

（1）选取元件

运行 Proteus ISIS 程序，按表9.19所列的清单添加元件；单击虚拟仪器按钮 ![] (Virtual Instruments Mode)，在对象选择窗口先后选择元件信号发生器（SIGNAL GENERATOR）和示波器（OSCILLOSCOPE），分别在编辑窗口放置信号发生器和示波器；单击终端按钮 ![] (Terminals Mode)，在对象选择窗口选择元件接地（GROUND），并在编辑窗口放置接地标志。

（2）电路原理图

按图9.26连接电路图，设置电阻为100 Ω、电感为1 mH、电容为1 mF、滑动变阻器最大阻值为100 Ω；设置三路信号分别送入示波器通道 A、B、C 中。

（3）仿真

将开关 SW_1 拨到最左侧，接入电阻，点击仿真运行按钮"Play"，在信号发生器运行面板上设置交流电源电压峰峰值为5 V，频率为20 Hz。

示波器运行面板的设置如图9.27所示，将 Channel D 通道拨到"OFF"挡关闭显示；按下 Channel A 区域内的 A+B 按钮（变黄），Channel B 区域内的"Invert"按钮（变蓝），经过示波器信号运算 A+(−B)，通道 A 实际测量的是电阻 R（或 L、C）端口的输出电压波形，同单

第 9 章 电工基础实验

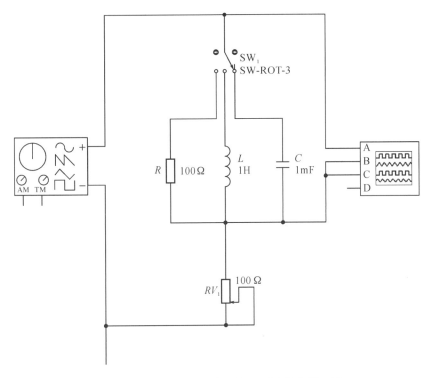

图 9.26 R、L、C 电压、电流相位测试仿真原理图

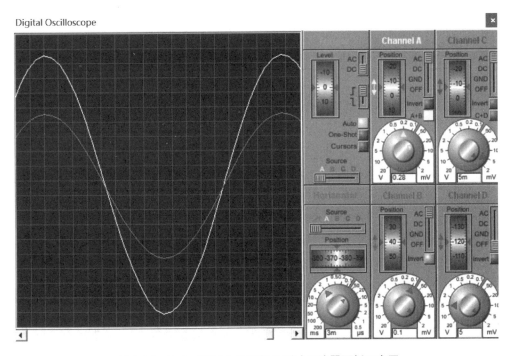

图 9.27 R、L、C 电压、电流相位测试示波器面板示意图

相交流电源测试的示波器调整方法,使得显示屏纵向上能显示 Channel A 一个完整的波峰波谷波形;通道 C 测量的是滑动变阻器阻值为 1 Ω 时的输出电压波形,也是电路中 R(或 L、C)的电流波形,同 Channel A 调整方法,使得显示屏纵向上能显示 Channel C 一个完整的波峰波谷波形。

同理,调整 Horizontal(水平显示),使得显示屏水平方向上显示一个周期的波形。

按下 Trigger 区域内的"Cursors"按钮(变红),用鼠标点击通道 A 中的波峰作为测算起点,沿水平方向向右拉到相邻的通道 A 的另一波峰松开鼠标,将得到的点作为测算终点,直接估算显示电阻 R 的电压周期,并将数值填入表 9.23 中;沿水平方向改变测算终点为与测算起点相邻的通道 C 波峰,可以直接估算显示电阻 R 电压电流时间差并填入表 9.23 中。

将开关 SW_1 往右拨一挡,接入电感,调整 Channel C 区域内的电压显示,重新估算显示电感 L 的电压、电流时间差,并将数据填入表 9.23 中;将开关 SW_1 拨到最右侧,接入电容,调整 Channel C 区域内的电压显示,重新估算显示电容 C 的电压、电流时间差,并将数据填入表 9.23 中。

依次设置交流电源电压频率为 50 Hz、100 Hz,重复上述各时间的测量和记录,并将数据填入表 9.23 中。

表 9.23　电路元件电压、电流相位的测试表

项目			电路元件电压电流时间差 t/s			电路元件电压电流相位差 $\varphi = t/T \cdot 2\pi$		
电源电压峰峰值/V	电源电压频率/Hz	电路元件电压周期 T/s	电阻 R	电感 L	电感 C	电阻 R	电感 L	电感 C
5	20							
	50							
	100							

9.5.4　报告要求

(1) 根据表 9.17 中记录的信号发生器面板参数,计算信号发生器输出的电压频率及电压峰峰值,并将数据填入表 9.17 中。

(2) 根据表 9.18 中记录的示波器面板参数,计算示波器显示的电压周期,并将数据填入表 9.18 中,将计算数据与坐标测算数据进行比较;计算电压频率,并将数据填入表 9.18 中,将该数据与表 9.17 中信号发生器输出的电压频率进行比较;计算示波器显示的电压峰峰值,并将数据填入表 9.18 中,将计算数据与坐标测算数据进行比较,并将它们与表 9.17 中信号发生器输出的电压峰峰值进行比较。针对上述各组数据比较,分析有没有误差,如果有,说明产生误差的原因。

(3) 根据表 9.20 中记录的电阻电压和电流有效值数据,计算交流电路中电阻 R 的值,并分析电阻的阻碍作用与电压、电流大小和频率的关系。根据表 9.21 中记录的电感电压和电流有效值数据,计算交流电路中感抗 X_L 的值,与由公式 $X_L = 2\pi f L$ 计算的值进行比较;并分析电感的阻碍作用与电压、电流大小和频率的关系。根据表 9.22 中记录的电容电压和电

流有效值数据,计算交流电路中容抗 X_C 的值,与由公式 $X_C=1/2\pi fC$ 计算的值进行比较;并分析电容的阻碍作用与电压、电流大小和频率的关系。

(4) 根据表 9.23 中记录的电压周期及各元件电压电流时间差,计算各元件电压、电流相位差,并将数据填入表 9.23 中,分析各元件电压、电流相位差的特征。

9.6 实验六 日光灯功率因数的提高

9.6.1 实验目的

(1) 了解日光灯的工作原理,熟悉日光灯的接线,能正确地连接电路。
(2) 了解提高功率因数的意义及方法,验证并联电容提高功率因数的原理。
(3) 进一步熟悉交流电压表、交流电流表和示波器的使用。

9.6.2 理论知识

1) 日光灯电路的组成及各元件作用

日光灯电路如图 9.28 所示,由灯管、启辉器和镇流器三部分组成。

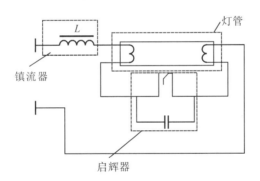

图 9.28 日光灯电路

(1) 日光灯管

日光灯管两端有钨丝(灯丝),其内壁涂有一层荧光粉。在灯管两端各有一对引脚,对外连接交流电源,内接灯丝。当灯丝通电时,在交流电源的作用下发热可以发射电子。玻璃管内抽成真空后充入少量的汞蒸气和少量的惰性气体,如氩、氪、氖等。惰性气体的作用是减少灯丝的蒸发和帮助灯管启动。灯管放电时,产生大量的紫外线,玻璃管内壁的荧光粉在紫外线激发下产生可见光。荧光粉一般为金属的硫化物,其成分不同,光的色调也不同,通常多用日光色。灯管的启辉电压为 400 V 左右,启辉后管压降为 60～80 V,因此,灯管不能直接接在 220 V 电源上使用。

(2) 启辉器

启辉器相当于一个自动开关,其内部结构见图 9.28 所示。在启辉器外壳内的玻璃泡(抽成真空,充入惰性气体)中有两个离得很近的电极。其中一个电极是固定片(静触头),另一个电极是膨胀系数不同的"n"形双金属片(动触头)。当有电压加在启辉器两端时,两极间的气体被击穿,连续产生火花(辉光放电),双金属片受热膨胀,两电极接通,由于接触电阻很小,热损耗为零,双金属片冷却恢复原状而与固定片分开。两触头上并有一个小电容器,可减轻日光灯启动时产生的无线电辐射,减少对附近无线电音频、视频设备的干扰。

(3) 镇流器

镇流器是一个电感较大的铁芯线圈,在启辉器电极断开的瞬间电路中的电流突然变化到零。由楞次定律可知,这时电感线圈自身会产生一个自感电势以阻碍原有电流的变化。其自感电势的方向与电路中电流的方向一致并与电路的电压叠加产生一个高压,从而使管内气体加速电离,离子碰撞荧光物质,使灯管发光。这时,电源通过镇流器、灯管构成回路,日光灯进入工作状态。日光灯正常工作后,镇流器在电路中起降压和限制电流的作用。

为了在不更换灯具基座的情况下配合白炽灯灯座使用,近年来发展出将灯管、镇流器、启辉器结合在一起的改良型荧光灯,也就是当前普遍使用的节能灯,实际上它就是一种紧凑型的日光灯。

2) 日光灯的工作原理

当日光灯接通电源时,首先由于灯管不导通,电源电压全部加在启辉器两电极间,启辉器中的惰性气体放电产生热量,使"n"形双金属片受热膨胀与静触头接触,两电极导通,这时电源经镇流器、日光灯灯丝、启辉器构成电流通路。一方面,灯丝因有电流通过而发热,待温度升到 850~900 ℃ 时使氧化物发射电子,同时汞受热汽化,为灯管导通创造了条件。另一方面,由于启辉器内的两个电极接触,电极间的电压降为零,辉光放电消失,电极很快冷却,双金属片因温度下降而恢复原状,两个电极断开,这段时间是灯丝的预热过程,一般需要 0.5~2 s。

当启辉器内的两个电极突然切断灯丝预热回路时,因回路中的电流突然变为零,镇流器两端产生一个很高的自感电动势(约 800~1 500 V)。这个自感电动势连同电源电压一起加在灯管两端,在这一高压作用下灯管内由惰性气体放电过渡到汞蒸气放电,日光灯进入发光工作状态。如果启辉器经过一次闭合、断开,日光灯仍然不能点亮,启辉器又二次、三次重复上述过程,直至点亮为止。

灯管点亮后相当于一个纯电阻负载,镇流器有较大的感抗,在镇流器上会产生很大的电压降,使灯管两端的电压迅速降低,当其小于启辉器的启动电压时,启辉器不再动作,处于断开状态,灯管正常发光。此时,电源、镇流器、灯管构成一个电流通路。

3) 并联电容提高功率因数

日光灯管相当于一个电阻性负载,镇流器是一个铁芯线圈,整个日光灯电路相当于电阻和电感性负载的串联电路,所以整个日光灯电路是一个功率因数很低的电感性负载,一般情况下 $\cos\varphi$ 约为 0.5 或更低。负载的功率因数低,说明电源容量没有被充分利用,同时,无功电流在输电导线上增加了无为的损耗。

实际电路中的负载常为感性负载(如电动机、变压器等),所以提高功率因数,一般最常用的方法是在负载两端并联一个补偿电容,来抵消负载电流的一部分无功分量。具体就是在日光灯接电源两端并联几个容值不同的电容,当电容的容量逐渐增加时,电容支路的电流 I_C 也随之增大,因 I_C 超前电压 90°,结果总电流 I 逐渐减小,但如果电容 C 增加过多(过补偿),总电流又将增加。

并联电容后,电感所需要的无功功率由电容的无功功率补偿,整个电路的有功功率并没有变化,因为总电流的减小,所以电源提供的视在功率减少了,于是整个电路的功率因数提高了。需要注意的是,在并联电容后,日光灯负载本身功率因数并没有提高,所提高的是包含电容在内的整个电路的功率因数。

9.6.3 Proteus软件仿真内容和步骤

1) 日光灯参数测量

(1) 选取元件

运行 Proteus ISIS 程序,按表 9.24 所列的清单添加元件,单击 Generator Mode 图标,在对象选择窗口点选正弦波(SINE)信号源,并在编辑窗口单击,放置正弦波信号源。

表 9.24 元器件清单

序号	元件名称	含义	所属类	所属子类
1	RES	电阻	Resistors	Generic
2	INDUCTOR	电感	Inductors	Generic

(2) 电路原理图

日光灯点亮后,电源、镇流器、灯管构成一个电流通路,灯管相当于一个纯电阻负载,镇流器是一个电感较大的铁芯线圈,因此日光灯工作的等效电路如图 9.29 所示。

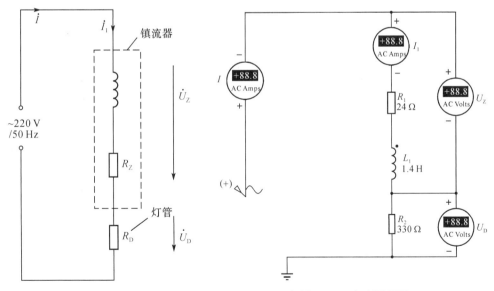

图 9.29 日光灯等效电路图　　图 9.30 电路原理图

按图 9.30 连接电路图,并根据表 9.25 设置电阻、电感参数(对应某一日光灯管和镇流器),交流电压表选择 Volts 量程,交流电流表选择 Milliamps 量程。设置信号源的频率是 50 Hz,电压有效值为 220 V。

表 9.25　日光灯参数表

电路参数			计算值	
R_1/Ω	L_1/H	R_2/Ω	Z/Ω	$\cos\varphi$
24	1.4	330		

(3) 仿真

点击仿真按钮"Play",读出电流表和电压表的数值,并填入表 9.26 中。

表 9.26　日光灯参数的测量表

测量值				计算值		
I/mA	I_1/mA	U_Z/V	U_D/V	$\cos\varphi$	P/W	S/(V·A)

2) 并联电容的日光灯参数测量

(1) 选取元件

运行 Proteus ISIS 程序,按表 9.27 所列的清单添加元件,单击"Generator Mode"图标,在对象选择窗口点选正弦波(SINE)信号源,并在编辑窗口单击,放置正弦波信号源。

表 9.27　元器件清单

序号	元件名称	含义	所属类	所属子类
1	RES	电阻	Resistors	Generic
2	INDUCTOR	电感	Inductors	Generic
3	CAP	电容	Capacitors	Generic

(2) 电路原理图

按图 9.31 连接电路图,根据表 9.32 计算数据设置电阻、电感参数,并设置电容为 2.2 μF,电压表和电流表选择合适量程。设置信号源的频率是 50 Hz,电压有效值为 220 V。

(3) 仿真

点击仿真按钮"Play",读出电流表和电压表的数值,并填入表 9.28 中,依次接入电容值为 3.2 μF,4.7 μF,5.7 μF 和 6.9 μF,重复上述步骤,并将记录数据填入表格中。

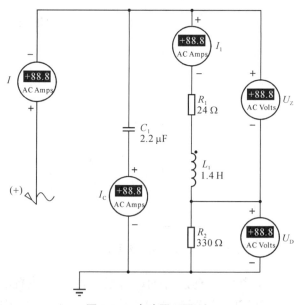

图 9.31　电路原理图

表 9.28　并联电容的日光灯参数测量表

	$C/\mu F$	2.2	3.2	4.7	5.7	6.9
测量值	I/mA					
	I_C/mA					
	I_1/mA					
	U_Z/V					
	U_D/V					
计算值	$S/(V \cdot A)$					
	$\cos \varphi$					

9.6.4　报告要求

（1）根据公式 $Z=(R_1+R_2)+jL_1$ 和 $\cos\varphi=\dfrac{R_1+R_2}{\sqrt{(R_1+R_2)^2+L_1^2}}$ 计算表格 9.25 中的数据，根据表 9.26 中记录的测量数据，完成相关计算，将数据填入表 9.26 中，并与表 9.25 中计算得到的功率因数 $\cos\varphi$ 进行比较，分析有没有误差，如果有，说明产生误差的原因。

（2）完成表格 9.28 中数据的计算，分析表格 9.26 和 9.28 中的测量和计算数据，归纳并联电容后以及在改变电容 C 的过程中哪些量没有发生变化，哪些量发生了变化，并说明理由。

9.7　实验七　三相交流电源及三相负载工作特征

9.7.1　实验目的

（1）熟悉三相交流电源的特征和使用方法。
（2）掌握示波器的使用以及万用表（或电压表、电流表）等常用电工仪表在交流电路中的测量方法。
（3）掌握三相负载星形（Y）和三角形（△）连接的方法以及电路工作电压、电流的特征。
（4）掌握电路的设计方案、实验现象的观察方法以及各元件物理量的测量和分析技能。

9.7.2　理论知识

1）三相交流电源

三相交流电源就是 3 个幅值相等、角频率相同、相位互差 120°的单相电动势组合产生的交流电源。如图 9.32 所示，若以 U 相电动势

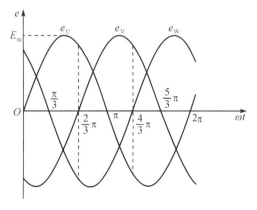

图 9.32　三相交流电源的波形图

作为参考正弦量(即初相设为零),e_V 比 e_U 滞后 120°、e_W 比 e_V 滞后 120°。

2) 三相四线制供电系统

目前供电系统是三相交流电源 Y 形连接的三相四线制供电,提供 U、V、W 三相电,L_1、L_2、L_3 三根相线(俗称火线)和中线 N(俗称零线)一根。

供电系统中有两种电压可提供给负载使用,相线与中线 L_1N、L_2N、L_3N 之间的 3 个对称相电压,有效值 U_P 为 220 V;任意两根相线 L_1L_2、L_2L_3、L_3L_1 之间的 3 个对称线电压有效值 U_L 为 380 V;在相位上,每个线电压超前对应相电压 30°。

3) 三相负载电路

(1) 负载 Y 形连接的三相电路

把三相负载的末端连接在一起,接到三相电源的中线 N 上,三相负载的首端分别接到三相电源的三根相线 L_1、L_2、L_3 上,这种连接方式称为三相负载的星形(Y)连接。

负载 Y 形连接时,不论负载是否对称,其相电压总是等于对应电源的相电压,线电流总是等于对应的相电流,有 $I_L = I_P = \dfrac{U_P}{|Z|}$。

(2) 负载 △ 形连接的三相电路

三相负载首尾顺次相接,形成闭合回路,并将 3 个连接点分别接到三相电源的 3 根相线 L_1、L_2、L_3 上,这种连接方式称为三相负载的 △ 形连接。

负载 △ 形连接时,不论负载是否对称,负载的相电压总是等于对应电源的线电压。负载对称时,线电流总是等于对应相电流的 $\sqrt{3}$ 倍,有 $I_L = \sqrt{3} I_P$,$I_P = \dfrac{U_L}{|Z|}$;在相位上,每个线电流滞后对应相电流 30°。

9.7.3 Proteus 软件仿真内容和步骤

1) 三相交流电的三要素测试

(1) 选取元件

运行 Proteus ISIS 程序,添加元器件三相交流电源 V3PHASE;单击虚拟仪器按钮 (Virtual Instruments Mode),在对象选择窗口选择元件示波器(OSCILLOSCOPE),并在编辑窗口放置示波器;单击终端按钮 (Terminals Mode),在对象选择窗口选择元件接地(GROUND),并在编辑窗口放置接地标志。

(2) 电路原理图

按图 9.33 连接电路图,三相电源的三根相线 L_1、L_2、L_3 分别与示波器 A、B、C 通道相

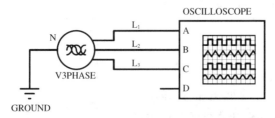

图 9.33 三相交流电的三要素仿真测试原理图

连,中线 N 与接地线相连,示波器三通道分别显示相线与中线(L_1N、L_2N、L_3N)之间的 U_1、U_2、U_3 3 个对称相电压;修改三相电源参数 Amplitude mode 为 Rms 模式。

(3) 仿真

点击仿真运行按钮"Play",仿真显示的示波器运行面板如图 9.34 所示,调整 D 通道到"OFF"挡关闭显示,调整 ABC 三通道纵向以及横向显示的粗调/微调旋钮,使得输入 ABC 三通道的三相交流信号在屏幕上同步显示 1 个周期完整波形。

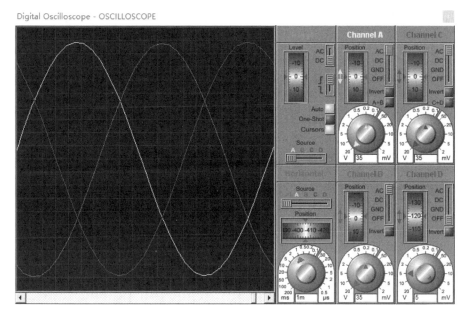

图 9.34 示波器运行面板

选择 Trigger 区域内的"Cursors"按钮(变红),用鼠标点击通道 A 波峰作为测算起点,向下拉到通道 A 波谷松开鼠标,将得到的点作为测算终点,直接估算显示通道 A 波峰波谷之间的电压值,将用坐标测算的电压峰峰值数据填入表 9.29 中,重复同样的操作,测算通道 B 和 C 的电压峰峰值数据并填入表 9.29 中。

表 9.29 三相电源示波器测试参数表

项目	峰峰值/V (坐标测算)	幅值/V (计算值)	周期/s (坐标测算)	频率/Hz (计算值)	时间差/s (坐标测算)	相位差 (计算值)
通道 A(U_1)					AB:	AB:
通道 B(U_2)					BC:	BC:
通道 C(U_3)					CA:	CA:
结论						

重新用鼠标点击通道 A 波峰作为测算起点,向右拉到与通道 A 相邻的另一个波峰松开鼠标,将得到的点作为测算终点,直接估算显示通道 A 一个周期的时间,将坐标测算的电压周期数据填入表 9.29 中,重复同样的操作,测算通道 B 和 C 的电压周期数据并将数据填入表 9.29 中。

重新用鼠标点击通道 A 的波峰作为测算起点,向右拉到相邻的通道 B 的波峰松开鼠标,将得到的点作为测算终点,直接估算显示通道 A,B 的时间差,并将由坐标测算出的时间差数据填入表 9.29 中,重复同样的操作,测算通道 B,C 和 C,A 的时间差数据,并将其填入表 9.29 中。

2) 三相交流电的相电压有效值测试

(1) 选取元件

运行 Proteus ISIS 程序,按表 9.30 所列的清单添加元件;单击终端按钮 ▣(Terminals Mode),在对象选择窗口选择接地(GROUND),并在编辑窗口放置接地标志。

表 9.30 元器件清单

序号	元件名称	含义	所属类	所属子类
1	V3PHASE	三相交流电源	Simulator Primitives	Sources
2	SW-ROT-3	单刀三掷开关	Switches & Relays	Switches

(2) 电路原理图

按图 9.35 连接电路,修改三相电源参数 Amplitude mode 为 Rms 模式;添加交流电压表,选择 Volts 量程。通过切换开关三掷端可以依次将电压表连接在相线 L_1(或 L_2 或 L_3)和中线 N 之间,也就是测量三相交流电源的 3 个相电压有效值。

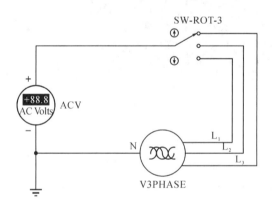

图 9.35 三相交流电的相电压仿真测试原理图

(3) 仿真

点击仿真运行按钮"Play",当开关拨到最上方挡位时,交流电压表测量的是相线 L_1-中线 N 之间的相电压 U_1,读出交流电压表的数值并填入表 9.31 中;依次向下切换开关可以测量相线 L_2-中线 N 和相线 L_3-中线 N 之间的电压,重复上述电压的测量,并将数据填入表 9.31 中。

表 9.31 三相电源电压有效值测试参数表

项目	U_1 相电压	U_2 相电压	U_3 相电压	相电压之间的关系	线电压与相电压的关系
电压表示数/V					
项目	U_{12} 线电压	U_{23} 线电压	U_{31} 线电压	线电压之间的关系	
电压表示数/V					

3) 三相交流电的线电压有效值测试

(1) 选取元件

运行 Proteus ISIS 程序,按表 9.30 所列的清单添加元件;单击终端按钮 ▭ (Terminals Mode),在对象选择窗口选择接地(GROUND),并在编辑窗口放置接地标志。

(2) 电路原理图

按图 9.36 连接电路,修改三相电源参数 Amplitude mode 为 Rms 模式;添加交流电压表,选择 Volts 量程。通过切换两个开关的三掷端可以依次将电压表连接在相线 L_1L_2(或 L_2L_3、L_3L_1)之间,也就是测量三相交流电源的 3 个线电压有效值。

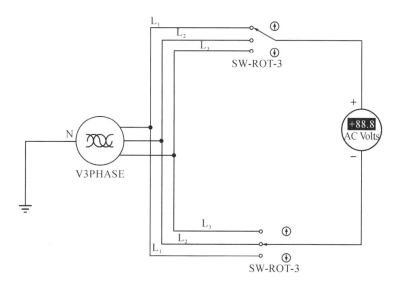

图 9.36 三相交流电的线电压仿真测试原理图

(3) 仿真

点击仿真运行按钮"Play",当上开关拨到最上方挡位时,下开关拨到中间挡位,交流电压表测量的是相线 L_1L_2 之间的线电压 U_{12},读出交流电压表的数值并将数值填入表 9.31 中;依次切换开关可以测量相线 L_2L_3、L_3L_1 之间的线电压,重复上述电压的测量,并将数据填入表 9.31 中。

4) 三相交流电的线电压与相电压示波器测试

(1) 选取元件

运行 Proteus ISIS 程序,按表 9.30 所列的清单添加元件;单击虚拟仪器按钮 ▭ (Virtual Instruments Mode),在对象选择窗口选择示波器(OSCILLOSCOPE),并在编辑窗口放置示波器;单击终端按钮 ▭ (Terminals Mode),在对象选择窗口选择接地(GROUND),并在编辑窗口放置接地标志。

(2) 电路原理图

按图 9.37 连接电路,三相电源的 3 根相线 L_1、L_2、L_3 通过 3 个单刀三掷开关与示波器 A、B、D 通道分别相连,中线 N 与接地线相连,经过示波器信号运算 A+(-B),通道 A 实际

测量的是相线 L_1L_2 之间的线电压 U_{12} 的波形,通道 D 直接测量的是相线 L_1-中线 N 之间的相电压 U_1 的波形;修改三相电源参数 Amplitude mode 为 Rms 模式。

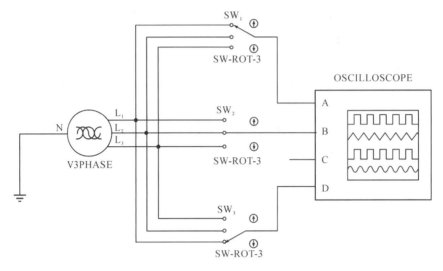

图 9.37　线电压与相电压示波器仿真测试原理图

(3) 仿真

点击仿真运行按钮"Play",按图 9.37 所示将上开关拨到最上方挡位,中开关拨到中间挡位,下开关拨到最下方挡位。仿真显示的示波器运行面板如图 9.38 所示,调整 C 通道到"OFF"挡关闭显示;选择 Channel A 区域内的 A+B 按钮(变黄),Channel B 区域内的 Invert 按钮(变蓝),调整 A、B、D 三通道纵向以及横向显示的粗调/微调旋钮,使得示波器屏幕上同步显示 1 个周期通道 A(线电压 U_{12})和通道 D(相电压 U_1)的完整波形。

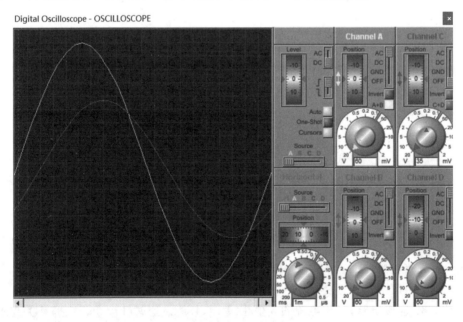

图 9.38　示波器运行面板

选择Trigger区域内的"Cursors"按钮(变红),用鼠标点击通道A的波峰作为测算起点,向下拉到通道A波谷松开鼠标,将得到的点作为测算终点,直接估算显示通道A波峰和波谷之间的电压值,记录坐标测算的线电压U_{12}峰峰值数据,并将数据填入表9.32中,重复同样的操作,测算相电压U_1的峰峰值数据并填入表9.32中。

重新用鼠标点击通道A的波峰作为测算起点,向右拉到相邻的通道D的波峰处松开鼠标,将得到的点作为测算终点,直接估算显示通道A和D的时间差,记录坐标测算的线电压U_{12}和相电压U_1的时间差数据,并将其填入表9.32中。

依次切换3个开关分别测量线电压$U_{23}(U_{31})$和相电压$U_2(U_3)$,重复上述坐标测算操作,并将对应数据填入表9.32中。

表9.32 线电压与相电压关系示波器测试参数表

项目	线电压U_{12}	相电压U_1	线电压U_{23}	相电压U_2	线电压U_{31}	相电压U_3
峰峰值/V(坐标测算)						
有效值/V(计算值)						
时间差/s(坐标测算)						
相位差(计算值)						
结论						

5) 负载星形(Y)连接的电路测试

(1) 选取元件

运行Proteus ISIS程序,按表9.33所列的清单添加元件;单击终端按钮 (Terminals Mode),在对象选择窗口选择接地(GROUND),并在编辑窗口放置接地标志。

表9.33 元器件清单

序号	元件名称	含义	所属类	所属子类
1	V3PHASE	三相交流电源	Simulator Primitives	Sources
2	RES	电阻	Resistors	Generic

(2) 电路原理图

按图9.39所示连接电路,电阻默认设置为10 kΩ,3个电阻的连接为对称星形连接,修改三相电源参数Amplitude mode为Rms模式。

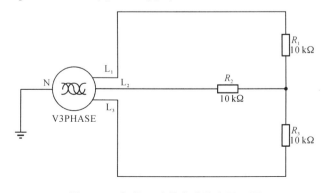

图9.39 负载Y连接电路仿真原理图

(3) 仿真

按照图 9.40 添加交流电压表和交流电流表,它们分别测量的是 3 个负载相电压以及 3 个相电流(线电流),设置电压表的量程为 Volts,电流表的量程为 Milliamps。点击仿真运行按钮"Play",将各电表的数据记入表 9.34 中。

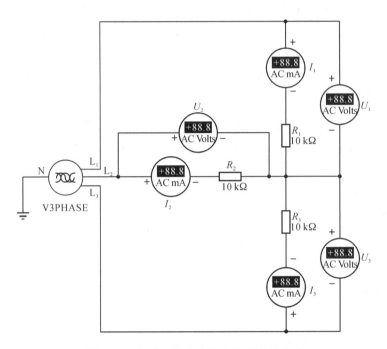

图 9.40　负载 Y 连接电路仿真测试原理图

表 9.34　负载 Y 连接电路电表测量数据表

项目	负载相电压 U_1	负载相电压 U_2	负载相电压 U_3	结论
电压表示数/V				
项目	相电流 I_1	相电流 I_2	相电流 I_3	结论
电流表示数/mA				

6) 负载三角形(△)连接的电路测试

(1) 选取元件

运行 Proteus ISIS 程序,按表 9.33 所列的清单添加元件;单击终端按钮（Terminals Mode）,在对象选择窗口选择接地(GROUND),并在编辑窗口放置接地标志。

(2) 电路原理图

按图 9.41 所示连接电路,电阻为默认设置 10 kΩ,三个电阻的连接为对称三角形连接,修改三相电源参数 Amplitude mode 为 Rms 模式。

(3) 仿真

按照图 9.42 添加交流电压表,它们分别测量的是三个负载相电压,设置电压表的量程为 Volts。点击仿真运行按钮 Play,记录各电表的数据并填入到表 9.35 中。

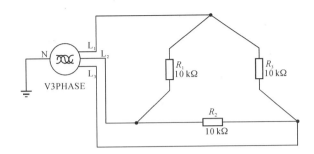

图 9.41 负载△连接电路仿真原理图

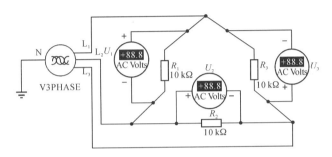

图 9.42 负载△连接电路负载相电压仿真测试原理图

表 9.35 负载△连接电路电表测量数据表

项目	负载相电压 U_1	负载相电压 U_2	负载相电压 U_3	结论
电压表示数/V				
项目	相电流 I_{12}	相电流 I_{23}	相电流 I_{31}	结论
电流表示数/mA				
项目	线电流 I_1	线电流 I_2	线电流 I_3	
电流表示数/mA				

按照图 9.43 添加交流电流表,它们分别测量的是 3 个相电流和 3 个线电流,设置电流表的量程为 Milliamps。点击仿真运行按钮"Play",记录各电表的数据,并将其填入表 9.35 中。

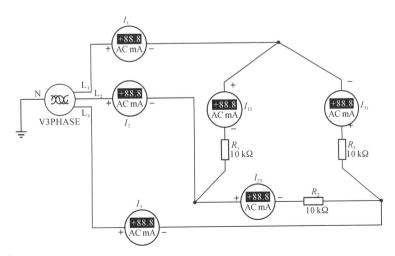

图 9.43 负载△连接电路相电流、线电流有效值仿真测试原理图

(4) 选取元件

运行 Proteus ISIS 程序,按表 9.33 所列的清单添加元件;单击虚拟仪器按钮 (Virtual Instruments Mode),在对象选择窗口选择示波器(OSCILLOSCOPE),并在编辑窗口放置示波器;单击终端按钮 (Terminals Mode),在对象选择窗口选择接地(GROUND),并在编辑窗口放置接地标志。

(5) 电路原理图

接法一:按图 9.44 所示连接电路,电阻 R_1、R_2、R_3 设置为 100 Ω,这 3 个电阻为对称三角形连接的负载;电阻 R_4、R_6、R_8 设置为 1 Ω,则示波器通道 A+(−B)测量的电阻端电压波形可以看成是线电流 I_1、I_2、I_3 的波形;电阻 R_5、R_7、R_9 设置为 1 Ω,则示波器通道 C+(−D)测量的电阻端电压波形可以看成是相电流 I_{12}、I_{23}、I_{31} 的波形;修改三相电源参数 Amplitude mode 为 Rms 模式。

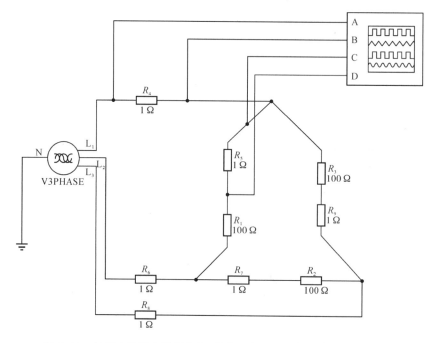

图 9.44　负载△连接电路相电流、线电流相位关系仿真测试原理图(1)

接法二:按图 9.45 所示连接电路,电阻参数和三相电源参数的设置同接法一,这里添加 4 个单刀三掷开关,便于在不改变示波器电路连接时,通过切换开关就可以改变示波器测量不同的线电流和相电流。当前图中所示 4 个开关挡位状态测试的波形与接法一是相同的,也就是线电流 I_1 和相电流 I_{12}。

(6) 仿真

点击仿真运行按钮"Play",接法一(接法二)仿真显示的示波器运行面板如图 9.46 所示,选择 Channel A、C 区域内的 A+B 按钮(变黄/红),Channel B、D 区域内的"Invert"按钮(变蓝/绿),调整 A、B、C、D 4 通道纵向以及横向显示的粗调/微调旋钮,使得示波器屏幕上同步显示 1 个周期通道 A(线电流 I_1)和通道 C(相电流 I_{12})的完整波形。

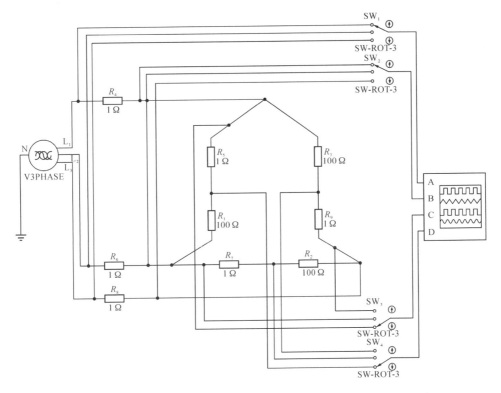

图 9.45　负载△连接电路相电流、线电流相位关系仿真测试原理图(2)

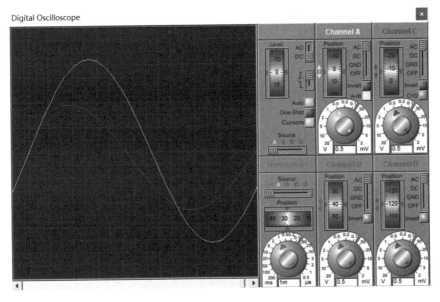

图 9.46　示波器运行面板

选择 Trigger 区域内的"Cursors"按钮(变红),用鼠标点击通道 A 的波峰作为测算起点,向下拉到通道 A 波谷处松开鼠标,将得到的点作为测算终点,直接估算显示通道 A 波峰、波谷之间的电流峰峰值,将通过坐标测算的线电流 I_1 的峰峰值数据填入表 9.36 中,重复同样的操作,测算通道 C(相电流 I_{12})的峰峰值数据,并将数据填入表 9.36 中。

重新用鼠标点击通道 A 的波峰作为测算起点,向左拉到相邻的通道 C 的波峰处松开鼠标,将得到的点作为测算终点,直接估算显示通道 A、C 的时间差,将通过坐标测算的线电流 I_1 和相电流 I_{12} 的时间差数据(向左为负)填入表 9.36 中。

如果是接法一,则需要重新将示波器 A、B 通道接在电阻 $R_6(R_8)$ 两端,C、D 通道接在电阻 $R_7(R_9)$ 两端,分别测量线电流 $I_2(I_3)$ 和相电流 $I_{23}(I_{31})$;如果是接法二,从上往下 4 个开关挡位分别掷于中挡、中挡、中挡、中挡,测量线电流 I_2 和相电流 I_{23};4 个开关挡位分别掷于下挡、下挡、上挡、上挡,测量线电流 I_3 和相电流 I_{31}。两种接法选择一种即可,重复上述坐标测算操作和记录,并将对应数据填入表 9.36 中。

表 9.36 负载△连接电路示波器测试参数表

项目	线电流 I_1	相电流 I_{12}	线电流 I_2	相电流 I_{23}	线电流 I_3	相电流 I_{31}
峰峰值/A(坐标测算)						
有效值/A(计算值)						
时间差/s(坐标测算)						
相位差(计算值)						
结论						

9.7.4 报告要求

(1) 根据表 9.29 中记录的示波器波形坐标测算参数,计算三相交流电源 3 个相电压的幅值、频率以及相位差数据,并将数据填入表 9.29 中,通过分析比较三类数据,总结三相交流电源的特征并把结论填入表格中。

(2) 根据表 9.31 中记录的三相电源测试的相电压和线电压有效值数据,分析总结相电压有效值之间的关系、线电压有效值之间的关系以及相电压和线电压有效值之间的关系,并把结论填入表 9.31 中。

(3) 根据表 9.32 中记录的示波器测算数据,计算线电压和相电压的有效值以及它们的相位差,分析总结它们的有效值和相位差的关系,并把结论填入表 9.32 中。

(4) 根据表 9.34 中记录的负载 Y 连接时负载相电压和相电流的数据,分析总结负载 Y 连接时工作电压和电流的特征,并把结论填入表 9.34 中;根据表 9.35 中记录的负载△连接时负载相电压、相电流和线电流的数据,分析总结负载△连接时工作电压的特征,并把结论填入表 9.35 中;根据表 9.36 中记录的负载△连接时相电流和线电流的数据,分析总结负载△连接时工作电流的特征,并把结论填入表 9.36 中。

9.8 实验八 三相异步电动机的长动控制

9.8.1 实验目的

(1) 了解空气开关、熔断器、交流接触器、热继电器、控制按钮的作用、结构、工作原理和使用方法,以及三相异步电动机的接法。

(2) 掌握三相异步电动机的长动控制线路原理和接线方法,从而增强阅读和连接实际控制电路的能力。

(3) 学会用万用表检查电路,逐步提高分析和排除线路故障的能力。

9.8.2 理论知识

(1) 电路组成

图 9.47 为三相异步电动机长动的实用控制线路,分主电路和控制电路两部分。

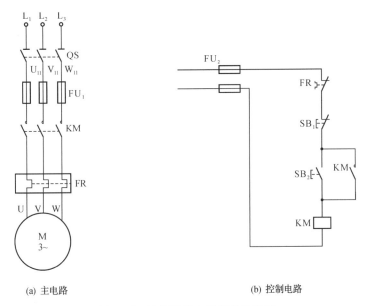

图 9.47 三相异步电动机长动电路

由图 9.47(a)可知,主电路由空气开关 QS、熔断器 FU_1、交流接触器 KM 的主触头、热继电器 FR 的发热元件和三相异步电动机 M 组成,三相异步电动机 M 接成 Y 形。由图 9.47(b)可知,控制电路由熔断器 FU_2、热继电器的长闭触点 FR、停止按钮 SB_1、启动按钮 SB_2、交流接触器 KM 的辅助常开触头和交流接触器 KM 的控制线圈组成。

(2) 控制原理

当合上主电路中的开关 QS,再按下控制电路中的启动按钮 SB_2 时,接触器 KM 的线圈通电,主电路中的 KM 主触点闭合,电动机 M 启动。当松开按钮 SB_2 时,因为控制电路中的接触器 KM 的辅助常开触点闭合,KM 线圈会保持得电,主电路中的 KM 主触点保持闭合,电动机 M 会继续转动。

按下控制电路中的停止按钮 SB_1 时,接触器 KM 的线圈失电,主电路中的 KM 主触点断开,电动机 M 停止转动。

这种松开按钮电动机能保持运转的线路,称为长动控制线路,也称为自锁控制线路。

电路中 FU_1 和 FU_2 分别用作主电路和控制电路的短路保护;FR 用作电机的过载保护。

9.8.3 Siwo 软件仿真

1) 选取元件

打开斯沃数控机床仿真编辑环境,按表 9.37 所列的清单添加元件。

表 9.37 元件清单表

序号	元件名称	所属类	备注	数量
1	HR-31	附件	电源总开关	1个
2	Y355L2_2	附件	主轴电机	1个
3	LAY_Green	附件	按钮开关	1个
4	LAY_Red	附件	按钮开关	1个
5	DZ47_63_D6	断路器	断路器	1个
6	DZ47_63_C1	断路器	断路器	2个
7	CJX2510	接触器	交流接触器	1个
8	SC-N3	继电器	热继电器	1个
9	L1	接线端子	接线端子	1个

2) 电路原理图

按图 9.48 连接电路图,要求主电路导线(图中粗线,实为红色粗线)2.5 mm^2,控制电路导线(图中细线,实为蓝色细线)1.5 mm^2。

3) 仿真

把断路器 DZ47_63_D6 和 DZ47_63_C1 的开关向上拨,设置电源总开关为 ON。点击右侧绿色启动按钮,记录按钮按压瞬间的状态以及其他各控制器件的状态,填入表 9.38 中。然后点击红色停止按钮重新记录状态并填入表 9.38 中。以此来检查电路工作状态是否符合原理。

表 9.38 通电状态测试表

元件 电机状态	SB_1	SB_2	KM	
			线圈	常开
正转				
停转				

9.8.4 报告要求

(1) 绘制电气原理图。

(2) 按照使用实验展板和元器件的位置绘制电器元件布置图和电气安装接线图。

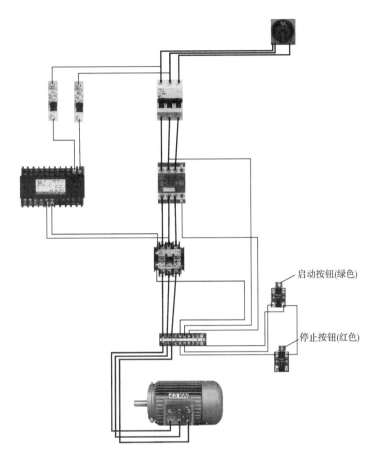

图 9.48 三相异步电动机长动电路仿真图

9.9 实验九 三相异步电动机的正反转控制

9.9.1 实验目的

(1) 熟练使用空气开关、熔断器、交流接触器、热继电器、控制按钮,掌握它们以及三相异步电机的接线。

(2) 掌握三相异步电动机正反转控制线路原理和接线方法,从而增强阅读和连接实际控制电路的能力。

(3) 学会用万用表检查控制电路,逐步提高分析和排除线路故障的能力。

9.9.2 理论知识

(1) 电路组成

图 9.49 为三相异步电动机正反转的实用控制线路,分主电路和控制电路两部分。

由图 9.49(a)可知,主电路由空气开关 QS,熔断器 FU_1,交流接触器 KM_1、KM_2 的主触

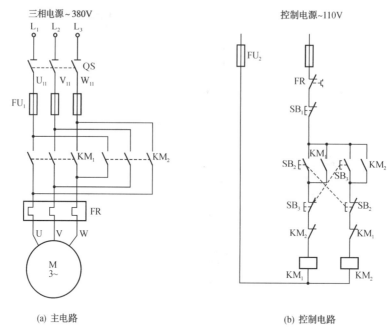

图 9.49 三相异步电动机正反转电路

头,热继电器 FR 发热元件和三相异步电机 M 组成,三相异步电机 M 接成 Y 形。

由图 9.49(b)可知,控制电路由熔断器 FU_2,热继电器 FR 的控制触头,停止按钮 SB_1,正转按钮 SB_2,反转按钮 SB_3,交流接触器 KM_1、KM_2 的控制线圈及其辅助触头组成。

(2) 控制原理

只要调整三相电源的相序,即任意调换两根电源线,就可以实现电动机的正反转控制。图 9.49(a)主电路中交流接触器 KM_1 主触头闭合接通正序电源,电动机正转;交流接触器 KM_2 主触头闭合接通反序电源,电动机反转。

图 9.49(b)控制电路中 SB_2 和 SB_3 两个按钮分别控制主电路交流接触器 KM_1、KM_2 的主触头交替闭合。同时,SB_2 和 SB_3 的动断触点分别串接在对方线圈电路中,形成控制电路的机械互锁。按下任意一只按钮,都将切断一条电路的电源,同时接通另一电路的电源,这样可以实现正反转的直接切换。也就是,按下正转按钮 SB_2,KM_1 线圈通电并自锁,KM_1 主触点闭合,电机正转。按下反转按钮 SB_3,其动断触点切断 KM_1 线圈电源,KM_1 主触点断开,同时 SB_3 接通 KM_2 线圈电源并自锁,KM_2 主触点闭合,电机反转。反之亦然。

图 9.49(b)控制电路中 KM_1 和 KM_2 的动断辅助触点分别串接在对方线圈电路中,形成接触器的电气互锁。一只接触器保持通电状态时,另一只接触器将无法得电,这样有效地防止了两只接触器同时动作造成主电路的短路。

SB_1 是电路的停止按钮;FU_1 和 FU_2 分别用作主电路和控制电路的短路保护;FR 用作电机的过载保护。

9.9.3 Siwo 软件仿真

1)元件清单列表

打开斯沃数控机床仿真编辑环境,按表 9.39 所列的清单添加元件。

第9章 电工基础实验

表 9.39 元件清单

序号	元件名称	所属类	备注	数量
1	HR-31	附件	电源总开关	1个
2	Y355L2_2	附件	主轴电机	1个
3	LAY_Green	附件	按钮开关	2个
4	LAY_Red	附件	按钮开关	1个
5	DZ47_63_D6	断路器	断路器	1个
6	DZ47_63_C1	断路器	断路器	2个
7	CJX2510	接触器	交流接触器	2个
8	SC-N3	继电器	热继电器	1个
9	L1	接线端子	接线端子	1个

2) 电路原理图

按图 9.50 连接电路图,要求主电路导线(图中粗线,实为红色)为 $2.5\ \mathrm{mm}^2$,控制电路导线(图中细线,实为蓝色)为 $1.5\ \mathrm{mm}^2$。

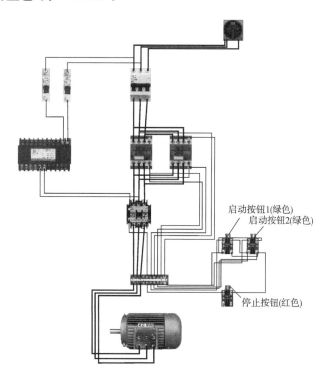

图 9.50 三相异步电动机正反转电路仿真图

3) 仿真

把断路器 DZ47_63_D6 和 DZ47_63_C1 的开关向上拨,设置电源总开关为 ON。点击右侧启动按钮 1(正转按钮),记录按钮按压瞬间的状态以及其他各控制器件的状态,填入表

9.40中。再点击右侧启动按钮2(反转按钮),记录按钮按压瞬间的状态以及其他各控制器件的状态,填入表9.40中。最后点击停止按钮重新记录状态并填入表9.40中。以此来检查电路工作状态是否符合原理。

表9.40 通电状态测试表

电机状态	元件										
	SB_1	SB_2		SB_3		KM_1			KM_2		
		动合	动断	动合	动断	线圈	常开	常闭	线圈	常开	常闭
正转											
停止											
反转											

9.9.4 报告要求

(1) 绘制电气原理图。

(2) 按照使用实验展板和元器件的位置绘制电器元件布置图和电气安装接线图。

(3) 接通电源后,按下启动按钮(SB_2 或 SB_3),接触器吸合,但电动机不转且发出"嗡嗡"的声响;或虽能启动,但转速很慢。这种故障是由于什么原因引起的?

(4) 接通电源后,按下启动按钮(SB_2 或 SB_3),若接触器通断频繁且发出连续的噼啪声或吸合不牢且发出颤音,则造成此类故障的原因可能有几种情况?

第 10 章

综合实训　机床电气控制系统安装和调试

10.1　机床电气控制系统平台概述

1）C650 普通车床构成和对电气控制的要求

C650 卧式车床属中型车床,加工工件回转半径最大可达 1 020 mm,长度可达 3 000 mm。其结构主要有床身、主轴变速箱、进给箱、溜板箱、刀架、尾架、丝杆和光杆等部分组成,如图 10.1 所示。

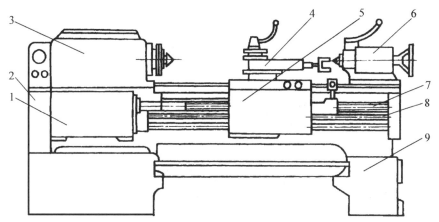

1—进给箱;2—挂轮箱;3—主轴变速箱;4—溜板与刀架;5—溜板箱;6—尾架;7—光杆;8—丝杆;9—床身
图 10.1　C650 普通车床的结构示意图

根据 C650 车床运动情况及加工需要,共采用三台三相笼型异步电机拖动,即主轴与进给电机 M_1、冷却泵电机 M_2 和溜板箱快速移动电机 M_3。从车削加工工艺出发,对各台电机的控制要求如下:

（1）主轴与进给电机 M_1,简称主电动机,功率为 20 kW,对于拥有中型车床的机械厂往往电力变压器容量较大,允许在空载情况下直接启动。

主轴与进给电机要求实现正、反转,从而经主轴变速箱实现主轴正、反转,或通过挂轮箱传给溜板箱来拖动刀架实现刀架的横向左、右移动。

为便于进给车削加工前的对刀,要求主轴拖动工件做点动调整,所以要求主轴与进给电机能实现单方向旋转的低速点动控制。

主轴电机停车时,由于加工工件转动惯量较大,故需采用反接制动。

主轴电机除具有短路保护和过载保护外,在主电路中还应设有电流监视环节。

(2) 冷却泵电机 M_2,功率为 0.15 kW,用以在车削加工时,供出冷却液,对工件与刀具进行冷却。采用直接启动,单向旋转,连续工作。具有短路保护和过载保护功能。

(3) 快速移动电机 M_3,功率为 2.2 kW,由于溜板箱连续移动是短时工作,故 M_3 只要求单向点动,短时运转,不设过载保护。

(4) 电路还应有必要的连锁和保护及安全可靠的照明电路。

2) 机床电气控制系统平台构成

根据 C650 车床的控制要求,设计的机床电气控制系统平台如图 10.2 所示,该装置采用网孔板的形式,将控制部件及执行元件都固定在网孔板上,主要由各电机主电路、主电机的控制电路、冷却电机的控制电路、快速移动电机的控制电路以及照明电路几个部分构成。

图 10.2 机床电气控制系统平台

该机床电气控制系统平台对应有三组控制电动机回路:M_1 是主轴电动机,该电机拖动主轴旋转并通过进给机构实现进给运动,其回路主要实现正转与反转控制、停车制动时快速停转、加工调整时点动操作等电气控制要求。M_2 是冷却泵电动机,其回路就是驱动冷却泵电动机对零件加工部位进行供液,电气控制要求是加工时启动供液,并能长期运转。快速移动电动机控制回路,用于拖动刀架快速移动,要求能够随时手动控制启动与停止。

10.2 机床电气控制系统平台元件分析

该机床电气控制系统平台装置由安装在实验台上的支座、网孔板、按钮架、电流表架和电器元件等组成,网孔板元件布置图和底板元件布置图如图10.3、10.4所示。

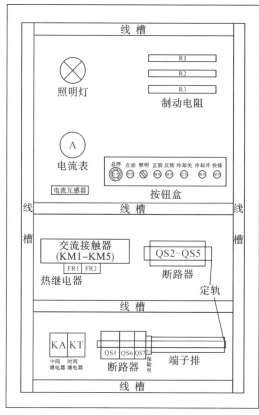

图 10.3 网孔板元件布置图

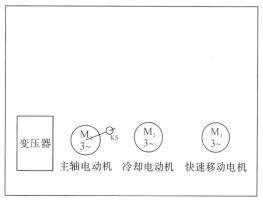

图 10.4 底板元件布置图

1) 底板元件分析

底板元件固定在支座上,支座采用铝型材搭建,底板为不锈钢,带四个万向轮,如图10.2所示。底板上固定主轴电动机(带速度继电器)、冷却电动机、变压器,具体如图10.4所示。

(1) 变压器

变压器的实物如图10.5所示,其技术规格如表10.1所示。

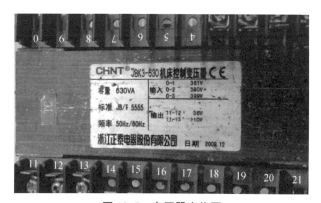

图 10.5 变压器实物图

电工技术基础与技能

表 10.1 变压器的技术规格

序号	名称	规格		备注
1	型号	JBK3-630 机床控制变压器		
2	功率	630 V·A		
3	频率	50/60 Hz		
4	电压输入	0—1	AC 361 V	
		0—2	AC 380 V	使用此端子
		0—3	AC 399 V	
5	电压输出	11—12	AC 36 V	照明用
		11—13	AC 110 V	线圈控制用

TC 变压器一次侧接入电压为 380 V,二次侧有 36 V、110 V 两种供电电源,其中 36 V 给照明灯线路供电,而 110 V 给车床控制线路供电。

(2)交流电动机

交流电动机的实物如图 10.6 所示,其技术规格如表 10.2 所示。

图 10.6 交流电动机实物图

表 10.2 交流电动机的技术规格

序号	名称	规格	备注
1	型号	51K60A-YF	
2	功率	60 W	
3	电压范围	220/380 V	
4	额定电流	0.18/0.31 A	
5	额定转速	1 300/1 600 r/min	
6	配线	Y/△	

三相交流电动机的接法:

三相电机在额定频率下,可按三角形接线或星形接线,所以提供两挡额定电压值。电机在该两种接法的额定值下运行将保持完全相同的运行性能。理论上星形接法的额定电压值是三角形接法额定电压值的 $\sqrt{3}$ 倍。

星形接法如图 10.7 所示。

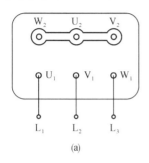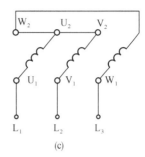

(a)   (b)   (c)

图 10.7　星形接法示意图

三角形接法如图 10.8 所示。

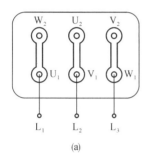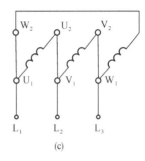

(a)   (b)   (c)

图 10.8　三角形接法示意图

注意：按中国电源标准提供，三相电机按 Y 形接线配置 380 V/50 Hz 交流电，△ 形接线配置 220 V/50 Hz 交流电。

（3）速度继电器

YJ1 型速度继电器如图 10.9 所示，它是利用电磁感应原理工作的感应式速度继电器，用于机械运动部件的速度控制和反接制动快速停车。YJ1 型速度控制继电器在继电器轴转速为 150 转/分左右时，即能动作，100 转/分以下触点恢复正常位置。YJ1 型速度继电器内部端子如图 10.10 所示：端子 1-3、2-4 为一组常开触点，端子 1-5、2-6 为一组常闭触点。

图 10.9　速度继电器实物图　　　　图 10.10　速度继电器的内部端子

2）网孔板元件分析

网孔板采用不锈钢材料制成，并在网孔板表面涂有绝缘漆，网孔板固定于支座上，主要用于固定电器元件、线槽、定轨及其他辅助器件等。

(1) 照明灯

如图 10.3 所示,网孔板元件包含照明灯,该照明灯线路供电由变压器二次侧 36 V 提供,用于增加机床的亮度。

(2) 制动电阻

如图 10.3 所示,网孔板元件包含 3 组 75 W 制动电阻,把制动电阻连接在主电动机回路中,主要实现主电动机全压或减压启动状态控制。

(3) 绕组电流监控装置

如图 10.3 所示,网孔板元件包含绕组电流监控装置,该装置主要由电流表、电流互感器等组成。电流表 A 主要用于电动机 M_1 主电路中,起绕组电流监视作用,实际工作时电流互感器接线如图 10.11 所示,将绕组中一相的接线绕在电流互感器上面,当该接线有电流流过时,将产生感应电流,通过这一感应电流间接显示电动机绕组中当前电流值。

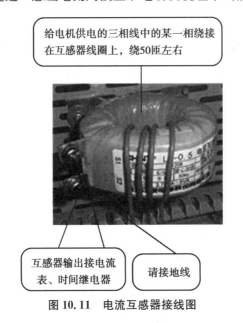

图 10.11 电流互感器接线图

(4) 人机操作单元

如图 10.3 所示,网孔板元件包含人机操作单元,该单元主要由人机操作按钮架和各种按钮组成。按钮架由不锈钢材料制成,并在机架表面涂有绝缘漆,主要用于人机操作、控制电机和照明灯等。由图 10.12 可见,按钮包括总停、主电动机点动控制、照明控制、主电动机正转启动、主电动机反转启动、冷却电动机关闭、冷却电动机启动、快速移动启动等。

图 10.12 人机操作单元示意图

(5) 交流接触器

如图 10.3 所示,网孔板元件包含多个正泰 CJX2 系列交流接触器。交流接触器实物如图 10.13 所示,接线端子示意图如图 10.14 所示。另外还配有对应的扩展辅助触点组,如图 10.15 所示。交流接触器用于控制电动机的点动、正反转启动及照明电路等。

图 10.13 交流接触器实物图

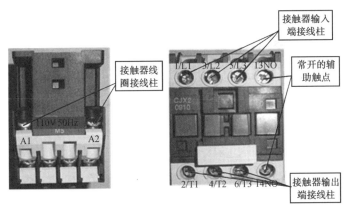

图 10.14 交流接触器接线端子示意图

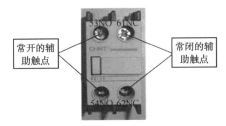

图 10.15 接触器扩展辅助触点组示意图

(6) 热继电器

如图 10.3 所示,网孔板元件包含正泰 NR4 系列热继电器,实物如图 10.16 所示,其主要用于长期工作或间断长期工作的交流电动机过载与断相保护。

图 10.16 热继电器实物图

(7) 断路器及保险丝

如图 10.3 所示,网孔板元件包含正泰 DZ108 系列和 DZ47 系列断路器。DZ108 系列塑料外壳式断路器适用于 50 Hz 或 60 Hz,额定电压在 600 V 以下的电路中,作为电动机的过载、短路保护之用;DZ47 系列小型断路器在控制电路(照明、电气回路)中起过载、短路保护。断路器接线端子图如图 10.17 所示。

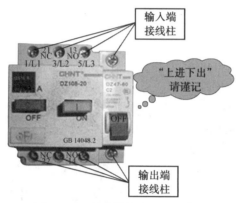

图 10.17 断路器接线端子示意图

(8) 时间继电器

如图 10.3 所示,网孔板元件包含正泰 JSZ6 系列时间继电器,主要用于电流表在检测绕组电流时,避开电动机瞬间启动大电流的损害。其技术参数如下:

工作方式:通电延时;触点数量:延时 2 转换;延时范围:30 s;工作电压:AC110V;设定方式:电位器。

时间继电器指示灯和接线端子图如图 10.18、10.19 所示。

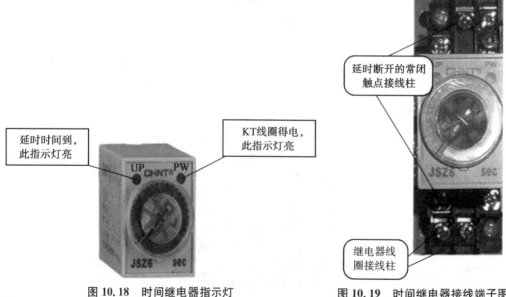

图 10.18 时间继电器指示灯　　　图 10.19 时间继电器接线端子图

(9) 中间继电器

如图 10.3 所示，网孔板元件包含 JZ7-44 中间继电器，其实物如图 10.20 所示。中间继电器技术规格如表 10.3 所示。

表 10.3 中间继电器技术规格

序号	名称	规格	备注
1	型号	JZ7-44 中间继电器	
2	工作电压	110 V	
3	常开触点数	4 对	
4	常闭触点数	4 对	

中间继电器接线端子示意图如图 10.21 所示。

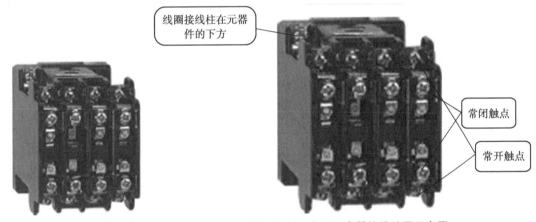

图 10.20 中间继电器实物图   图 10.21 中间继电器接线端子示意图

(10) 辅助端子

如图 10.3 所示，网孔板元件包含辅助端子。辅助端子的实物如图 10.22 所示，它具有点对点相连的自行接线端子，其作用是把控制板内元件与板外元件相连接。控制板内的元件引线端子接至自行接线端子上部，辅助端子下部接控制板外的设备，并在每个端子上标有其对应的连接端子号，如图 10.23 所示。

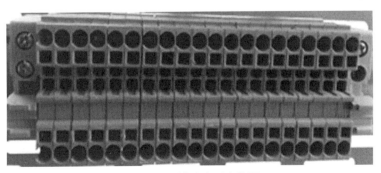

图 10.22 辅助端子实物图

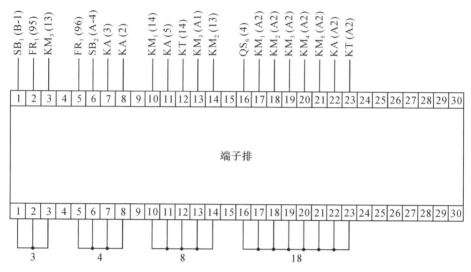

图 10.23 辅助端子接线示意图

注：为区分端子上（下）排，定义上排表示为□-1，下排表示为□-2。
例：第1个表示为1-1和1-2。

10.3 机床电气控制系统平台上的控制系统分析

该机床电气控制系统平台共有三组控制电动机的回路，机床电气总回路如图 10.24 所示，其中机床电气元件符号及名称见表 10.4。

表 10.4 机床电气元件符号及名称

符号	名称	符号	名称
M_1	主电动机	SB_1	总停按钮
M_2	冷却泵电动机	SB_2	主电动机正向点动按钮
M_3	快速移动电动机	SB_3	主电动机正转按钮
KM_1	主电动机正转接触器	SB_4	主电动机反转按钮
KM_2	主电动机反转接触器	SB_5	冷却泵电动机停转按钮
KM_3	短接限流电阻接触器	SB_6	冷却泵电动机启动按钮
KM_4	冷却泵电动机启动接触器	TC	控制变压器
KM_5	快移电动机启动接触器	FU_1	熔断器
KA	中间继电器	FR_1	主电动机过载保护热继电器
KT	通电延时时间继电器	FR_2	冷却泵电动机保护热继电器
SQ	快移电动机点动行程开关	R	限流电阻
SA	照明开关	EL	照明灯
KS	速度继电器	TA	电流互感器
A	电流表	QS	断路器

第 10 章 综合实训 机床电气控制系统安装和调试

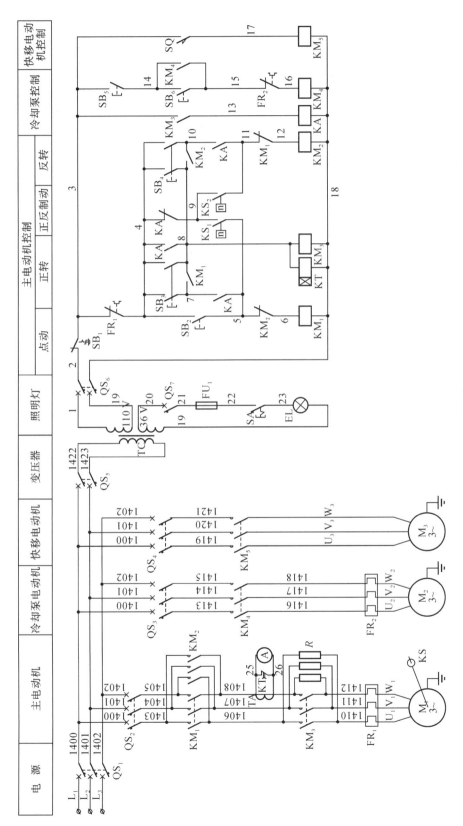

图 10.24 机床电气回路图

1) 动力电路

(1) 主电动机电路

电源引入与故障保护：三相交流电源 L_1、L_2、L_3 经 QS 断路器引入机床主电路，主电动机电路中，QS_1 和 QS_2 断路器为短路保护环节，FR_1 是热继电器加热元件，对电动机 M_1 起过载保护作用。

主电动机正反转：KM_1 与 KM_2 分别为交流接触器 KM_1 与 KM_2 的主触头。根据电气控制基本知识分析可知，KM_1 主触头闭合、KM_2 主触头断开时，三相交流电源将分别接入电动机的 U_1、V_1、W_1 三相绕组中，M_1 主电动机将正转。反之，当 KM_1 主触头断开、KM_2 主触头闭合时，三相交流电源将分别接入 M_1 主电动机的 W_1、V_1、U_1 三相绕组中，与正转时相比，U_1 与 W_1 进行了换接，使得主电动机反转。

主电动机全压与减压状态：当 KM_3 主触头断开时，三相交流电源电流将流经限流电阻 R 进入电动机绕组，电动机绕组电压将减小。如果 KM_3 主触头闭合，则电源电流不经限流电阻而直接接入电动机绕组中，主电动机处于全压运转状态。

绕组电流监控：电流表 A 在电动机 M_1 主电路中起绕组电流监视作用，通过电流互感器的 TA 线圈空套在绕组一相的接线上，当该接线有电流流过时，将产生感应电流，通过这一感应电流间接显示电动机绕组中当前电流值。其控制原理是当通电延时时间继电器的 KT 常闭延时断开触头闭合时，它产生的感应电流不经过电流表 A，而一旦 KT 触头断开，电流表 A 就可检测到电动机绕组中的电流。

电动机转速监控：速度继电器 KS 是和 M_1 主电动机主轴同转安装的速度检测元件，根据主电动机主轴转速对速度继电器触头的闭合与断开进行控制。

(2) 冷却泵电动机电路

冷却泵电动机电路中 QS_3 断路器起短路保护作用，FR_2 热继电器则起过载保护作用。当 KM_4 主触头断开时，冷却泵电动机 M_2 停转不供液；而 KM_4 主触头一旦闭合，M_2 将启动供液。

(3) 快速移动电机回路

快移电动机电路中，QS_4 断路器起短路保护作用。KM_5 主触头闭合时，快移电动机 M_3 启动，而 KM_5 主触头断开，快移电动机停止。

(4) 变压控制电路

主电路通过变压器 TC 与控制线路和照明灯线路建立电联系。变压器 TC 一次侧接入电压为 380 V，二次侧有 36 V、110 V 两种供电电源，其中 36 V 给照明灯线路供电，而 110 V 给车床控制线路供电。

2) 控制线路

控制线路读图分析的一般方法是从各类触头的断与合与相应电磁线圈得断电之间的关系入手，并通过线圈得断电状态，分析主电路中受该线圈控制的主触头的断合状态，得出电动机受控运行状态的结论。

控制线路从 7 区至 12 区，各支路垂直布置，相互之间为并联关系。各线圈、触头均为原态（即不受力态或不通电态），而原态中各支路均为断路状态，所以 KM_1、KT、KM_3、KM_2、KA、KM_4、KM_5 等各线圈均处于断电状态，这一现象可称为"原态支路常断"，是机床控制线路读图分析的重要技巧。

(1) 主电动机点动控制

按下 SB_2，KM_1 线圈通电，根据原态支路常断现象，其余所有线圈均处于断电状态。因此主电路中为 KM_1 主触头闭合，由 QS_2 断路器引入的三相交流电源将经 KM_1 主触头、限流电阻 R 接入主电动机 M_1 的三相绕组中，主电动机 M_1 串电阻减压启动。一旦松开 SB_2，KM_1 线圈断电，电动机 M_1 断电停转。SB_2 是主电动机 M_1 的点动控制按钮。

(2) 主电动机正转控制

按下 SB_3，KM_3 线圈与 KT 线圈同时通电，并通过 3~13 间的常开辅助触头 KM_3 闭合而使 KA 线圈通电，KA 线圈通电又导致 7~5 间的 KA 常开辅助触头闭合，使 KM_1 线圈通电。而 7~8 间的 KM_1 常开辅助触头与 4~8 间的 KA 常开辅助触头对 SB_3 形成自锁。主电路中 KM_3 主触头与 KM_1 主触头闭合，电动机不经限流电阻 R，全压正转启动。

绕组电流监视电路中，因 KT 线圈通电后延时开始，但由于延时时间还未到达，所以 KT 常闭延时断开触头保持闭合，感应电流经 KT 触头短路，造成电流表 A 中没有电流通过，避免了全压启动初期绕组电流过大而损坏电流表 A。KT 线圈延时时间到达时，电动机已接近额定转速，绕组电流监视电路中的 KT 将断开，感应电流流入电流表 A 将绕组中电流值显示在 A 表上。

(3) 主电动机反转控制

按下 SB_4，通过 4、8、18 线路使得 KM_3 线圈与 KT 线圈通电，与正转控制相类似，KA 线圈通电，再通过 4、10、11、12、18 使 KM_2 线圈通电。主电路中 KM_2、KM_3 主触头闭合，电动机全压反转启动。KM_1 线圈所在支路与 KM_2 线圈所在支路通过 KM_2 与 KM_1 常闭触头实现电气控制互锁。

(4) 主电动机反接制动控制

正转制动控制

KS_2 是速度继电器的正转控制触头，当电动机正转启动至接近额定转速时，KS_2 闭合并保持。制动时按下 SB_1，控制线路中所有电磁线圈都将断电，主电路中 KM_1、KM_2、KM_3 主触头全部断开，电动机断电降速，但由于正转启动惯性，需较长时间才能降为零速。

一旦松开 SB_1，则经 1、2、3、4、9、KS_2、11、12、18、19，使 KM_2 线圈通电。主电路中 KM_2 主触头闭合，三相电源电流经 KM_2 使 U_1、W_1 两相换接，再经限流电阻 R 接入三相绕组中，在电动机转子上形成反转转矩，并与正转的惯性转矩相抵消，电动机迅速停车。

在电动机正转启动至额定转速，再从额定转速制动至停车的过程中，KS_1 反转控制触头始终不产生闭合动作，保持常开状态。

反转制动控制

KS_1 在电动机反转启动至接近额定转速时闭合并保持。与正转制动相类似，按下 SB_1，电动机断电降速。一旦松开 SB_1，则经 1、2、3、4、9、KS_1、5、6、18、19，使线圈 KM_1 通电，电动机转子上形成正转转矩，并与反转的惯性转矩相抵消使电动机迅速停车。

(5) 冷却泵电动机启停控制

按下 SB_6，线圈 KM_4 通电，并通过 KM_4 常开辅助触头对 SB_6 自锁，主电路中 KM_4 主触头闭合，冷却泵电动机 M_2 转动并保持。按下 SB_5，KM_4 线圈断电，冷却泵电动机 M_2 停转。

(6) 快移电动机点动控制

行程开关 SQ 由车床上的刀架手柄控制。转动刀架手柄,行程开关 SQ 将被压下而闭合,KM_5 线圈通电。主电路中 KM_5 主触头闭合,驱动刀架快移的电动机启动。反向转动刀架手柄复位,SQ 行程开关断开,则电动机断电停转。

(7) 照明电路

照明电路回路包括断路器、保险丝、开关、照明灯等,灯开关 SA 置于闭合位置时,EL 灯亮。SA 置于断开位置时,EL 灯灭。

10.4 实训任务实施

1) 电气接线图的绘制

结合机床电气总回路图 10.24、网板元件布置图 10.3 和底板元件布置图 10.4,绘制电气接线图,要求:

(1) 电气接线图中各电气元件位置和线槽的布置按电气元件在控制柜、控制板、操作台中的实际位置绘制;

(2) 电气接线图与原理图 10.24 中各电气元件图形与文字符号保持一致;

(3) 电气接线图中电气控制柜内各电气元件可直接连接,而外部元器件与电气柜之间连接须经接线端子板进行;

(4) 连接导线应注明导线根数、导线截面积等,一般不表示导线实际走线途径,施工时由操作者根据实际情况选择最佳走线方式。

2) 装置调试流程

电气控制回路的安装与调试操作流程如图 10.25 所示:

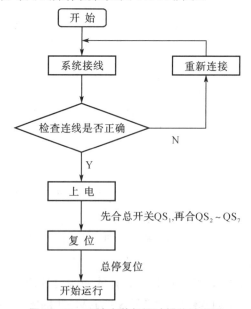

图 10.25 系统安装与调试操作流程图

(1) 开始

检查工具是否完好,见图10.26所示,由左往右依次为:剥线钳、压线钳、尖嘴钳、斜口钳和五把不同型号的起子,同时检查图10.27所示万用表是否有电,各相关可测量量及范围。

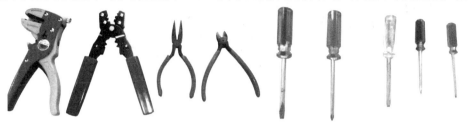

图10.26 工具展示

图10.27 万用表

(2) 系统接线

① 接线步骤

按照如图10.28(a)～(i)共九步操作完成每一个端子的接线,具体如下:

第一步:丈量两个接线端子之间需要的导线长度,多3～4 cm;

第二步:用剥线钳中间的切线口切断所需导线;

第三步:截取0.8 cm左右的线套,套在要接的导线上;

第四步:用剥线钳剥去0.5 cm绝缘皮,露出铜线;

第五步:在第四步的铜导线端套上U形插;

第六步:用压线钳把U形插压死,并用手稍微拽一下,看是否压牢;

第七步:将线套往U形插端捋,盖住U形插的整个尾部;

第八步:在线套上写上对应导线的编号;

第九步:用适当大小的起子旋松器件接线螺钉,插入U形插端子,旋紧器件接线螺钉,完成导线一端的接线,并用手稍微拽一下,看是否接牢。

另外,如遇到接入端子排的导线,则不需要接U形插,只要将裸露铜导线直接接入端子,具体操作是:选择最小的一字形起子,如图10.29所示,插入离上端或下端圆形导线端子最近的方孔,如图 10.30(a)和(b)所示,听到"咔擦"声,把裸露导线端插入对应圆形端子,再拔掉起子。接着用手稍微拽一下所接导线,看是否接牢。

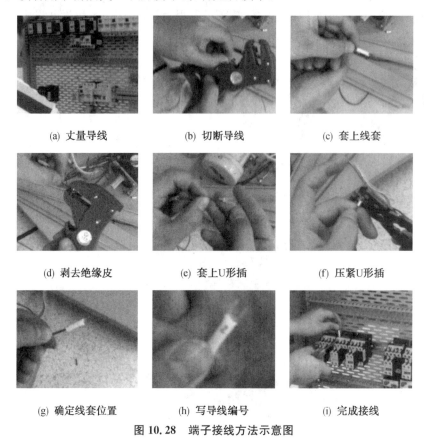

(a) 丈量导线　　　　　　(b) 切断导线　　　　　　(c) 套上线套

(d) 剥去绝缘皮　　　　　(e) 套上U形插　　　　　(f) 压紧U形插

(g) 确定线套位置　　　　(h) 写导线编号　　　　　(i) 完成接线

图 10.28　端子接线方法示意图

图 10.29　端子排接线工具

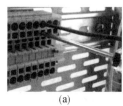

(a)　　　　　　　　　(b)

图 10.30　端子排接线方法示意

② 接线注意事项

a. 严格按照接线图、布局图施工。

b. 螺钉不需要拧太死,容易损坏。但也不可太松,因为会造成接触不良,松紧程度以导线不能随意拔出为准。

c. 所有的标签号管统一向右,不允许出现或左或右的情况。

d. U形插不能露铜,所以使用剥线钳剥线时,剥线长度应该合适。

e. 电气元器件一个接线柱需要接入两根导线时,事先就需要规划好。先把两根导线捋在一起,套入一个标签号,然后安装 U 形插,压死。

f. 接线完成后,请整理线路,所有走线进线槽,元器件上方的接线要整齐划一,如图

10.31(a)和(b)所示。

(a)

(b)

图 10.31　标准接线示意图

③ 检查连线是否正确

在通电之前,为保证设备及人身安全,必须严格检查,也可以通过检查,发现一些简单的接线故障。本任务提供有《通电检查表》,通电之前的检查按照表10.5所示的1~4项,逐项检查,并逐项签字确认。

注意:此部分务必要认真对待,每项检查无遗漏,以免危及生命和财产安全。另外,未得到老师允许切记不能上电。

④ 上电

按照第三步检查无误后,根据指导老师在现场的安排,接上电源线,并按照表10.5第5项作相应记录。

⑤ 通电运行

按照第四步测量后,分析记录内容,如果都在正常范围内,则可以开始运行调试,并按照表10.5第6项作相应运行现象记录。

表 10.5　通电检查表

通电检查步骤
目的: √ 防止交流回路短路。 √ 防止380 V加到接触器KM线圈两端,导致接触器损坏。 1. 正确使用万用表 (1) 万用表表棒正确使用:红表棒插在V/Ω孔,黑表棒插在COM孔。 (2) 注意:量程必须切换对,严禁用电阻挡测量交流电。 2. KS_1、KS_2 速度继电器触点暂时不接 3. 检测交流主回路是否有短路,前提条件:为了逐级检查电路,把故障缩小在一定的范围内,先断开所有断路器 3.1 检测交流主回路相间是否短路: L_1、L_2、L_3(干路中的总电源开关的输入端)　两两之间正常为∞。 检查结果:_____　　　　　检查人:_____ U、V、W(干路中的总电源开关的输出端)　两两之间正常为∞。 检查结果:_____　　　　　检查人:_____ 主轴电机 M_1 主轴电机的断路器的输出端　两两之间正常为∞ 检查结果:_____　　　　　检查人:_____ M_1 主轴电机接触器主触点的输出端　两两之间正常为∞,接上电机后不能低于 500 Ω,大概 750 Ω左右。 检查结果:_____　　　　　检查人:_____ KM_3 主触点的输出端　两两之间正常为∞,接上电机后不能低于 300 Ω,大概 310 Ω左右。 检查结果:_____　　　　　检查人:_____ 冷却泵电机 冷却电机的断路器的输出端　两两之间正常为∞ 检查结果:_____　　　　　检查人:_____

续表

冷却电机接触器主触点的输出端 两两之间正常为∞,接上电机后不能低于300 Ω,大概310 Ω左右。
检查结果:＿＿＿＿＿＿＿＿＿＿＿＿＿＿＿＿ 检查人:＿＿＿＿＿＿＿
快移电机
快移电机的断路器的输出端 两两之间正常为∞
检查结果:＿＿＿＿＿＿＿＿＿＿＿＿＿＿＿＿ 检查人:＿＿＿＿＿＿＿
快移电机接触器主触点的输出端 两两之间正常为∞,接上电机后不能低于300 Ω,大概310 Ω左右。
检查结果:＿＿＿＿＿＿＿＿＿＿＿＿＿＿＿＿ 检查人:＿＿＿＿＿＿＿

3.2 检测交流主回路每相是否对地短路:
以上检测的每一点,单独对地测量,正常应该为∞。
检查结果:＿＿＿＿＿＿＿＿＿＿＿＿＿＿＿＿ 检查人:＿＿＿＿＿＿＿

4. 检测辅助电路是否短路
KM_1、KM_2、KM_3、KM_4、KM_5 线圈 A_1、A_2 不能低于 120 Ω
实测线圈阻值分别为 ＿＿＿＿＿＿＿＿＿＿＿＿＿＿
再按下按钮 SB_2,KM_1、KM_2、KM_3 线圈任何一个 A_1、A_2 不能低于 120 Ω
线圈阻值＿＿＿＿＿ 检查结果:＿＿＿＿＿＿＿＿＿＿＿＿＿＿ 检查人:＿＿＿＿＿＿＿
再按下按钮 SB_3,KM_1、KM_2、KM_3 线圈任何一个 A_1、A_2 不能低于 120 Ω
线圈阻值＿＿＿＿＿ 检查结果:＿＿＿＿＿＿＿＿＿＿＿＿＿＿ 检查人:＿＿＿＿＿＿＿
再按下按钮 SB_4,KM_1、KM_2、KM_3 线圈任何一个 A_1、A_2 不能低于 120 Ω
线圈阻值＿＿＿＿＿ 检查结果:＿＿＿＿＿＿＿＿＿＿＿＿＿＿ 检查人:＿＿＿＿＿＿＿
再按下按钮 SB_6,KM_4 线圈 A_1、A_2 不能低于 120 Ω
线圈阻值＿＿＿＿＿ 检查结果:＿＿＿＿＿＿＿＿＿＿＿＿＿＿ 检查人:＿＿＿＿＿＿＿
再按下按钮 SQ,KM_5 线圈 A_1、A_2 不能低于 120 Ω
线圈阻值＿＿＿＿＿ 检查结果:＿＿＿＿＿＿＿＿＿＿＿＿＿＿ 检查人:＿＿＿＿＿＿＿

5. 开始送电
5.1 接上电源线,注意:黄绿线接地。
5.2 电柜进线测量,万用表交流 500 V 挡,测量电压:～380 V±10％为正常,晚上通电,可能电压偏高。
检查状态:正常( ) 偏高( ) 偏低( ) 检查人:＿＿＿＿＿＿＿
5.3 合上电源总开关,测量总电源断路器的输出端电压是否符合图纸要求。
检查状态:正常( ) 偏高( ) 偏低( ) 检查人:＿＿＿＿＿＿＿
5.4 合上主轴电机的断路器,测量断路器输出端电压,～380 V±10％为正常。
检查状态:正常( ) 偏高( ) 偏低( ) 检查人:＿＿＿＿＿＿＿
5.5 合上冷却泵电机的断路器,测量断路器输出端电压,～380 V±10％为正常。
检查状态:正常( ) 偏高( ) 偏低( ) 检查人:＿＿＿＿＿＿＿
5.6 合上快移电机的断路器,测量断路器输出端电压,～380 V±10％为正常。
检查状态:正常( ) 偏高( ) 偏低( ) 检查人:＿＿＿＿＿＿＿
5.7 合上变压器之前的断路器,测量变压器输出端电压是否为～110 V±10 ％,以及 36 V±10％。
照明电路为 36 V,您确认了吗? 110 V 加上去,灯泡性命不保。
检查状态:正常( ) 偏高( ) 偏低( ) 检查人:＿＿＿＿＿＿＿
5.8 最后合上变压器输出端的断路器及照明电路的断路器。
墙上电源插头拔下,拆开速度继电器后盖。电源插头插入插座,按下 SB_3,主轴电机旋转吗? 判断 KS 触点,然后完成 KS_1、KS_2 的接线。接线完成后,请务必将速度继电器后盖装上。

6. 试车
SB_2 能点动,且具备反接制动功能吗? 现象记录＿＿＿＿＿＿＿＿＿＿＿＿＿,检查人:＿＿＿＿＿＿＿
SB_3 是正传功能吗? 现象记录＿＿＿＿＿＿＿＿＿＿＿＿＿,检查人:＿＿＿＿＿＿＿
SB_4 是反转功能吗? 现象记录＿＿＿＿＿＿＿＿＿＿＿＿＿,检查人:＿＿＿＿＿＿＿
SB_1 停止且制动了吗? 现象记录＿＿＿＿＿＿＿＿＿＿＿＿＿,检查人:＿＿＿＿＿＿＿
SB_6 M_2 能自锁旋转吗? 现象记录＿＿＿＿＿＿＿＿＿＿＿＿＿,检查人:＿＿＿＿＿＿＿
SB_5 M_2 停了吗? 现象记录＿＿＿＿＿＿＿＿＿＿＿＿＿,检查人:＿＿＿＿＿＿＿
SQ M_2 电机转了吗? 现象记录＿＿＿＿＿＿＿＿＿＿＿＿＿,检查人:＿＿＿＿＿＿＿
SQ 松开,M_2 停了吗? 现象记录＿＿＿＿＿＿＿＿＿＿＿＿＿,检查人:＿＿＿＿＿＿＿
SA 灯泡亮了吗? 现象记录＿＿＿＿＿＿＿＿＿＿＿＿＿,检查人:＿＿＿＿＿＿＿
SA 拨回原位,灯泡熄灭了吗? 现象记录＿＿＿＿＿＿＿＿＿＿＿＿＿,检查人:＿＿＿＿＿＿＿
启动瞬间电流表无显示,正常旋转后,有显示吗? 现象记录＿＿＿＿＿＿＿＿＿＿＿＿＿,检查人:＿＿＿＿＿＿＿

3) 整理实训报告及考评

实训结束后,根据下列样表,完成本实训的报告及相关内容的分析整理。

(1) 实训报告样式

《机床电气系统的安装调试》学生工作单　任务1—2

班级：_____　组别：_____　组员：_____　指导教师：_____

工作任务名称	任务1—2　Y112—4型(4 kW)三相交流异步电机自锁正转运行控制线路的安装与调试	工作时间	4课时
工作任务分析	机床电气设备在正常工作时，一般要求三相异步电动机处于连续运行状态，能实现电机的启动和停止控制，能实现这种控制的线路就是自锁正转运行控制线路。		
工作内容	1. 设计并画出三相异步电动机自锁正转运行控制线路的电气原理图； 2. 根据电气原理图，选择使用电气控制元件； 3. 画出电气元件布置图； 4. 画出电气元件接线图； 5. 安装与调试三相异步电动机自锁正转运行控制线路； 6. 三相异步电动机自锁正转运行控制线路的常见故障排查。		
工作任务流程	1. 学习常用电气控制元件的功能与选择方法； 2. 学习电气控制线路图的识读、绘制方法； 3. 分析控制要求； 4. 根据控制要求，画出电气原理图； 5. 画出电气元件布置图； 6. 画出电气元件接线图； 7. 安装与调试三相异步电动机自锁正转运行控制线路； 8. 三相异步电动机自锁正转运行控制线路的常见故障排查； 9. 完成实训报告； 10. 成绩考评。		
工作任务计划与决策	1. 按工作任务要求选择电气元器件<table><tr><th>序号</th><th>元件文字符号</th><th>元件名称</th><th>元件型号</th><th>数量</th></tr><tr><td>1</td><td></td><td></td><td></td><td></td></tr><tr><td>2</td><td></td><td></td><td></td><td></td></tr><tr><td>……</td><td></td><td></td><td></td><td></td></tr></table>2. 绘制主电路和电气控制原理图，并分析电路的控制过程 3. 绘制电器元件布置图 4. 绘制电器元件接线图		
工作任务实施	5. 线路安装与调试过程，包括小组分工		
工作任务检查	6. 线路故障排查		

续表

学习心得	1. 在工作中遇到了哪些问题？如何解决？ 2. 常用的三相异步电动机如何实现点动控制？ 3. 在完成本工作任务时，工作步骤是什么？ 4. 您对完成本工作任务有何建议？ 5. 本次任务完成情况，不足怎样改进与提高？				
工作任务评价	按考评标准考评	见考评标准样表			
	考评成绩				
	教师签字		年	月	日

（2）考评标准样表

任务完成质量　团队评分标准

任务名称		评价组别		
检查内容			是	否
功能检查：				
1. 系统正常得电了吗？			☐	☐
2. 主轴电机正转吗？			☐	☐
3. ……			☐	☐
工艺检查：				
1. 主电路、控制电路颜色区分了吗？			☐	☐
2. 主电路、控制电路线径区分了吗？			☐	☐
3. 地线(PE)使用黄绿线了吗？			☐	☐
4. 低压元器件布置是否整齐、美观，考虑了实际调整的方便？			☐	☐
5. 端子排使用正确吗？			☐	☐
6. 导线走线是否整齐，横平竖直？			☐	☐
总结汇报：				
1. 汇报表达基本流畅，课件制作清楚传达了团队讨论的成果			☐	☐
2. "相互找碴儿"，找出了存在的"碴儿"			☐	☐
3. 对于教师提出的问题，积极思考，响应积极			☐	☐
4. 对于教师提出的拓展问题，基本回答正确			☐	☐
职业素养：				
1. 严格依据图纸接线，线号与图纸标注吻合			☐	☐
2. 团队既有合作又有分工，协调一致，合作高效			☐	☐

附加分加分记录：

成绩：　评定成绩＝$\dfrac{通过项目个数}{总项目数}\times 100\%+$附加分（＜60 视为不合格）

被评价小组组别				
得分				
团队小组组长签名		教师签名		

附录一
常用电工工具及电工仪表的使用与维护

在电子元器件、设备的安装和维修中,电工工具和仪表起着极其重要的作用,正确使用和维护电工工具、电工仪表,是保证安全作业的前提,也是各工作岗位必备的电工基本操作技能。下面简要介绍常用电工工具和仪表的使用方法及日常维护。

1) 试电笔

试电笔,也叫测电笔,用来检测导线和电气设备是否带电。

根据测量电压的大小,可将试电笔分为如下几类:(1) 高压试电笔,用于交流输配电线路和设备的验电工作,常用于 10 kV 及以上项目作业时,如附录图 10.1(a)所示;(2) 低压试电笔:用于线电压 500 V 及以下项目的带电体检测,如附录图 10.1(b)所示;(3) 弱电测电笔,用于电子产品的测试,一般测试电压为 6 V~24 V,为了便于使用,电笔尾部常带有一根带夹子的引出导线,如附录图 10.1(c)所示。

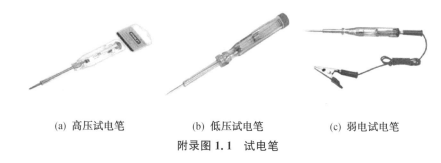

(a) 高压试电笔　　　(b) 低压试电笔　　　(c) 弱电试电笔

附录图 1.1　试电笔

根据接触方式分类,可将试电笔分为:(1) 接触式试电笔,通过接触带电体获得电信号,通常有螺丝刀式试电笔和钢笔式数显试电笔。螺丝刀式试电笔中有氖管,测试时如果氖管发光,被测物体带电。目前,氖气电笔基本退出市场,被数字显示电笔取代。数显低压试电笔的使用方法如下:握住笔身,使液晶屏背光朝向自己,用前端的导体探头接触测试点,显示的最高值为测试电压值。(2) 感应式试电笔,采用感应式测试方式,用于检测线路、导体和插座上的电压,并判定导线中断点的位置。

2) 螺丝刀

螺丝刀又称为螺丝旋具、改锤、起子、旋凿等,是一种用来拧转螺丝钉以迫使其就位的工具。顺时针方向旋转螺丝刀为嵌紧,逆时针方向旋转螺丝刀则为松出。

从其结构形状来说,螺丝刀通常有以下几种:(1) 直形螺丝刀。这是最常见的一种,头部型号有一字、十字、米字、H形(六角)等,如附录图 1.2(a)所示。(2) L形螺丝刀。多见于六角螺丝刀,利用其较长的杆来增大力矩,从而更省力,如附录图 1.2(b)所示。(3) T形螺丝刀,在汽修行业应用较多,如附录图 1.2(c)所示。

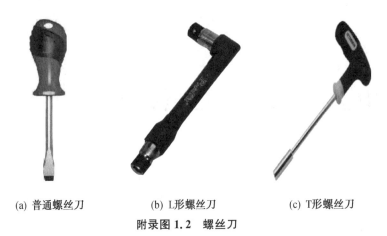

(a) 普通螺丝刀　　　　(b) L形螺丝刀　　　　(c) T形螺丝刀

附录图 1.2　螺丝刀

使用电工螺丝刀时应注意:(1) 电工不要使用穿心(金属杆直通)的螺丝刀。(2) 为了避免金属触及皮肤或触及邻近的带电体,应在螺丝刀上的金属杆上套上绝缘管。

3) 钢丝钳

钢丝钳又称老虎钳,由钳头、钳柄和绝缘套组成,用来弯绞和钳夹导线线头,紧固或起松螺钉。钢丝钳有铁柄和绝缘柄两种,绝缘柄为电工用钢丝钳。常用钢丝钳的规格以全长表示有 150 mm、175 mm、200 mm。常见钢丝钳如附录图 1.3 所示。

附录图 1.3　钢丝钳

使用钢丝钳时应注意如下事项:(1) 钢丝钳不能作为锤子使用。(2) 剪切导线时,不得同时剪断相线和零线,以防短路。(3) 钳头的轴销上应经常加机油润滑。

4) 尖嘴钳

尖嘴钳又称修口钳、尖头钳,它由钳头、钳柄和绝缘管组成,其规格以全长表示,通常有 130 mm、160 mm、180 mm、200 mm 四种。尖嘴钳的头部尖细,适用于在狭小的工作空间操作,可剪断细小金属丝,夹持较小零件,弯折导线等。尖嘴钳的外形如附录图 1.4 所示。

附录图 1.4　尖嘴钳

尖嘴钳在使用过程中应注意如下事项:(1) 使用尖嘴钳时,手离金属部分的距离应不小于 2 cm;(2) 尖嘴钳不适宜剪切粗导线或硬的金属丝;(3) 注意尖嘴钳的防潮,切勿磕碰、损坏柄套,以防触电。

5) 剥线钳

剥线钳用来剥削直径 3 mm 及其以下绝缘导线的塑料或橡胶绝缘层,其外形如附录图 1.5 所示。剥线钳钳口部分有 0.5～3 mm 的多个直径切口,可以剥削不同规格的导线。

附录图1.5 剥线钳

剥线钳在使用过程中应注意如下事项:导线需放在稍大于线芯直径的切口上,以免损伤线芯。剥削多芯导线时,应先剪齐导线头。当所剥削的绝缘层较长时,应多段剥削。

6)电烙铁

电烙铁是电子制作和电器维修的必备工具,主要用途是焊接元件及导线,按机械结构可分为内热式电烙铁和外热式电烙铁,按功能可分为恒温式、调温式和吸锡式电烙铁,根据用途不同又分为大功率电烙铁和小功率电烙铁。常见电烙铁如附录图1.6所示。

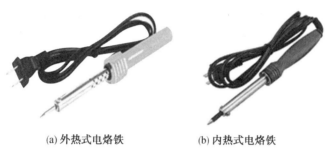

(a) 外热式电烙铁　　(b) 内热式电烙铁

附录图1.6 电烙铁

在电烙铁的使用过程中,要根据焊接面积的大小等实际要求,合理选择电烙铁的功率、类型和电烙铁的形状。电烙铁在使用过程中应注意:(1)使用前,要先检查电源线、电源插头是否破损,烙铁头是否松动;(2)使用中,要轻拿轻放,不用时应将其放回到烙铁架上;(3)电烙铁用完后应及时拔去电源插头,将烙铁头擦拭干净,并镀上新锡,防止其氧化生锈。

7)吸焊器

吸焊器又称吸焊笔(吸笔)、吸焊泵、吸焊枪等,是焊接的辅助工具,主要用于搜集融化焊锡。按吸焊器吸筒壁使用材料不同,可为塑料吸焊器和铝合金吸焊器;按吸焊器结构不同,可分为手动吸焊器和电动吸焊器。常用吸焊工具如附录图1.7所示。

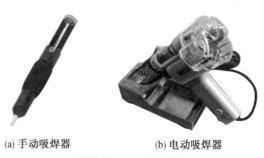

(a) 手动吸焊器　　(b) 电动吸焊器

附录图1.7 吸焊器

手动吸焊器的使用步骤如下:(1)使用前,选择合适的吸焊头,检查吸焊器吸筒的密封性是否完好。(2)使用时,先推下杆帽,固定住吸焊器,然后用电烙铁对焊点加热,使焊料融化,同时将吸焊器的吸嘴对准熔化的焊料,按吸焊器上的按钮,即可将焊料吸进废料盒内。
(3) 在使用吸焊器后,及时清理废料盒,吸嘴及内部活动部分。

8) 钳形电流表

钳形电流表简称钳形表,是一种便携式仪表,主要用于要求不断开电路的情况下测量工频的交流电,测量时需将被测导线夹于钳口中。根据电流表结构的不同,可分为模拟钳形电流表和数字钳形电流表,常用钳形电流表如附录图1.8所示。

(a) 数字钳形电流表　　(b) 模拟钳形电流表

附录图1.8　钳形电流表

钳形电流表的使用注意事项如下:(1) 模拟钳形电流表测量前应调零。(2) 测量时应先估计被测量值的大小,选择适当的量程。若测量值暂时不能确定,需将量程旋至最高挡,然后根据测量值的大小,变换至合适的量程。(3) 测量电流时,应将被测载流导线置于钳口的中心位置,以免产生误差。(4) 测量结束后,要将开关切换到最大量程处,并将钳形电流表保存在干燥的室内。(5) 不要在测量过程中切换量程。测量高压线路时,要戴绝缘手套,穿绝缘鞋。

9) 电度表

电度表是用来测量某一段时间内发电机发出的电能或负载所消耗电能的仪表,又称为电能表、千瓦时表,俗称电表、火表。常见电度表如附录图1.9所示。

电度表按接入电源的性质不同,可分为直流电度表和交流电度表。交流电度表根据进表相线不同,可分为单相电度表、三相三线制电度表和三相四线制电度表。电度表按结构和工作原理不同,可分为机械式(又称感应式)电度表和电子式(又称静止式)电度表。电度表按接线方式的不同,可分为直接接入式和间接接入式两种,直接接入式电度表适用于低电压、小电流的场合,当线路电压超过400 V或线路电流超过100 A时,采取间接接入式电度表。

附录图1.9　电度表

下面以单相电度表为例,介绍其选用、接线与安装。电度表的选用要根据负载来确定,通常情况下所使用的电度表负载总瓦数为实际用电总瓦数的1.25～4倍。选好单相电度表后,需进行安装和接线。单相电度表接线时,电流线圈与负载串联,电压线圈与负载并联。单相电度表共有四根连接导线,两根输入,两根输出。根据负载电流大小和电源电压的高低,单相电度表有三种接法,如附录图1.10所示,即低电压(220 V、380 V)、小电流(5～10 A)直接接法,如附录图1.10(a)所示;低电压(220 V、380 V)、大电流经电流互感器接法,如附录图1.10(b)所示;高电压、大电流经电流、电压互感器接法,如附录图1.10(c)所示。

电度表接线时应根据说明书,确定相线 L 和中性线 N、进线和出线的连接位置。

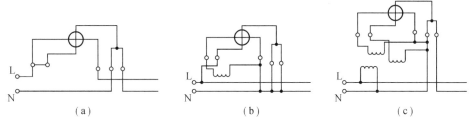

附录图 1.10　单相电度表接线法

10) 万用表

万用表是一种可以测量多种电量,具有多种量程的便携式仪表,用途广泛,使用方便,因此是一种极为常用的电工仪表。万用表分为两大类,一类是模拟式万用表(即指针式万用表),另一类是数字式万用表。

(1) 模拟式万用表

① 面板说明

模拟式万用表的型号很多,如有 MF27、MF47、MF68、MF78 等,它们的外观、面板和功能会有所差异。现以 MF47 型万用表为例,它的面板图如附录图 1.11 所示,它的基本功能如附录表 1 所示。附录表 1 中有 * 号的量程为大量程挡:如 * 10 A——插座为公用端"—"(COM)和标有"10 A"标记的插孔;如 * 2 500 V——插座为公用端"—"(COM)和标有"2 500 V"标记的插孔。* ×10k——电表内必须配有 9 V 的层叠电池方可使用。

② 使用方法

a. 万用表在使用之前应检查表针是否在零位上,如不在零位上,可用小螺丝刀调节表头上的"机械调零",使表针指在零位。

b. 万用表面板上的插孔都有极性标记,测直流时,注意正负极性。用欧姆挡判别二极管极性时,注意"+"插孔是接表内电池的负极,而"—"插孔是接表内电池正极。

c. 先按测量的需要将转换开关拨到需要的位置上,不能拨错。如在测电压时,误拨到电流或电阻挡,将会损坏表头。

d. 在测量电流或电压时,如果对被测电流、电压大小心中无数,应先从最大量程上试测,防止表针打坏。然后再拨到合适量程上测量,以减少测量误差。注意不可带电转换开关的测试功能。

e. 测量高电压或大电流时,要注意人身安全。测试笔要插在相应的插孔里,测量开关拨到相应的量程位置上。

f. 测量交流电压时,注意必须是正弦交流电压。其频率也不能超出规定的范围。

g. 测量电阻时,首先要选择适当的倍率挡,使被测电阻值与相应倍率的中心电阻值接近。然后将表笔短路,调节"调零"旋钮,使指针指在零欧姆处。如"调零"旋钮不能调到零位,说明表内电池电压不足,需要更换电池。不能带电测电阻,以免损坏万用表。在测量大电阻时,不要用双手接触电阻的两端,防止人体电阻并联上去造成测量误差。每转换一次量程,都要重新调零。不能用欧姆挡直接测量检流计及表头的内阻。

h. 每次测量完毕,将转换开关拨到交流电压最高挡,防止他人误用损坏万用表。万用表长期不用时应取出电池,防止电池漏液腐蚀和损坏万用表。

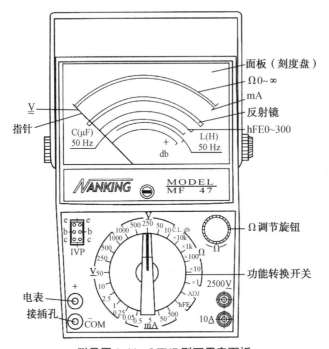

附录图1.11　MF47型万用表面板

附录表1　MF47型万用表的基本功能

量程范围		灵敏度及电压降	精确度	误差表示方法
直流电流 DCA	0～0.05 mA～0.5 mA～5 mA～50 mA～500 mA	0.25 V	2.5	以上示值的百分数计算
	*10 A		5	
直流电压 DCV	0～0.25～1 V～2.5 V～10 V～50 V	20 kΩ	2.5	
	250 V～500 V～1 000 V	9 kΩ		
	*2 500 V		5	
交流电流 ACV	0～10 V～50 V～250 V～500 V			
	*2 500 V		10	
电阻 Ω	×1;×10;×100;×1k	中心刻度为16.5		
	*×10k			

(2) 数字万用表

① 面板说明

以DT9101型数字万用表为例说明,DT9101型数字万用表外形如附录图1.12所示。该表为三位半的数字万用表,操作方便,读数准确,功能齐全,可以用来测量直流电压/电流、交流电压/电流、电阻、晶体三极管 hFE 参数。

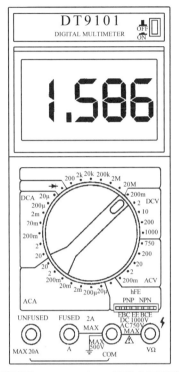

附录图 1.12　DT9101 型数字万用表

② 使用方法

a. 直流电压测量

首先,将黑色表笔插入"COM"插孔,红色表笔插入"VΩ"插孔。

然后,将功能开关置于 DCV 量程范围,并将表笔并接在被测电压的两端。在显示电压读数的同时会指示红表笔的极性。

注意:在测量之前不知被测电压的范围时,应将功能开关置于高量程挡逐渐调低;仅在最高位显示"1"时,说明已超过量程,须调高一挡;不要测量高于 1 000 V 的电压,因为可能损坏内部电路。

b. 交流电压测量

首先,将黑色表笔插入"COM"插孔,红色表笔插入"VΩ"插孔。

然后,将功能开关置于 ACV 量程范围。

注意:在测量之前不知被测电压的范围时,应将功能开关置于高量程挡逐渐调低;仅在最高位显示"1"时,说明已超过量程,须调高一挡;不要测量高于 750 V 有效值的电压,因为可能损坏仪表。

c. 直流电流测量

首先,将黑色表笔插入"COM"插孔。当被测电流在 2 A 以下时,红色表笔插入"A"插孔。如果被测电流在 2~20 A 之间,则将红色表笔移至"20 A"插孔。

然后,将功能开关置于 DCA 量程范围,测试笔串入被测电路中。电流的方向将同时指示出来。

注意:如果被测电流范围未知,应将功能开关置于高量程挡逐渐调低;仅在最高位显示"1"时,说明已超过量程,须调量程挡级;A 插口输入时,过载会将内装的保险丝熔断,须更换同规格的保险丝;20 A 插口没有保险丝,测量时间应小于 15 s。

d. 交流电流测量

将功能开关置于 ACA 量程范围内。测试方法类同于直流电流测量。

e. 电阻测量

首先,将黑色表笔插入"COM"插孔,红色表笔插入"VΩ"插孔(红色表笔接到内部电池正极)。

然后,将功能开关置于"Ω"量程上,将测试笔跨接在被测电阻上。

注意:当输入开路时,会显示过量程状态"1";如果被测电阻阻值超过量程,则会显示过量程状态"1",须换用高挡量程,当被测电阻在 1 MΩ 以上,本表需数秒后方能稳定读数;检测在线电阻时,须确认被测电路已关去电源,同时电容已放完电方能进行测量;有些器件有可能在进行电阻测量时被损坏,则不应对其测量电阻,如不准用数字万用表测检流器或仪表表头内阻。

11) 兆欧表的使用

兆欧表是一种测量高电阻的仪表,常用于测量电缆、电机、变压器和线路的绝缘电阻,分为机电式(指针式)兆欧表和数字式兆欧表。兆欧表的输出电压等级多(每种机型有四个电压等级,即 500 V/1 000 V/1 500 V/2 500 V),测量额定电压在 500 V 以下的设备或线路的绝缘电阻时,可选用 500 V 或 1 000 V 兆欧表;测量额定电压在 500 V 以上的设备或线路的绝缘电阻时,应选用 1 000～2 500 V 兆欧表;测量绝缘子时,应选用 2 500～5 000 V 兆欧表。一般情况下,测量低压电气设备绝缘电阻时可选用 0～200 MΩ 量程的兆欧表。

(1) 指针式兆欧表

① 面板说明

指针式兆欧表的型号很多,如有 JL2550、JL2533、JL2565 等,现以 JL25 系列指针式兆欧表为例,它的面板如附录图 1.13 所示,其结构说明如附录表 2 所示。

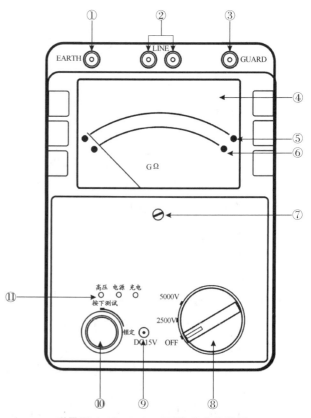

附录图 1.13 JL25 系列绝缘表结构图

附录表 2　指针式兆欧表结构图说明

序号	名称	功能
(1)	地端(EARTH)	接于被试设备的外壳或地上。
(2)	线路端(LINE)	高压输出端口,接于被试设备的高压导体上。
(3)	屏蔽端(GUARD)	接于被试设备的高压护环,以消除表面泄漏电流的影响。
(4)	双排刻度线	上挡为绿色:500 V/0.2 GΩ~20 GΩ, 1 000 V/0.4 GΩ~40 GΩ,2 500 V/1 GΩ~100 GΩ, 5 000 V/2 GΩ~200 GΩ。 下挡为红色:500 V/0~400 MΩ, 1 000 V/0~800 MΩ,2 500 V/0~2 000 MΩ, 5 000 V/0~4000 MΩ。
(5)	绿色发光二极管	发光时读绿挡(上挡)刻度。
(6)	红色发光二极管	发光时读红挡(下挡)刻度。
(7)	机械调零	调整机械指针位置,使其对准∞刻度线。
(8)	波段开关	可实现输出电压选择,电池检测,电源开关等功能
(9)	充电插孔	对于 C 型表,输入为直流 15 V
(10)	测试键	按下开始测试,按下后如顺时针旋转可锁定此键
(11)	状态显示灯	可显示高压输出,电源工作状态,充电状态等信息

② 使用方法

a. 准备工作

试验前应拆除被试设备电源及一切对外连线,并将被试物短接后接地放电 1 min,电容量较大的应至少放电 2 min,以免触电和影响测量结果。

其次,校验仪表指针是否在无穷大上,否则需调整机械调零螺丝⑦。

然后,将高压测试线一端(红色)插入②LINE 端,另一端接于或使用挂钩挂在被试设备的高压导体上,将绿色测试线一端插入③GUARD 端,另一端接于被试设备的高压护环上,以消除表面泄漏电流的影响。将另外一根黑色测试线插入①地端(EARTH),另一头接于被试设备的外壳或地上。

b. 开始测试

首先,转动波段开关接通电源,如电源工作正常指示灯应发绿光,否则会发红或黄色光。

其次,对于 JL2550 和 JL2565 型表转动到 BATT.CHECK 挡,按下测试键⑩,仪表开始检测电池容量。对于 JL2533 只要转动到电压选择挡,仪器自动接通检测电池容量 3 s。当指针停在 BATT.GOOD 区,则电池是好的,否则需充电(C 型)或更换电池。

然后,转动波段开关,选择需要的测试电压(500 V/1 000 V/2 500 V/5 000 V/10 000 V)。按下或锁定测试键⑩开始测试。这时测试键上方高压输出指示灯发亮并且仪表内置蜂鸣器每隔 1 s 响一声,代表②LINE 端有高压输出。

测试时,当绿色 LED 灯亮,在外圈读绝缘电阻值(高范围);红色 LED 灯亮,则读内圈刻度。

测试完后,松开测试键⑩,仪表停止测试,等待几秒钟,不要立即把探头从测试电路移开。这时仪表将自动释放测试电路中的残存电荷。

(2)数字式兆欧表

现以 VC60D+数字式兆欧表为例说明,VC60D+数字式兆欧表面板如附录图 1.14 所示。其输入端使用微电流测量抗干扰电路,输出采用双积分数字电压表除法功能进行电阻的数字转换。具有带负载能力强,抗电场干扰性能高,使用轻便,量程宽广,整机性能稳定,显示美观等优点。广泛适用于电气设备、仪器仪表、电缆及各类电器绝缘耐压性能测试。

① 面板说明

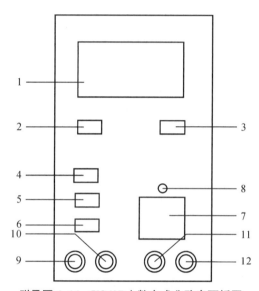

附录图 1.14　VC60D+数字式兆欧表面板图

其中,(1) LED 显示器:显示测量数据及(MΩ、GΩ)字符,显示器上提示当前的测试电压及高压符号(VC60E 测试电压在面板提示,显示器无 5 000 V 电压提示);(2)电源开关(POWER);(3)电压选择开关(VOLTAGE);(4)、(5)、(6)电阻量程开关(20 GΩ,2 GΩ,200 MΩ);(7)测试开关(PUSH);(8)高压提示:LED 显示;(9) L:接被测线路端插孔;(10) G 保护端插孔;(11)、(12)E:接被测对象的地端插孔;(13)电源插孔。

② 测量方法

a. 将电源开关"POWER"键按下。

b. 根据测量需要选择测试电压(VC60D 有 1 000 V/2 500 V 供选择)。

c. 根据测量需要选择量程开关。

d. 仪表接线,L:高压输出端,通过专用电缆接至被测线路;G:保护端,它接至三电极的保护端,消除被测表面泄露效应;E:称为地端,接至被测物体的地、零端。

e. 按下"PUSH"测试开关,测试即进行,当显示值稳定后,即可读值,读值完毕,松开"PUSH"开关。

f. 如果仅最高位显示"1",即表示超量程,需要换高量程挡。

附录二

Proteus 常用仪器中英文对照表

英文名称	中文名称	英文名称	中文名称
AND	与门	MICROPHONE	麦克风
BATTERY	直流电源	MOTOR AC	交流电机
BELL	铃,钟	MOTOR SERVO	伺服电机
BUFFER	缓冲器	NAND	与非门
BUZZER	蜂鸣器	NOR	或非门
CAP	电容	NOT	非门
CAPACITOR	电容器	NPN	三极管
CAPACITOR POL	有极性电容	NPN-PHOTO	感光三极管
CAPVAR	可调电容	OPAMP	运放
CIRCUIT BREAKER	熔断丝	OR	或门
COAX	同轴电缆	POT	滑动变阻器
CON	插口	PELAY-DPDT	双刀双掷继电器
CLOCK	时钟信号源	RES	电阻
CRYSTAL	晶体振荡器	RESISTOR	电阻器
DB	并行插口	SCR	晶闸管
DIODE	二极管	SOURCE CURRENT	电流源
DIODE SCHOTTKY	稳压二极管	SOURCE VOLTAGE	电压源
DIODE VARACTOR	变容二极管	SPEAKER	扬声器
DPY_3-SEG	3 段 LED	SW-DPDY	双刀双掷开关
DPY_7-SEG	7 段 LED	SW- SPST	单刀单掷开关
DPY_7-SEG_DP	7 段 LED(带小数点)	THERMISTOR	电热调节器
ELECTRO	电解电容	TRANS1	变压器
FUSE	熔断器	TRANS2	可调变压器
GROUND	地	Transistor	晶体管
INDUCTOR	电感	VARISTOR	变阻器
INDUCTOR IRON	带铁芯电感	ZENER	齐纳二极管
INDUCTOR3	可调电感	DPY_7-SEG_DP	数码管
JFET N	N 沟道场效应管	7407	驱动门
JFET P	P 沟道场效应管	1N914	二极管
LAMP	灯泡	74LS00	与非门
LAMP NEDN	启辉器	74LS04	非门
LED	发光二极管	74LS08	与门

参考文献

［1］苗松池.电工技术(电工学1)[M].北京:电子工业出版社,2018.
［2］黄宇平,林勇坚.电工基础[M].北京:机械工业出版社,2017.
［3］王民权.电工基础[M].2版.北京:清华大学出版社,2017.
［4］张琳,崔红,王万德.电路电工基础[M].北京:北京大学出版社,2016.
［5］张继和.电工技术[M].北京:高等教育出版社,2017.
［6］傅贵兴.实用电工电子技术[M].北京:机械工业出版社,2016.
［7］秦曾煌.电工学(上册)[M].7版.北京:高等教育出版社,2009.
［8］吴宇.电工电子技术基础[M].北京:电子工业出版社,2014.
［9］王金花.电工技术[M].3版.北京:人民邮电出版社,2016.
［10］胡启明,葛祥磊.Proteus从入门到精通100例[M].北京:电子工业出版社,2012.